KUHMINSA

한 발 앞서나가는 출판사, 구민사
독자분들도 구민사와 함께 한 발 앞서나가길 바랍니다.

구민사 출간도서 中 수험서 분야

- 용접
- 자동차
- 조경/산림
- 품질경영
- 산업안전
- 전기
- 건축토목
- 실내건축

- 기술사
- 기계
- 금속
- 환경
- 보일러
- 가스
- 공조냉동
- 위험물

전문가를 위한 첫걸음, 구민사는 그 이상을 봅니다!

전국 도서판매처

• 일산남부서점 • 안산대동서적 • 대전계룡서점 • 대구북앤북스 • 대구하나도서
• 포항학원사 • 울산처용서림 • 창원그랜드문고 • 순천중앙서점 • 광주조은서림

www.kuhminsa.co.kr

자격증 시험 접수부터 자격증 수령까지!

1. 필기 원서 접수
큐넷(www.q-net.or.kr)
필기 시험은 회원 가입 후
인터넷 접수만 가능
(사진 파일, 접수비(인터넷 결제) 필요)
응시자격 요건 반드시 확인

2. 필기 시험
입실 시간 미준수 시 시험 응시 불가
준비물 : 수험표, 신분증, 필기구 지참

5. 실기 시험
필답형과 작업형으로 분류
원서 접수 시 선택한 장소와
시간에 맞게 시험을 봅니다.
준비물 : 수험표, 신분증,
필기구 지참!

6. 최종합격 확인
큐넷(www.q-net.or.kr)
사이트에서 확인

전문가를 위한 첫걸음, 구민사는 그 이상을 봅니다!

상시시험 12종목
굴삭기운전기능사, 지게차운전기능사, 미용사(일반), 미용사(피부), 미용사(네일)
미용사(메이크업), 조리기능사(양식, 일식, 중식, 한식), 제과·제빵기능사

3 큐넷(www.q-net.or.kr) 사이트에서 확인

필기 합격 확인

4 큐넷(www.q-net.or.kr) 응시 자격 서류는 **실기시험 접수기간(4일 내)에** 제출해야만 접수 가능

실기 원서 접수

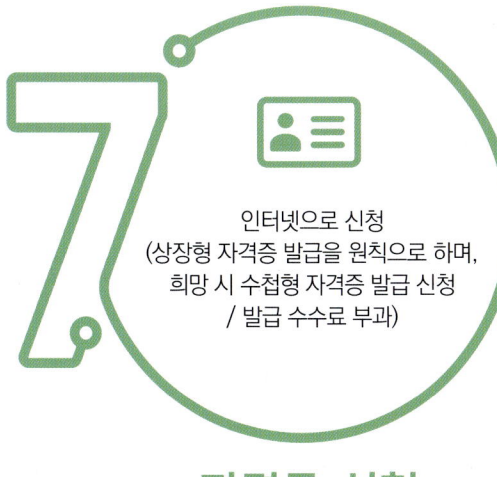

7 인터넷으로 신청
(상장형 자격증 발급을 원칙으로 하며, 희망 시 수첩형 자격증 발급 신청 / 발급 수수료 부과)

자격증 신청

8 인터넷으로 발급(출력)
(수첩형 자격증 등기 수령 시 등기 비용 발생)

자격증 수령

CONTENTS 목차

PART 01 핵심이론

SECTION 01 | 보일러 설비 및 구조
- 01. 열 및 증기 ... 003
- 02. 보일러의 종류 및 특성 ... 007
- 03. 보일러 부속장치 및 부속품 ... 014
- 04. 보일러 열정산 ... 028
- 05. 연료 및 연소장치 ... 031

SECTION 02 | 보일러취급 · 시공 안전관리 및 배관일반
- 01. 방부하 및 난방설비 ... 045
- 02. 보일러 취급 ... 049
- 03. 보일러 안전관리 ... 057
- 04. 배관 일반 ... 060

SECTION 03 | 보일러설치 · 시공 기준 및 관계법규
- 01. 설치 · 시공기준 ... 072
- 02. 급수장치 ... 073
- 03. 압력방출장치 ... 074
- 04. 수면계 ... 075
- 05. 계측기 ... 076
- 06. 설치검사기준 및 계속 사용 검사 기준 ... 079
- 07. 에너지이용합리화법 ... 081

PART 02 기출문제

2014년
제1회 (1월 26일 시행)　　　092
제2회 (4월 6일 시행)　　　104
제4회 (7월 20일 시행)　　　116
제5회 (10월 12일 시행)　　　127

2015년
제1회 (1월 25일 시행)　　　138
제2회 (4월 4일 시행)　　　150
제4회 (7월 19일 시행)　　　161
제5회 (10월 10일 시행)　　　172

2016년
제1회 (1월 24일 시행)　　　183
제2회 (4월 2일 시행)　　　195
제4회 (7월 10일 시행)　　　206

PART 03 모의고사

모의고사 제1회　　　218
모의고사 제2회　　　226
모의고사 제3회　　　234

◆ 모의고사 제1회 정답 및 해설　　　242
◆ 모의고사 제2회 정답 및 해설　　　246
◆ 모의고사 제3회 정답 및 해설　　　250

K STRUCTURE 이 책의 구성

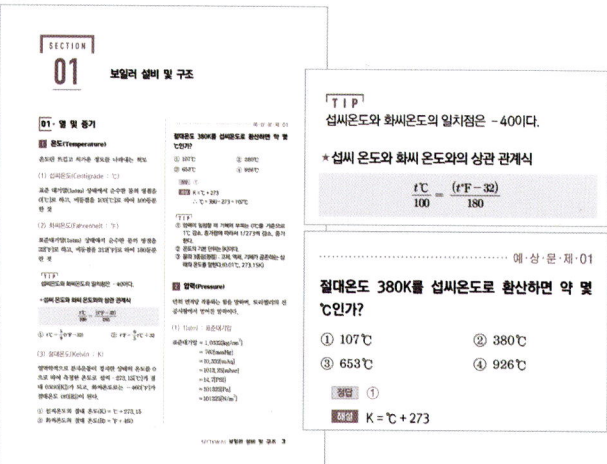

❶ 핵심이론

핵심이론만을 수록하였습니다. 또한 이론 중간 중간의 예상문제로 앞서 배운 내용을 한 번 더 체크하고 넘어갈 수 있습니다.

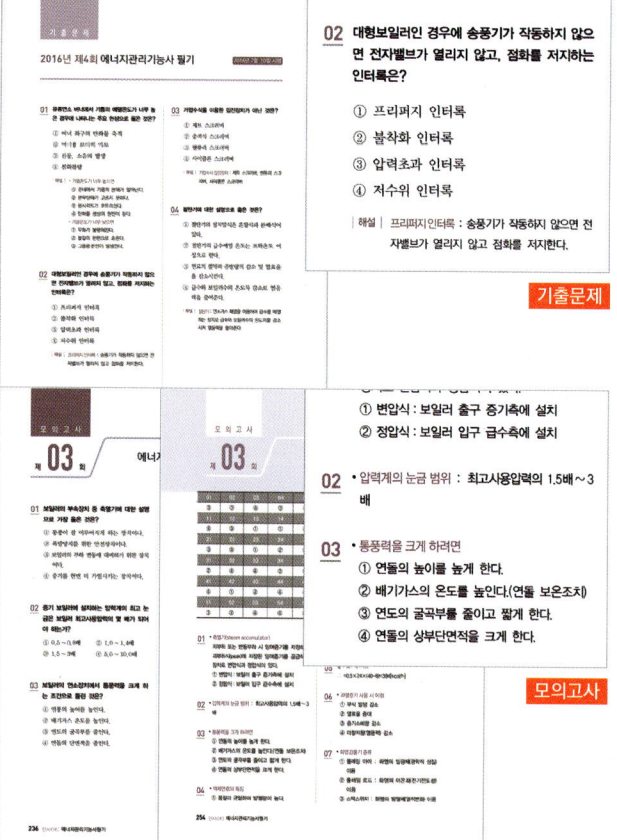

❷ 기출문제 및 모의고사

PART 2. 기출문제는 문제 아래의 상세한 해설로 바로 바로 정답 확인이 가능하도록 하였습니다.

PART 3. 모의고사는 정답 및 해설 페이지를 따로 두어 실전 시험과 같이 구성하였습니다.

K INFORMATION 출제 기준 정보

직무분야	환경·에너지	중직무분야	에너지·기상	자격종목	에너지관리기능사	적용기간	2023.1.1~2025.12.31
직무내용	에너지 관련 열설비에 대한 기기의 설치, 배관, 용접 등의 작업과 에너지 관련 설비를 정비, 유지관리 하는 직무이다.							
필기검정방법	객관식			문제수	60	시험시간	1시간

필기과목명	문제수	주요항목
열설비 설치, 운전 및 관리	60	1. 보일러 설비 운영
		2. 보일러 부대설비 설치 및 관리
		3. 보일러 부속설비 설치 및 관리
		4. 보일러 안전장치 정비
		5. 보일러 열효율 및 정산
		6. 보일러설비설치
		7. 보일러 제어설비 설치
		8. 보일러 배관설비 설치 및 관리
		9. 보일러 운전
		10. 보일러 수질 관리
		11. 보일러 안전관리
		12. 에너지 관계법규

※ 세부항목 및 세세항목은 한국산업인력공단 홈페이지(http://www.q-net.or.kr/) 참조

PART 01

핵심이론

SECTION 01 | 보일러 설비 및 구조
SECTION 02 | 보일러취급·시공 안전관리 및 배관일반
SECTION 03 | 보일러설치·시공 기준 및 관계법규

SECTION 01 보일러 설비 및 구조

01. 열 및 증기

1 온도(Temperature)

온도란 뜨겁고 차가운 정도를 나타내는 척도

(1) 섭씨온도(Centigrade : ℃)

표준 대기압(1atm) 상태에서 순수한 물의 빙점을 0[℃]로 하고, 비등점을 100[℃]로 하여 100등분한 것

(2) 화씨온도(Fahrenheit : °F)

표준대기압(1atm) 상태에서 순수한 물의 빙점을 32[°F]로 하고, 비등점을 212[°F]로 하여 180등분한 것

> **TIP**
> 섭씨온도와 화씨온도의 일치점은 −40이다.

★ 섭씨 온도와 화씨 온도와의 상관 관계식

$$\frac{t℃}{100} = \frac{(t°F - 32)}{180}$$

① $t℃ = \frac{5}{9}(t°F - 32)$ ② $t°F = \frac{9}{5}t℃ + 32$

(3) 절대온도(Kelvin : K)

열역학적으로 분자운동이 정지한 상태의 온도를 0으로 하여 측정한 온도로 섭씨 −273.15[℃]가 절대 0도(0[K])가 되고, 화씨온도로는 −460[°F]가 절대온도 0(0[R])이 된다.

① 섭씨온도의 절대 온도(K) = ℃ + 273.15
② 화씨온도의 절대 온도(R) = °F + 460

········ 예·상·문·제·01

절대온도 380K를 섭씨온도로 환산하면 약 몇 ℃인가?

① 107℃ ② 380℃
③ 653℃ ④ 926℃

정답 ①

해설 K = ℃ + 273
∴ ℃ = 380 − 273 = 107℃

> **TIP**
> ① 압력이 일정할 때 기체의 부피는 0℃를 기준으로 1℃ 감소, 증가함에 따라서 1/273씩 감소, 증가한다.
> ② 온도의 기본 단위는 [K]이다.
> ③ 물의 3중점(정점) : 고체, 액체, 기체가 공존하는 상태의 온도를 말한다.(0.01℃, 273.15K)

2 압력(Pressure)

단위 면적당 작용하는 힘을 말하며, 토리첼리의 진공시험에서 얻어진 압력이다.

(1) 1[atm] : 표준대기압

표준대기압 = 1.0332[kg/cm²]
= 760[mmHg]
= 10.332[mAq]
= 1013.25[mbar]
= 14.7[PSI]
= 101325[Pa]
= 101325[N/m²]

(2) 1[1ata] : 공학 기압

공학 기압 = 1[kg/cm^2] = 735.3[mmHg]
= 10[mAq] = 14.2[PSI]

> **TIP**
> 압력의 단위 중 Pa과 N/m^{2}은 압력이 동일하다.

(3) 절대압력(Absolute pressure)

완전 진공을 0으로 기준하여 계산된 압력(단위 : kg/cm^{2}abs, a 등을 붙인다)

★ 절대압력 = 대기압 + 게이지압력
= 대기압 - 진공압

······· 예·상·문·제·02

측정 장소의 대기 압력을 구하는 식으로 옳은 것은?

① 절대 압력 + 게이지 압력
② 게이지 압력 - 절대 압력
③ 절대 압력 - 게이지 압력
④ 진공도 × 대기 압력

정답 ③

해설
- 절대압력 = 대기압력 + 게이지 압력
- 대기압력 = 절대압력 - 게이지 압력

(4) 게이지 압력(Gage pressure)

표준 대기압을 0으로 기준하여 압력계로 측정한 압력(단위 : kg/cm^{2}g, atg 등을 붙인다)

3 열량(Heat quantity)

열량이란 열의 출입에 따라 상태와 온도변화가 일어나게 된다. 이때 외부에서 가해지는 것을 열량이라 한다.

(1) 열량의 분류

① 1[kcal] : 표준 대기압 하에서 순수한 물 1[kg]을 14.5[℃]에서 15.5[℃]로 1[℃] 높이는 데 필요한 열량

② 1[BTU] : 표준 대기압 하에서 순수한 물 1[lb]를 60.5[℉]에서 61.5[℉]로 1[℉] 높이는데 필요한 열량

> **TIP**
> ∴ 1[kcal] = 3.968[BTU]
> ∴ 1[BTU] = 0.252[kcal]

③ 1[CHU] : 순수한 물 1[lb]를 14.5[℃]에서 15.5[℃]로 1[℃] 높이는데 필요한 열량

······· 예·상·문·제·03

다음 중 열량(에너지)의 단위가 아닌 것은?

① J   ② cal
③ N   ④ BTU

정답 ③

해설
- 힘의 단위 N(newton : 뉴턴)
  N은 힘의 단위로, 질량의 단위인 kg과는 엄연히 다르다. 1N은 질량이 1kg인 물체에 작용하여 1m/sec^{2}의 가속도를 생기게 하는 힘을 말한다.

(2) 현열과 잠열

① **현열(감열 : Sensible heat)** : 물질의 상태 변화는 없고, 온도 변화에만 필요한 열량

$$Q = G \times C \times \Delta t$$

$\begin{bmatrix} Q : 열량[kcal] \\ G : 질량[kg] \\ C : 비열[kcal/kg℃] \\ \Delta t : 온도차[℃] \\ r : 잠열 \end{bmatrix}$

② **잠열(Latent heat)** : 물질의 온도 변화는 없고, 상태 변화에만 필요한 열량

$$Qr = G \times r$$

> **TIP**
> - 물의 비열 : 1[kcal/kg℃]
> - 얼음의 비열 : 0.5[kcal/kg℃]
> - 물의 증발잠열 : 538.8[kcal/kg]
> - 얼음의 융해잠열 : 약 80[kcal/kg]

4 비열(Specific heat)

표준 대기압 하에서 어떤 물질 1[kg]를 1[℃] 높이는데 필요한 열량
(단위 : kcal/kg℃, kcal/Nm³℃, BTU/lb°F, CHU/lb℃)

······················· 예·상·문·제·04

어떤 물질의 단위질량(1kg)에서 온도를 1℃ 높이는데 소요되는 열량을 무엇이라고 하는가?

① 열용량　　② 비열
③ 잠열　　　④ 엔탈피

정답　②

해설
- 비열 : 어떤 물질 1[kg]을 1[℃]만큼 올리는데 필요한 열량을 비열이라 하고 다음과 같이 표시한다. (단위 : kcal/kg℃, kcal/Nm³℃)
- 어떤 물질의 온도를 1[℃] 변화시키는데 필요한 열량

(1) 기체의 비열

① **정적비열**[Cv] : 체적이 일정한 상태에서의 비열
② **정압비열**[Cp] : 압력이 일정한 상태에서의 비열
③ **비열비**[k] : 정압 비열을 정적 비열로 나눈 값

> **TIP**
> $$\therefore k = \frac{Cp}{Cv} > 1, (Cp > Cv)$$
> 즉, 비열비(K)는 항상 1보다 크다.

······················· 예·상·문·제·05H

다음 중 비열에 대한 설명으로 옳은 것은?

① 비열은 물질 종류에 관계없이 1.4로 동일하다.
② 질량이 동일할 때 열용량이 크면 비열이 크다.
③ 공기의 비열이 물보다 크다.
④ 기체의 비열비는 항상 1보다 작다.

정답　②

해설　비열은 질량이 동일할 때 열용량이 크면 비열이 크다.

1. ②　2. ④　3. ①

5 일(Work)과 동력(Power)

(1) 일

물체에 힘을 가하여 움직인 거리
(일 = 힘×움직인 거리 : [kg·m])

(2) 동력 [일량(률)]

단위 시간당 한 일의 량(일/시간[kg·m/s])
- 1[ps] : 75[kg·m/s] = 632.5[kcal/h]
- 1[Hp] : 76[kg·m/s] = 641.6[kcal/h]
- 1[Kw] : 102[kg·m/s] = 860[kcal/h]

6 비중량·비체적·밀도

(1) 비중량(Specific weight) : γ

　단위 체적당의 중량[kg]

(2) 비체적(Specific volume) : ν

　단위 중량당의 체적[m³/kg]

(3) 밀도(Density) : ρ

　단위 체적당의 질량[kg/m³]

······················· 예·상·문·제·06

보일러와 관련한 기초 열역학에서 사용하는 용어에 대한 설명으로 틀린 것은?

① 절대압력 : 완전 진공상태를 0으로 기준하여 측정한 압력
② 비체적 : 단위 체적당 질량으로 단위는 kg/m³임
③ 현열 : 물질 상태의 변화없이 온도가 변화하는데 필요한 열량
④ 잠열 : 온도의 변화없이 물질 상태가 변화하는데 필요한 열량

정답　②

해설
- 비체적 : 단위 질량당의 체적으로 단위는 (m³/kg)이다.

7 열역학 법칙

(1) 열역학 제0법칙(열평형의 법칙)

온도가 서로 다른 물체를 접촉시키면 열은 고온에서 저온으로 이동하여 열평형을 이룬다. 이와 같은 상태를 열역학 제0법칙이라 한다.

$$평균온도 = \frac{GCt + G'C't'}{GC + G'C'}$$

(2) 열역학 제1법칙(에너지 보존의 법칙)

열과 일은 가역적이다. 즉, 열은 일로, 일은 열로 변화시킬 수 있다.
(제1종 영구기관)

$$W = J \times Q$$

- J : 열의 일당량[427kg·m/kcal]
- Q : 열량[Kcal]
- W : 일[kg·m]
- A : 일의 열당량[1/427kcal/kg·m]

(3) 열역학 제2법칙

열은 항상 고온에서 저온으로 이동한다. 열은 그 자신만의 힘으로 저온체에서 고온체로는 이동할 수 없다.

··········· 예·상·문·제·07

다음 열역학과 관계된 용어 중 그 단위가 다른 것은?

① 열전달계수　　② 열전도율
③ 열관류율　　　④ 열통과율

정답 ②

해설
- 열전도율 : kcal/mh℃
- 열전달계수, 열관류율, 열통과율, 열복사율 : kcal/m²h℃

8 보일 – 샬의 법칙

(1) 보일의 법칙(Boyle's law)

온도 일정 상태에서 기체의 체적은 압력에 반비례한다.

$$PV = P'V'$$

(2) 샬의 법칙(Charle's law)

압력이 일정할 때 기체의 체적은 절대온도에 비례한다.

$$\frac{V_1}{T_1} = \frac{V_2}{T_2}$$

(3) 보일 – 샬의 법칙

기체의 체적은 압력에 반비례하고, 절대온도에 비례한다.

$$\frac{P_1 V_1}{T_1} = \frac{P_2 V_2}{T_2}$$

- P : 압력[kg/cm²a]
- V : 부피[ℓ]
- T : 절대온도[K]

9 엔탈피, 엔트로피(Enthalphy, Entropy)

(1) 엔탈피

어떤 단위 중량당 물질이 가지는 총 에너지 열량

$$H = \mu + APV$$

- μ : 내부 에너지
- APV : 외부 에너지

(2) 엔트로피(kcal/kgK)

가열량을 가열할 때의 그 상태의 절대 온도로 나눈 값

$$ds = \frac{dQ}{T}$$

1. ②　2. ④　3. ①

10 증기

(1) **포화수**(100℃의 물) : 건조도(x)가 0인 상태 ($x=0$)
(2) **습포화 증기**(100℃의 물과 증기) : 건조도(x)가 0보다는 크고, 1보다는 작다. ($0 < x < 1$)
(3) **건포화 증기**(100℃의 증기) : 건조도(x)가 1인 상태($x=1$)
(4) **과열 증기**(100℃ 이상의 증기) : 건조도(x)가 1인 상태($x=1$)

·· 예·상·문·제·08

포화증기와 비교하여 과열증기가 가지는 특징 설명으로 틀린 것은?

① 증기의 마찰 손실이 적다.
② 같은 압력의 포화증기에 비해 보유열량이 많다.
③ 증기 소비량이 적어도 된다.
④ 가열 표면의 온도가 균일하다.

정답 ④

해설 • 과열증기 특징
① 보일러의 열효율을 높여 준다.
② 관내 부식 및 워터 해머 현상을 방지한다.
③ 적은 양의 증기로 많은 열을 얻을 수 있다. 즉, 증기 소비량이 적어도 된다.
④ 관내 유속에 따른 마찰저항이 감소된다.

★증기의 속도는 과열증기가 가장 빠르고, 건조도가 1일 때가 가장 양호한 증기이다.

·· 예·상·문·제·09

다음 중 증기의 건도를 향상시키는 방법으로 틀린 것은?

① 증기의 압력을 더욱 높여서 초고압 상태로 만든다.
② 기수분리기를 사용한다.
③ 증기주관에서 효율적인 드레인 처리를 한다.
④ 증기 공간 내의 공기를 제거한다.

정답 ①

1. ②   2. ④   3. ①

해설 비수방지관, 기수분리기, 증기돔, 과열기, 재열기 등 설치, 증기관 보온처리, 과열증기, 드레인 처리, 증기공간 내의 공기제거 등으로 건조도가 상승되며, 증기압력을 초고압까지 높이며 증기 중에 수분이 포함될 수 있으므로 건조도가 낮아진다.

11 열의 이동

(1) **전도** : 고체 간의 열의 이동(퓨리에의 법칙)
(2) **대류** : 밀도 차에 의한 열의 이동(뉴톤의 냉각법칙)
(3) **복사**(방사) : 복사열에 의한 열의 이동(스테판 볼쯔만의 법칙)
즉, 중간 매질 없어도 열의 이동이 가능하다.

TIP
열전도율 = kcal/mh℃
열관류율, 대류율, 복사율 = kcal/m²h℃
Q = K × A × △t [열량 × 면적 × 온도차]

·· 예·상·문·제·10

벽체 면적이 24m², 열관류율이 0.5 kcal/m²·h·℃, 벽체 내부의 온도가 40℃, 벽체 외부의 온도가 8℃일 경우 시간당 손실열량은 약 몇 kcal/h인가?

① 194kcal/h
② 380kcal/h
③ 384kcal/h
④ 394kcal/h

정답 ③

해설
$Q = K \times A \times \triangle t$
∴ = 0.5 × 24 × (40-8) = 384[kcal/h]

02 • 보일러의 종류 및 특성

1 보일러의 개요

(1) **보일러(Boiler) 정의**

밀폐된 용기 속에 물 또는 열 매체를 넣고 가열하여 온수 또는 증기를 만드는 장치를 말한다.

SECTION 01 보일러 설비 및 구조   7

- 열 매체 : 수은, 모빌썸, 카네크롤액, 다우샴 등
- 열 매체의 사용 이점
  ① 고온 저압의 증기 발생
  ② 동결의 우려가 없다.
  ③ 급수 처리가 필요 없다.

(2) 보일러의 3대 구성요소

① 본체, ② 연소장치, ③ 부속장치

··· 예·상·문·제·11

보일러의 3대 구성요소 중 부속장치에 속하지 않는 것은?

① 통풍장치 ② 급수장치
③ 여열장치 ④ 연소장치

정답 ④

해설
- 보일러의 3대 구성요소 : ① 보일러 본체, ② 부속장치, ③ 연소장치
  즉, 연소장치는 부속장치가 아닌 3대 구성요소에 속한다.

(3) 보일러의 종류

① 원통형(둥근) 보일러
  - 내분식 : 연소실이 보일러 내에 있는 것
    ㉠ 입형 : 코크란, 입형연관, 입형횡관
    ㉡ 횡형
      – 노통 : 코르니쉬, 랭커셔
      – 연관 : 기관차, 케와니
      – 노통연관 : 스코치, 하우덴죤슨, 노통연관 패키지
  - 외분식 : 연소실이 보일러 외부에 설치된 것
    (횡형연관, 수관보일러)
② 수관식 보일러
  ㉠ 자연순환식 : 바브콕, 다꾸마, 쓰너기찌, 야아로우, 2동D형, 3동A형
  ㉡ 강제순환식 : 라몬드, 벨룩스
  ㉢ 관류 보일러 : 벤숀, 슬저어, 소형관류, 람진, 앳모스

③ 주철제 보일러
  ㉠ 온수 : 최고 사용 압력 $0.5MPa(5kg/cm^2)$ 이하
  ㉡ 증기 : 최고 사용 압력 $0.1MPa(1kg/cm^2)$ 이하
④ 특수 보일러 : 열매체, 슈미트, 레퓨러 등

2 원통 보일러의 구조 및 특성

1. 원통 보일러

강도상 유리하도록 원통으로 제작하였다.

장점	① 구조간단, 취급 용이 ② 청소, 검사 용이 ③ 보유 수량이 많아 부하 변동에 응하기가 쉽다. ④ 급수처리가 수관식 보일러에 비해 까다롭지 않다.
단점	① 고압, 대용량에 부적당하다. ② 전열 면적이 적어 효율이 낮다. ③ 보유수량이 많아 파열시 피해가 크다. ④ 증발시간이 오래 걸린다.

··· 예·상·문·제·12

원통형 보일러의 일반적인 특징에 관한 설명으로 틀린 것은?

① 구조가 간단하고 취급이 용이하다.
② 수부가 크므로 열 비축량이 크다.
③ 폭발 시에도 비산 면적이 작아 재해가 크게 발생하지 않는다.
④ 사용 증기량의 변동에 따른 발생 증기의 압력변동이 작다.

정답 ③

해설
- 원통보일러의 특징
  [장점]
  ① 구조간단, 취급 용이
  ② 청소·검사 용이
  ③ 보유수량이 많아 부하 변동에 응하기가 쉽다.
  ④ 급수처리가 수관식 보일러에 비해 까다롭지 않다.
  [단점]
  ① 고압, 대용량에 부적당하다.
  ② 전열면적이 적어 효율이 낮다.
  ③ 보유수량이 많아 파열 시 피해가 크다.

1. ② 2. ④ 3. ①

즉, 파열 시 비산 면적이 넓어 피해가 크다.
④ 증발시간이 오래 걸린다.

(1) 입형 보일러(Vertical tube boiler) :

코크란, 입형연관, 입형횡관

특징	① 설치 장소를 적게 차지한다. ② 효율이 비교적 낮다. ③ 완전 연소가 곤란하다. ④ 습증기가 발생된다. ⑤ 제작용이, 가격 저렴하다. ⑥ 효율이 낮고, 열손실이 많다. ⑦ 청소감사, 수리곤란

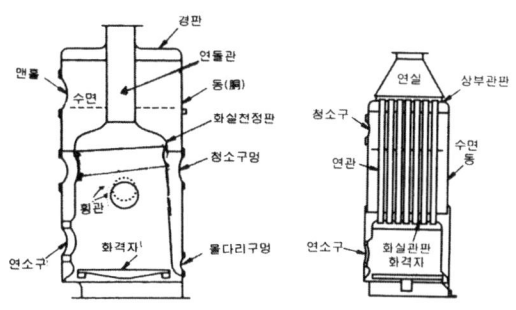

[입형 횡관식]   [입형 연관식(다관식)]

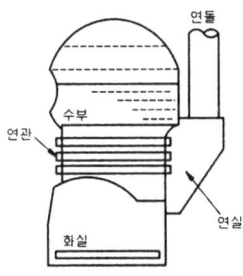

[코크란 보일러]

★ **횡관의 설치 이점**
① 물의 순환 양호
② 전열면적 증가
③ 화실판 강도 보강

(2) 횡형 보일러(Horizontal boiler)

동을 횡형으로 배치하여 전열 면적 증가와 효율을 향상시킬 목적으로 제작되었다.
① **노통 보일러** : 노통을 한쪽으로 편심시켜 설치한다.

1. ② 2. ④ 3. ①

이유는 물의 순환을 촉진시키기 위함이다.
- 코르니쉬 : 노통 1개, 랭커셔 : 노통 2개
- 전열면적 : 코르니쉬 = πDL
  (π : 3.14, D : 동의 내경, L : 동의 길이)
  랭커셔 = $4DL$

> **TIP**
> - 전열면적 : 연소가스가 접하는 면
> - 연관 : 연소가스가 지나가는 관(바둑판 모양으로 배열 : 물의 순환 양호)
> - 수관 : 관속으로 물이 지나가는 관 (마름모꼴로 배열 : 연소가스와 전열면 접촉 양호)
> - 상용수위 : 사용 중 항상 유지해야 할 수위 – 수면계의 1/2지점
> - 안전 저수위 : 사용 중 유지해야 할 최저 수위 – 수면계의 최하부와 일치
> - 수격작용(Water hammer) : 관내에 고인 응축수가 고속으로 진입되는 증기 압력에 의해 관 및 부속품을 때리는 현상

················· 예·상·문·제·13

노통이 하나인 코르니시 보일러에서 노통을 편심으로 설치하는 가장 큰 이유는?

① 연소장치의 설치를 쉽게 하기 위함이다.
② 보일러수의 순환을 좋게 하기 위함이다.
③ 보일러의 강도를 크게 하기 위함이다.
④ 온도변화에 따른 신축량을 흡수하기 위함이다.

정답 ②

해설 • 노통을 편심시키는 이유 : 보일러수의 순환을 좋게 하기 위함이다.

★ **수격작용(Water hammer)**
- 발생원인
  ① 증기관 내에 응결수가 고여 있을 때
  ② 증기트랩이 고장일 때
  ③ 증기관이 보온되지 않은 경우
  ④ 증기를 급속하게 보냈을 때 습증기 발생 시

★ 연소실 종류에 따른 특징

	내분식	외분식
연료선택	제한 받음	자유롭다(저질연료 연소 가능).
연소실 크기	〃	자유롭다.
설치 장소	적다	장소를 넓게 차지한다.
복사열	흡수 양호	흡수 불량
연소 상태	완전 연소가 어렵다.	완전 연소가 가능

·················· 예·상·문·제·14

외분식 보일러의 특징에 대한 설명으로 잘못된 것은?

① 연소실의 크기나 형상을 자유롭게 할 수 있다.
② 연소율이 좋다.
③ 사용연료의 선택이 자유롭다.
④ 방사 손실이 거의 없다.

정답 ④

해설 • 외분식 연소 장치의 특징
　　㉠ 연소실 크기의 제한을 받지 않는다.
　　㉡ 완전연소가 가능하다.
　　㉢ 연소효율이 좋아 노내온도상승이 쉽다.
　　㉣ 노벽방사손실이 있다.
　　㉤ 연료의 질에 크게 상관하지 않는다.
　　　(저질연료라도 연소 양호)

★ 완전 연소의 구비 조건
　① 연료와 공기의 혼합이 양호할 것
　② 연소실 온도가 높을 것
　③ 연소실 용적이 클 것
　④ 연소시간이 충분할 것

★ 노통의 종류 및 특징
　• 평형노통

장점	① 제작 용이, 가격 저렴 ② 청소, 검사 용이
단점	① 열에 의한 신축성 불량 ② 고압에 부적당 ③ 강도에 약하다.

• 파형노통

장점	① 열에 의한 신축성 양호 ② 강도에 강하다 ③ 전열면적 증가(평형노통의 1.4배)
단점	① 청소검사 곤란, 제작이 어렵다. ② 가격이 비싸다.

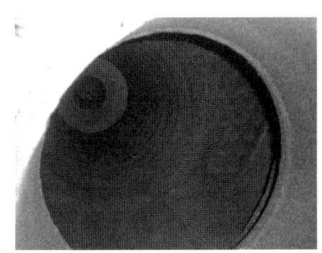

★ 브리딩 스페이스(Breathing space) : 호흡 공간(최소한 225mm 이상)
노통 보일러의 경우 경판과 동판의 강도 보강을 위하여 거싯 스테이를 설치하는데 거싯 스테이의 하단부와 노통 상단부와 사이의 거리를 말하며, 노통 플랜지 부분의 그루빙 현상(도랑모양의 부식)방지를 위하여 설치한다.

경판의 두께	13mm 이하	15mm 이하	17mm 이하	19mm 이하	19mm 초과
브리징 스페이스	230mm	260mm	280mm	300mm	320mm

TIP
※ 아담조인트 설치 목적 : 열에 의한 수축 팽창 양호, 노통강도 보강
※ 겔러웨이관(Galloway tube)의 설치 목적
　① 전열면적 증가
　② 물의 순환 양호
　③ 노통강도 보강

·················· 예·상·문·제·15

노통 보일러에서 갤러웨이 관(galloway tube)을 설치하는 목적으로 가장 옳은 것은?

① 스케일 부착을 방지하기 위하여
② 노통의 보강과 양호한 물 순환을 위하여
③ 노통의 진동을 방지하기 위하여
④ 연료의 완전연소를 위하여

1. ②　2. ④　3. ①

정답 ②

해설 • 겔러웨이 관의 설치 이점
① 전열면적 증가 ② 물의 순환 양호
③ 노통의 강도보강

② 연관 보일러 : 기관차, 케와니

특징	• 노통에 비해 전열면적이 크다. • 노통에 비해 증발량이 많고, 효율이 높다. • 같은 용량이면 노통에 비해 설치면적을 적게 차지한다. • 구조가 복잡하고, 내부 청소가 어렵다. • 연관 부분에 누설이나 고장이 많다.

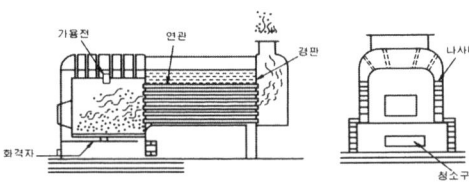

〈연관 보일러의 구조도〉

★ 동(Drum) : 동판과 경판의 합이다.
• 경판의 강도순서 : 구형 경판 > 반구형 경판 > 접시형 경판 > 평형 경판
★ 스테이(Stay) : 약한 부분 보강용
★ 스테이의 종류 및 사용목적

종류	사용목적
관 스테이	연관과 경판부분의 고정 또는 보강용
봉(바) 스테이	경판, 화실 등의 강도 보강용
볼트 스테이	기관차 보일러 등의 화실판 보강용
거싯 스테이	평 경판 보강용
도리 스테이	화실판 보강용
도그 스테이	맨홀, 청소구멍 등의 보강용

······ 예·상·문·제·16

다음 중 보일러 스테이(stay)의 종류에 해당되지 않는 것은?

① 거싯(gusset)스테이
② 바(bar)스테이
③ 튜브(tube)스테이
④ 너트(nut)스테이

정답 ④

해설

종류	사용장소(목적)
관 스테이	연관과 경판 선단 부위에 관을 확관 마찰이나 마모에 견디게 한다.
바 스테이	경판, 화실, 천장판의 강도 보강용
볼트 스테이	평행판의 강도보강(횡연관 보일러)
거싯 스테이	경판과 동판의 강도보강 (노통 보일러)
도리 스테이	화실 천장판의 강도보강 (기관차 보일러)
도그 스테이	맨홀, 청소의 밀봉용

③ 노통 연관 보일러 : 스코치, 하우덴 존슨, 노통 연관 패키지

장점	① 원통 보일러 중 효율이 가장 좋다. ② 보유수량에 비해 전열면적이 크다. ③ 증기 발생 시간이 짧다. ④ 수관 보일러에 비해 가격이 저렴하다.
단점	① 고압 대용량에 부적당하다. ② 습증기 발생 우려가 있다. ③ 파열 시 피해가 크다. ④ 통풍 시설이 복잡하다.

[노통 연관 보일러]

1. ② 2. ④ 3. ①

2. 수관 보일러

장점	① 고압, 대용량에 적당 ② 보일러 효율이 가장 높다. ③ 파열 시 피해가 적다. ④ 증발량이 많고, 증발시간이 빠르다. ⑤ 보일러수 순환이 양호하다. ⑥ 연소실의 설계가 다양하다.
단점	① 급수처리가 까다롭다. ② 청소, 검사가 곤란 ③ 보유수량이 적어 부하변동에 응하기가 어렵다. ④ 가격이 비싸다. ⑤ 취급에 기술을 요한다.

·· 예·상·문·제·17

원통형 보일러와 비교할 때 수관식 보일러의 특징 설명으로 틀린 것은?

① 수관의 관경이 적어 고압에 잘 견딘다.
② 보유수가 적어서 부하변동 시 압력변화가 적다.
③ 보일러수의 순환이 빠르고 효율이 높다.
④ 구조가 복잡하여 청소가 곤란하다.

정답 ②

해설 • 수관 보일러의 특징
  [장점]
  ㉠ 고온, 고압에 적당하다.
  ㉡ 설치 면적이 작고 발생열량이 크다.
  ㉢ 효율이 대단히 높다.
  ㉣ 외분식이어서 연료의 질에 장애를 받지 않으며 연소 상태도 양호하다.
  ㉤ 보유수량이 적어 파열 시 피해가 적다.

  [단점]
  ㉠ 급수처리가 까다롭다.
  ㉡ 증발 속도가 너무 빨라 습증기로 인한 관내 장애가 우려된다.
  ㉢ 구조가 복잡하여 청소, 검사, 수리에 불편하다.
  ㉣ 제작이 까다로우며 비용도 많이 든다.
  ㉤ 외분식이어서 노벽으로의 방산손실이 많다.
  ㉥ 보유수량이 적어 부하 변동에 응하기가 어렵다.

(1) **자연순환식** : 물의 비중차를 이용하여 순환시키는 방식제
  ① **직관식** : 배브콕(경사도 15°), 다꾸마(45°), 쓰네기찌(30°)
  ② **곡관식** : 야아로루, 2동D형, 3동A형

> TIP
> 관수의 순환을 촉진시키는 방법
> ① 수관의 경사도를 크게 한다.
> ② 포화수와 포화증기간의 비중차를 크게 한다.
> ③ 관경을 크게 한다.
> ④ 강수관의 가열을 피한다.

·· 예·상·문·제·18

수관 보일러 중 자연순환식 보일러와 강제순환식 보일러에 관한 설명으로 틀린 것은?

① 강제순환식은 압력이 적어질수록 물과 증기와의 비중차가 적어서 물의 순환이 원활하지 않은 경우 순환력이 약해지는 결점을 보완하기 위해 강제로 순환시키는 방식이다.
② 자연순환식 수관보일러는 드럼과 다수의 수관으로 보일러 물의 순환회로를 만들 수 있도록 구성된 보일러이다.
③ 자연순환식 수관보일러는 곡관을 사용하는 형식이 널리 사용되고 있다.
④ 강제순환식 수관보일러의 순환펌프는 보일러수의 순환회로 중에 설치한다.

정답 ①

해설 • 강제순환식 보일러 : 증기압이 초임계압에 가까워지면 증기와 물과의 비중차가 적어서 보일러수의 순환이 불량하므로 강제순환을 시킨다.

1. ② 2. ④ 3. ①

★ 2중관
- 상승관(승수관) : 하부 물 드럼에 찬물이 가열되어 상부 기수드럼으로 상승하는 관(연소가스와 접촉)
- 강수관(하강관) : 상부 물(수) 드럼에 찬물이 하부 기수드럼으로 강하하는 관

(2) 강제순환식 : 라몽드, 벨룩스

보일러 내의 압이 초임계압에 가까워지면 포화수와 증기간의 비중차가 좁아져 물의 순환이 불량하여 강제순환

(3) 관류보일러 : 벤숀, 슬저어, 소형관류, 람진, 앳모스

드럼이 없이 관으로만 이루어짐

특징	① 드럼이 없고, 순환비가 1이다. ② 수관을 자유롭게 배치할 수 있다. ③ 전열면적에 비해 보유 수량이 작아 증기발생이 빠르다. ④ 급수처리가 까다롭다. ⑤ 관의 배열이 콤팩트하므로 청소, 검사가 곤란하다.

$$순환비 = \frac{급수량}{증발량}$$

················· 예·상·문·제·19

다음 중 수관식 보일러에 해당되는 것은?

① 스코치 보일러　② 바브콕 보일러
③ 코크란 보일러　④ 케와니 보일러

정답 ②

해설 • 수관식 보일러
① 자연순환식 : 바브콕, 타꾸마, 쓰네기찌, 야아로우 보일러 등
② 강제순환식 : 라몽드, 벨룩스 보일러
③ 관류보일러 : 벤슨, 슬저어, 람진, 앳모스 보일러

3. 주철제 보일러

특징	① 분해, 조립, 운반이 편리하다. ② 섹수 증감으로 용량 증감이 가능하다. ③ 내식, 내열성에 강하다. ④ 저압으로 파열시 피해가 적다. ⑤ 인장, 충격에 약하다. ⑥ 열에 의한 부동팽창의 우려가 있다. ⑦ 청소, 검사가 곤란하다.

················· 예·상·문·제·20

주철제 보일러의 특징 설명으로 옳은 것은?

① 내열성 및 내식성이 나쁘다.
② 고압 및 대용량으로 적합하다.
③ 섹션의 증감으로 용량을 조절할 수 있다.
④ 인장 및 충격에 강하다.

정답 ③

해설 • 주철제 보일러의 특성
[장점]
① 저압이므로 파열사고 시 피해가 적다.
② 주물제작으로 복잡한 구조로 제작이 가능하다.
③ 전열면적이 크고 효율이 높다.
④ 내식·내열성이 우수하다.
⑤ 섹션 증감으로 용량조절이 용이하다.
[단점]
① 인장 및 충격에 약하다.
② 열에 의한 부동팽창으로 균열이 생기기 쉽다.
③ 고압·대용량에 부적당하다.
④ 구조가 복잡하므로 내부청소 및 검사가 곤란하다.

★ **섹션의 조립 방법** : 두께는 일반적으로 8mm 정도이다.
① 전후 조합방식(연소실 중심)
② 좌우 조합방식(연소실 중심)
③ 맞세움 전후 조합 방식(연소실 중심)

4. 특수 보일러

① 폐열회수 보일러
② 간접 가열보일러
③ 특수 열매체 보일러
※ 열매체의 종류(다우섬, 모빌섬, 카네크롤액)

1. ②　2. ④　3. ①

예·상·문·제·21

다음 보일러 중 특수열매체 보일러에 해당되는 것은?

① 타쿠마 보일러 ② 카네크롤 보일러
③ 슐처 보일러 ④ 하우덴 존슨 보일러

정답 ②

해설
- **특수열매체 보일러** : 열의 매체를 부동성액체인 다우섬, 모빌섬, 세큐리티 53, 카네크롤, 수은의 액체로 사용하여 물보다 비열도가 낮은 성질(약 kcal/kg ℃)을 이용. 낮은 압력하에서도 고온을 얻어내는 형식의 보일러이다.

03. 보일러 부속장치 및 부속품

1 급수장치

1. 급수펌프

★**펌프의 구비조건**
① 고온에 견딜 수 있어야 한다.
② 직렬, 병렬운전이 가능할 것
③ 구조가 간단하고, 부하변동에 응하기가 좋아야 한다.
④ 저부하에도 효율이 좋고 작동이 간단해야 한다.

★**펌프의 종류**
- **회전식** : 임펠러의 회전력을 이용하는 급수장치
  ① 터빈(Turbine)펌프[안내깃이 있다] : 고양정용(20m 이상)
  ② 볼류트(Centrifugal : 센트리퓨걸)펌프 : 저양정용(20m 이하)
- **왕복동식** : 피스톤의 왕복운동을 이용하는 급수장치
  플런져(Plunger)펌프, 워싱턴(Worthington)펌프, 웨어(Wear)펌프

예·상·문·제·22

보일러 급수펌프 중 비용적식 펌프로서 원심펌프인 것은?

① 워싱턴펌프 ② 웨어펌프
③ 플런저펌프 ④ 볼류트펌프

정답 ④

해설
① **왕복동식(비용적식)펌프** : 워싱턴펌프, 웨어펌프, 플런저펌프, 피스톤식펌프
② **원심펌프** : 볼류트펌프, 터빈펌프

★**무동력 급수장치** : 인젝터, 워싱턴펌프, 웨어펌프, 환원기

★**공동현상(Cavitation)** : 펌프의 입구측에서 압력이 포화 증기압보다 낮아지면 부분적으로 증기나 기포가 발생되어 ① 심한 소음과 진동 발생, ② 깃의 침식, ③ 토출량 및 양정효율이 점차 감소된다.

- **방지법**
  ① 펌프의 회전수를 줄인다.
  ② 흡입 양정을 낮게 한다.
  ③ 2단 이상의 펌프를 사용한다.
  ④ 흡입관의 손실 수두를 줄인다.

★**펌프의 마력 및 동력계산**

$$KW = \frac{rQH}{102 \times \eta} \qquad PS = \frac{rQH}{75 \times \eta}$$

- r : 비중량(1000kg/m³)
- Q : 양수량(m³/sec)
- H : 양정(m)
- η : 효율

1. ② 2. ④ 3. ①

2. 인젝터(Injector)

보일러의 증기압을 이용하여 급수하는 급수보조 장치(동력원 : 증기)

★ 작동순서
  ① 급수(토출) 정지밸브를 연다. → ② 흡수(급수)밸브를 연다. → ③ 증기밸브를 연다. → ④ 핸들작동(연다)

특징	① 구조간단, 설치장소가 별도로 필요치 않다. ② 가격저렴, 취급간단 ③ 동력이 불필요 ④ 급수를 예열할 수 있으므로 효율 증가 ⑤ 급수온도가 높을 경우 사용 불가 ⑥ 급수량 조절 불가능

★ 작동 불능 원인
  ① 급수의 온도가 너무 높을 때
  ② 증기압력이 너무 낮을 때(0.2Mpa 이하)
  ③ 흡입측에서 공기가 누입될 때
  ④ 인젝터가 과열 시
  ⑤ 인젝터 노즐이 막혔을 때

·· 예·상·문·제·23

보일러 예비 급수장치인 인젝터의 특징을 설명한 것으로 틀린 것은?

① 구조가 간단하다.
② 설치장소를 많이 차지하지 않는다.
③ 증기압이 낮아도 급수가 잘 이루어진다.
④ 급수온도가 높으면 급수가 곤란하다.

정답 ③

해설 • 인젝터 특징

[장점]
① 동력이 필요 없다.
② 설치장소를 작게 차지한다.
③ 구조가 간단하며 가격이 저렴하다.
[단점]
① 흡입양정이 낮아 급수조절이 어렵다.
② 증기압이 낮으며 급수가 곤란하다.
③ 급수온도가 높아지면 급수가 곤란하다.

3. 급수내관

• 설치 목적 : 찬물로 인한 국부적인 부동팽창방지
• 설치 위치 : 안전저수위 약간 아래(약 50mm)

★ 설치위치가 너무 높을 때
  ① 노출되어 과열의 원인이 된다.
  ② 플라이밍과 수격작용의 원인이 된다.

★ 설치위치가 너무 낮을 때
  ① 동 저부 냉각
  ② 급수밸브 고장 시 보일러수 역류 발생 우려

4. 급수밸브

보일러 가까운 쪽에 급수밸브 먼 쪽에 체크밸브를 설치한다.
(최고 사용압이 0.1MPa 이하인 경우에는 체크밸브를 생략해도 된다. 단, 절탄기가 있는 경우에는 절탄기 입구에 설치한다.)

★ 급수밸브의 크기
  • 전열면적이 $10m^2$ 이하인 경우 : 15A 이상
  • 전열면적이 $10m^2$ 초과의 경우 : 20A 이상

1. ② 2. ④ 3. ①

(1) 정지밸브

① **글로브 밸브(Glove valve, Stop valve)** : 일명 옥형밸브이며, 기밀도가 양호하여 가스, 증기용으로 사용되며 유량조절용으로 사용된다.
② **슬루스밸브(Sluice valve, Gate valve)** : 일명 게이트밸브이며, 유량조절용이 아니고, 주로 개폐용으로 사용된다.

(2) **역류방지밸브(Check valve)** : 역류를 방지하기 위한 밸브

① **스윙식(Swing)** : 수직, 수평배관에 사용
② **리프트식(Lift)** : 수평배관에만 사용

(3) **콕크(Cocks)** : 90° 회전만으로 개폐할 수 있다.

(4) **앵글밸브(Angle valve)** : 유체의 흐름방향을 직각으로 전환

················· 예·상·문·제·24

보일러의 급수장치에 해당되지 않는 것은?

① 비수방지관　　② 급수내관
③ 원심펌프　　　④ 인젝터

정답 ①

해설
- 급수장치 : 급수펌프, 급수밸브, 급수내관, 인젝터 등
- 송기장치 : 비수방지관, 기수분리기, 감압밸브, 증기헤더, 증기 축열기 등

2 송기장치

1. 주증기 밸브(Main steam valve)

동 상부에 설치하며, 구조는 주로 앵글형 글로브 밸브를 설치한다.
(단, 과열기가 설치된 경우에는 과열기 출구측에 부착한다.)

★**주증기 밸브의 재질**
① 주철제 : 1.6MPa(16[kg/cm²]) 미만에 사용
② 주강제 : 1.6MPa(16[kg/cm²]) 이상에 사용

(단, 어떠한 경우에도 0.7MPa(7[kg/cm²]) 이상의 압력에 견딜 것)

2. 신축이음(Expansion joint)

열에 의한 수축 팽창을 완화시켜 장치의 파손 및 누설을 방지하기 위하여 설치한다. 고압인 경우 10m, 저압인 경우 30m, 동관의 경우는 20m마다 설치한다.

① **슬리브식(Sleeve type)** : 저압의 증기 배관과 온수관에 주로 사용되며, 슬리브의 미끄럼을 이용하여 신축작용을 한다. (단식과 복식이 있다)
② **벨로즈식(Bellows type)** : 벨로즈(주름통)의 변형으로 신축작용을 한다.
③ **만곡관(Loop type)** : 관을 구부려 신축곡관을 만든 형식으로 가장 고온, 고압용으로 사용한다. 곡관의 곡률 반경은 6배 이상으로 하고, 응력을 수반하는 결점이 있다.
④ **스위블형(Swivel)** : 2개 이상의 엘보를 이용하여 신축을 흡수하는 형식으로 온수 또는 저압 증기의 경우 주관에서 지관을 분기할 때 주로 사용된다.

················· 예·상·문·제·25

신축곡관이라고도 하며, 고온, 고압용 증기관 등의 옥외 배관에 많이 쓰이는 신축 이음은?

① 벨로즈형　　② 슬리브형
③ 스위블형　　④ 루프형

정답 ④

해설 루프형(신축곡관)은 가장 고온, 고압용으로 사용되며, 옥외 배관에 많이 쓰이는 신축 이음이다.

1. ② 2. ④ 3. ①

3. 감압밸브(Pressure reducing valve)

고압배관과 저압배관의 사이에 설치한다.

★ 설치목적
① 고압의 증기를 저압(사용압)으로 사용할 경우
② 증기의 압력을 일정하게 유지해야 할 경우
③ 고압과 저압의 증기를 동시에 사용할 경우
★ 종류 : 스프링형, 다이어프램형, 벨로즈형, 추형, 피스톤형

4. 증기 트랩(Steam traps)

관 말단에 설치하여 증기관 내에 고인 응축수를 배출하여 수격작용 및 부식 방지를 위해 설치한다.

★ 트랩의 구비조건
① 내식성, 내열성이 크고, 마찰저항이 적을 것
② 동작이 확실할 것
③ 정지 후에도 물빠짐이 좋을 것
④ 응축수를 연속적으로 배출할 수 있을 것

★ 트랩의 종류
① 기계적 트랩 : 포화수와 포화증기간의 비중차를 이용한 형식(즉, 부력 이용)
[플로트식(레버, 자유), 버킷식(상향, 하향)]
② 온도조절 트랩 : 포화수와 포화증기간의 온도차를 이용한 형식(바이메탈, 벨로즈식)
③ 열역학적 트랩 : 포화수와 포화증기간의 열역학적 특성차를 이용한 형식
(오리피스식, 디스크식)

··· 예·상·문·제·26

증기 트랩의 설치 시 주의사항에 관한 설명으로 틀린 것은?

① 응축수 배출점이 여러 개가 있을 경우 응축수 배출점을 묶어서 그룹 트랩핑을 하는 것이 좋다.
② 증기가 트랩에 유입되면 즉시 배출시켜 운전에 영향을 미치지 않도록 하는 것이 필요하다.
③ 트랩에서의 배출관은 응축수 회수주관의 상부에 연결하는 것이 필수적으로 요구되며, 특히 회수주관이 고가배관으로 되어있을 때에는 더

욱 주의하여 연결하여야 한다.
④ 증기트랩에서 배출되는 응축수를 회수하여 재활용하는 경우에 응축수 회수관 내에는 원하지 않는 배압이 형성되어 증기트랩의 용량에 영향을 미칠 수 있다.

정답 ①

해설 • 트랩의 설치 시 주의사항
① 드레인 배출구에서 트랩 입구의 배관은 굵고 짧게 하며, 배출점은 개별로 하는 것이 좋다.
② 트랩 입구의 배관은 트랩 입구를 향해서 내림구배가 좋다.
③ 트랩 입구의 배관은 입상관으로 하지 않는다.
④ 트랩 입구의 배관은 보온하지 않는다.

5. 증기 헤더(Steam header)

일종의 분배기로 증기를 한 곳에 모았다가 소비처로 증기공급 및 증기압과 증기량을 일정하게 공급시켜 준다.(크기는 헤더에 부착된 가장 큰 증기관의 2배로 한다.)

6. 증기 축열기(Steam accumulator)

저부하 시 잉여 증기를 저장하였다가 과부하 시(응급시 대비) 여분의 증기를 보충하기 위한 장치이다.
★ 종류
① 정압식 : 급수로 보내 급수의 온도를 상승시켜 증기 발생량을 증가시킴(급수계통에 설치)
② 변압식 : 증기에 압을 가하여 응축수로 저장하였다가 응급시 압력을 낮추어 증기로 발생시켜 사용(증기계통에 설치)

1. ② 2. ④ 3. ①

······················· 예·상·문·제·27

보일러의 부속장치 중 축열기에 대한 설명으로 가장 옳은 것은?

① 통풍이 잘 이루어지게 하는 장치이다.
② 폭발방지를 위한 안전장치이다.
③ 보일러의 부하 변동에 대비하기 위한 장치이다.
④ 증기를 한번 더 가열시키는 장치이다.

정답 ③

해설 • 축열기(steam accumulator)
저부하 또는 변동부하 시 잉여증기를 저장하고 과부하 시(peak)에 저장된 잉여증기를 공급하는 장치로 변압식과 정압식이 있다.
① 변압식 : 보일러 출구 증기측에 설치
② 정압식 : 보일러 입구 급수측에 설치

7. 자동온도 조절 밸브

사용하고자 하는 온도로 일정하게 유지하기 위한 밸브

8. 방열기

★ 방열기의 설치
① 외기와 접하는 창문 아래쪽에 설치한다.
② 주형방열기는 벽에서 50~60[mm], 벽걸이는 바닥에서 150[mm] 정도 공간을 둔다.

★ 방열기의 호칭법 및 도시법

구 분	종 별	도시기호
주 형	2 주형	II
	3 주형	III
세 주 형	3 세주형	3
	5 세주형	5
벽걸이형	종 형	W-V
	횡 형	W-H

TIP
방열기 호칭법
• 벽걸이형 : 종별-형×쪽수
• 주형 : 종별-높이치수×쪽수

1. ② 2. ④ 3. ①

• 방열기 표준 방열량 : 증기 650[kcal/m²h], 온수 450[kcal/m²h]

······················· 예·상·문·제·28

온수난방을 하는 방열기의 표준방열량은 몇 kcal/m²·h인가?

① 440   ② 450
③ 460   ④ 470

정답 ②

해설 표준방열량(온수 450kcal/m²·h, 증기 650kcal/m²·h)

9. 스트레이너(여과기)

관 내의 이물질 제거 위해 설치(Y형, U형, V형의 3종류가 있다.)

10. 기수분리기

주로 수관보일러의 상승관 속에 설치함
(습증기 발생 방지 즉, 증기의 건조도 상승)
① 사이클론형 : 원심력 이용
② 스크레버형 : 장애판 이용
③ 건조스크린형 : 금속망 이용
④ 배플형 : 방향전환 이용

······················· 예·상·문·제·29

보일러의 기수분리기를 가장 옳게 설명한 것은?

① 보일러에서 발생한 증기 중에 포함되어 있는 수분을 제거하는 장치
② 증기 사용처에서 증기 사용 후 물과 증기를 분리하는 장치
③ 보일러에 투입되는 연소용 공기 중의 수분을 제거하는 장치
④ 보일러 급수 중에 포함되어 있는 공기를 제거하는 장치

정답 ①

해설 • 기수분리기 : 동내부, 또는 수관 보일러의 상승관 내에 기수분리기를 설치하여 건증기를 취출하여 관내 부식이나 수격작용을 방지한다. 즉,

보일러에서 발생한 증기 중에 포함되어 있는 수분을 제거하는 장치

- **기수분리기 종류**
  ① 사이클론식(원심력 이용)
  ② 스크레버식(파도형의 장애판 이용)
  ③ 건조 스크린식(금속망 이용)
  ④ 배플식(방향전환 이용)

11. 비수방지관(Anti priming pipe)

주로 원통 보일러의 주증기관 끝에 설치되며, 습증기 발생 방지를 위해 설치함

> **TIP**
> 비수방지관에 뚫린 구멍의 총 면적은 주증기관 면적의 1.5배로 한다.

★ **프라이밍(Priming)** : 물방울 솟음 즉, 수면선상에서 물방울이 비산되는 현상

- **발생원인**
  ① 주증기 밸브 급개 시
  ② 고수위 시
  ③ 보일러수 농축 시
  ④ 포밍 현상 발생 시
  ⑤ 증기부가 적을 때

·· 예·상·문·제·30

프라이밍의 발생 원인으로 거리가 먼 것은?

① 보일러 수위가 높을 때
② 보일러수가 농축되어 있을 때
③ 송기 시 증기밸브를 급개할 때
④ 증발능력에 비하여 보일러수의 표면적이 클 때

정답 ④

해설
- **프라이밍 현상** : 주증기 밸브 급개 시, 고수위 시 수면으로부터 끊임없이 물방울이 비산하면서 수위를 불안정하게 하는 현상
- **프라이밍 발생원인**
  ① 고수위 시   ② 보일러수 농축 시
  ③ 급격한 과열   ④ 주증기 밸브의 급개

- **발생 시 영향**
  ① 수면이 심하게 요동되어 수위판단이 어렵다.
  ② 수격작용 발생
  ③ 열손실 증가
  ④ 효율 저하

- **발생 시 조치**
  ① 주증기 밸브를 서서히 연다.
  ② 연소율을 낮춘다.
  ③ 고수위 시 분출 밸브를 열어 수위를 낮춘다.
  ④ 보일러수 처리를 철저히 한다.(농축방지)

★ **포밍(Forming)** : 물 거품 현상
  보일러수 중에 유지류, 용해 고형물 등의 불순물로 인해 발생

3 폐열회수 장치(여열장치)

> **TIP**
> • 설치순서 : 증발관 → 과열기 → 재열기 → 절탄기 → 공기예열기 → 연돌

1. 과열기(Super heater)

연소가스의 여열을 이용하여 포화증기를 과열증기로 변화시켜 주는 장치(증기의 건조도 상승)

(1) 설치 이점

① 열효율 증가
② 건 증기 취출
③ 증기의 마찰저항 감소
④ 관 부식 방지 및 수격작용 방지

(2) 열가스 접촉에 의한 분류

① **접촉 과열기(대류형)** : 연도에 설치 연소가스의 대류열 이용
② **복사 과열기(복사형)** : 연소실에 설치 연소가스의 복사열 이용
③ **접촉복사 과열기(복사 대류형)** : 연소실 출구측에 설치 연소가스의 복사와 대류열 이용

1. ②   2. ④   3. ①

(3) 연소가스와 증기의 흐름 방향에 따른 분류
① **병향류식(병류식)** : 증기와 연소가스의 흐름 방향이 일치
② **향류식** : 증기와 연소가스의 흐름 방향이 반대
③ **혼류식** : 병류식과 향류식의 병합

·········· 예·상·문·제·31

과열기의 형식 중 증기와 열가스 흐름의 방향이 서로 반대인 과열기의 형식은?

① 병류식 ② 대향류식
③ 증류식 ④ 역류식

정답 ②

해설
- 열가스 흐름에 의한 분류
  ① 병류식 : 증기와 열가스의 흐름이 같은 방향
  ② 향류식(대향류식) : 증기와 열가스의 흐름이 서로 반대 방향
  ③ 혼류식 : 병류식과 향류식을 병합
- 열가스 접촉에 의한 분류
  ① 접촉과열기 : 대류열 이용
  ② 복사과열기 : 복사열 이용
  ③ 접촉복사과열기 : 대류 및 복사열 이용

(4) 과열기의 온도 조절방법

① 댐퍼를 이용하여 연소 가스량 조절
② 과열 저감기 사용(과열기 속에 급수를 분사시켜 과열증기와 급수와의 열교환)
③ 화염의 위치 변화
④ 저온의 연소가스를 연소실로 재순환
⑤ 포화수를 과열증기에 분사시키는 방법

★**고온부식** : 전열면의 온도가 500℃ 이상 시 발생
- **원인** : 연료 중에 바나듐(V)이 과잉 공기로 오산화바나듐(V_2O_5)으로 되어 전열면에 융착부식
- **방지법**
  ① 연료를 전처리하여 바나듐 성분 제거
  ② 과열기의 온도를 500~600℃ 이하로 유지
  ③ 연료를 전처리하여 바나듐의 융점을 높인다.(회분 개질제 첨가)
  ④ 전열면 보호피막(내식재 사용)

2. 재열기(Reheater)

과열기와 같은 역할을 하며, 과열기에서 발생된 증기의 일부를 회수하고, 고압터빈에서 사용된 증기를 회수 재가열하여 증기의 건조도를 상승시킨다.

3. 절탄기(Economizer)

연소가스의 여열을 이용하여 급수를 예열시키는 장치
★설치 이점
 ① 열효율 증가
 ② 부동팽창 방지
 ③ 불순물 일부 제거
 ④ 증발능력 증대

·········· 예·상·문·제·32

보일러 부속장치에 대한 설명 중 잘못된 것은?

① 인젝터 : 증기를 이용한 급수장치
② 기수분리기 : 증기 중에 혼입된 수분을 분리하는 장치
③ 스팀 트랩 : 응축수를 자동으로 배출하는 장치
④ 절탄기 : 보일러 동 저면의 스케일, 침전물을 밖으로 배출하는 장치

정답 ④

해설
- **절탄기** : 연소가스의 폐열(여열)을 이용하여 급수를 예열하는 장치이다.

4. 공기예열기(Air preheter)

연소가스의 여열을 이용하여 공기를 예열시키는 장치
★설치 이점
 ① 보일러 효율 상승
 ② 연소상태 양호
 ③ 저질연료도 연소 양호
 ④ 과잉공기를 줄일 수 있음
 - 열원에 의한 분류 : 급수식, 증기식, 가스식
 - 구조에 의한 분류
   ① **전열식** : 강관형, 강판형(금속벽 이용)
   ② **축열식**(재생식 : 융그스트롬식)

1. ② 2. ④ 3. ①

★ **저온부식** : 전열면의 온도가 150℃(노점) 이하로 되었을 때 발생
• **원인** : 연료 중에 유황(S)성분 때문에 발생

$$\therefore S + O_2 \rightarrow SO_2 + \frac{1}{2}O_2 \rightarrow SO_3 + H_2O \rightarrow H_2SO_4$$

·············· 예·상·문·제·33

공기예열기에서 전열 방법에 따른 분류에 속하지 않는 것은?

① 전도식   ② 재생식
③ 히트파이프식   ④ 열팽창식

정답 ④

해설 • 공기예열기 전열방법에 따른 분류
① 전도식
② 재생식
③ 히트파이프식 등

4 안전장치

안전밸브, 방출밸브, 가용전, 방폭문, 화염검출기, 증기압력 제한기, 고저수위 제어기 등

·············· 예·상·문·제·34

보일러의 안전장치와 거리가 가장 먼 것은?

① 과열기   ② 안전밸브
③ 저수위 경보기   ④ 방폭문

정답 ①

해설 • 안전장치 : 안전밸브, 방출밸브, 가용전, 방폭문, 저수위 경보장치, 증기압력제한기, 증기압력조절기 등

1. ② 2. ④ 3. ①

1. 안전밸브(Safty valve)

보일러 내의 증기압이 설정압력 초과 시 압력을 외부로 배출시켜 파열을 방지하기 위한 장치

• **종류** : 스프링식(보일러에 사용됨), 중추식, 지렛대식
• **설치 위치** : 기관 본체 증기부에 수직으로 부착
• **설치 개수** : 2개 이상(단, 전열면적이 50[m²] 미만의 경우에는 1개를 설치한다.)
• **안전 밸브의 작동** : 최고 사용압 이하에서 작동하며, 2개 설치 시 한 개는 최고 사용압의 1.03배에서 작동한다.
• **안전 밸브의 크기** : 전열면적에 비례하고, 증기압에 반비례한다. 안전밸브의 지름은 25A 이상으로 할 것

TIP
단, 다음의 경우에는 20A 이상으로 한다.
• 최고 사용압력이 0.1MPa 이하의 경우
• 최고 사용압력이 0.5MPa 이하이고, 동체의 안지름이 500mm 이하 길이가 1,000mm 이하인 경우
• 최고 사용압력이 0.5MPa 이하이고, 전열면적이 2m² 이하인 경우
• 최대 증발량이 5T/H 이하인 관류 보일러
• 소용량 강철제 보일러, 소용량 주철제 보일러

·············· 예·상·문·제·35

증기 보일러에는 원칙적으로 2개 이상의 안전밸브를 부착해야 하는데 전열면적이 몇 m² 이하이면 안전밸브를 1개 이상 부착해도 되는가?

① 50m²   ② 30m²
③ 80m²   ④ 100m²

정답 ①

해설 안전밸브는 2개 이상을 설치해야 하나 전열면적이 50m² 이하의 경우에는 1개 이상을 부착해도 된다.

① 중추식 안전밸브
② 지렛대식 안전밸브 : 전 압력이 600kg 이하의 경우에만 사용 가능
  $\therefore W \times L = P \times A \times L_1$

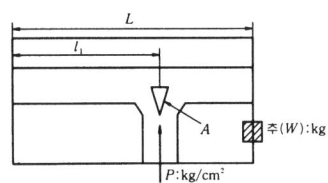

- W : 추의 무게[kg]
- L : 지렛대의 총 길이[cm]
- A : 밸브 시트 단면적[cm²]
- P : 증기압력[kg/cm²]
- L_1 : 지지점에서 밸브중심까지의 거리[cm]

③ 스프링식 안전밸브

㉠ **저양정식** : 양정이 변좌 구경의 1/40 ~ 1/15

$$분출용량(kg/h) = \frac{(1.03P+1)S}{22}$$

㉡ **고양정식** : 양정이 변좌 구경의 1/15 ~ 1/7

$$분출용량(kg/h) = \frac{(1.03P+1)S}{10}$$

㉢ **전양정식** : 양정이 변좌 구경의 1/7 이상의 것

$$분출용량(kg/h) = \frac{(1.03P+1)S}{5}$$

㉣ **전량식** : 목부 지름의 1.15배

$$분출용량(kg/h) = \frac{(1.03P+1)A}{2.5}$$

★ 안전 밸브의 누설원인
① 밸브와 밸브시트가 맞지 않음
② 밸브와 밸브시트에 이물질이 있음
③ 스프링의 힘이 최고 사용압보다 낮을 때
④ 조정 압력이 너무 낮을 때

························ 예·상·문·제·36

강철제 증기보일러의 안전밸브 부착에 관한 설명으로 잘못된 것은?

① 쉽게 검사할 수 있는 곳에 부착한다.
② 밸브 축을 수직으로 하여 부착한다.
③ 밸브의 부착은 플랜지, 용접 또는 나사 접합식으로 한다.
④ 가능한 한 보일러의 동체에 직접 부착시키지 않는다.

1. ② 2. ④ 3. ①

정답 ④

해설 • 안전밸브 부착
① 쉽게 검사할 수 있는 곳
② 밸브 축을 수직으로 하여 본체에 직접 부착
③ 밸브의 부착은 플랜지, 용접 또는 나사 접합식으로 한다.
④ 압력이 높게 걸리는 곳에 설치한다.

2. 화염검출기

운전 중 실화, 불 착화 등의 경우 연소실 내로 진입되는 연료를 차단시켜 미연소 가스로 인한 폭발을 방지하기 위해서 설치한다.

★ 종 류
① 프레임 아이(Flame eye) : 화염의 발광체 이용(연소실에 설치) [광학적 성질 이용]
② 프레임 로드(Flame rod) : 화염의 이온화 이용(연소실에 설치) [전기전도성 이용]
③ 스택 스위치(Stack switch) : 화염의 발열체 이용(연도에 설치되며, 감지속도가 늦다.) [열적변화 이용]

························ 예·상·문·제·37

보일러에서 사용하는 화염검출기에 관한 설명 중 틀린 것은?

① 화염검출기는 검출이 확실하고 검출에 요구되는 응답시간이 길어야 한다.
② 사용하는 연료의 화염을 검출하는 것에 적합한 종류를 적용해야 한다.
③ 보일러용 화염검출기에는 주로 광학식 검출기와 화염검출봉식(flame rod) 검출기가 사용된다.
④ 광학식 화염검출기는 자외선식을 사용하는 것이 효율적이지만 유류보일러에는 일반적으로 가시광선식 또는 적외선식 화염검출기를 사용한다.

정답 ①

해설 화염검출기는 검출이 확실하고 검출에 요구되는 응답 시간이 짧아야 한다.

········· 예·상·문·제·38

연소안전장치 중 플레임 아이(flame eye)로 사용되지 않는 것은?

① 광전관　　② CdS cell
③ PbS cell　　④ SmS cell

정답 ④

해설 • 플레임 아이 종류로는
① 황화카드뮴 셀(Cds 셀)
② 황화납 셀(Pbs 셀)
③ 광전관
④ 자외선 광전관

3. 저수위 경보장치(제어기)

안전 저수위 이하로 수위가 감소시 자동적으로 경보가 울리면서(연료차단 50~100초 전) 연소실 내로 진입되는 연료를 차단시켜 과열현상을 방지하기 위한 장치

★종류
① 플로트식(맥도널식)
② 전극(봉)식
③ 열팽창력식(코프스식)

[맥도널식]

[전극식]

········· 예·상·문·제·39

보일러 저수위 경보장치 종류에 속하지 않는 것은?

① 플로트식　　② 전극식
③ 열팽창관식　　④ 압력제어식

정답 ④

해설 • 저수위 경보장치 종류
① 플로트식(맥도널식) : 플로트의 부력 이용
② 전극식 : 전기전도성 이용
③ 열팽창력식(코프스식) : 금속의 열팽창력 이용

1. ②　2. ④　3. ①

★수위 제어 방식
① 1요소식(단요소식) : 수위만을 이용 검출
② 2요소식 : 수위, 증기량을 이용 검출
③ 3요소식 : 수위, 증기량, 급수량을 이용 검출

········· 예·상·문·제·40

보일러 수위제어 방식인 2요소식에서 검출하는 요소로 옳게 짝지어진 것은?

① 수위와 온도　　② 수위와 급수량
③ 수위와 압력　　④ 수위와 증기량

정답 ④

해설 • 수위제어 방식
① 1요소식(단요소식) : 수위만을 이용 검출
② 2요소식 : 수위, 증기량을 이용 검출
③ 3요소식 : 수위, 증기량, 급수량을 이용 검출

4. 가용전(용해플러그)

내분식 보일러의 노통이나 화실 상부에 설치하며, 보일러수가 안전 저수위 이하로 감수 시 과열로 인한 파열을 미연에 방지하기 위하여 설치

주석(Sn) + 납(Pb)	용융온도
10 : 3	150℃
3 : 3	200℃
3 : 10	250℃

5. 증기 압력 제어기

(Steam pressure control instumemt)

보일러 내의 증기 압력이 설정 압력에 도달되면 연료를 차단시키고, 또한 공기량을 조절하여 효율적이고, 안전한 운전을 도모하기 위한 장치이다.

(1) 증기 압력 제한기

수은 스위치의 변위에 의해 전기의 온(ON), 오프(OFF) 신호를 버너와 전자밸브로 보내 연료의 공급 및 차단을 하는 역할을 한다.

SECTION 01 보일러 설비 및 구조　23

(2) 증기 압력 조절기

증기 압력에 따른 벨로즈의 신축작용으로 전기저항을 변화시켜 연료량과 함께 공기량을 조절하여 항상 일정한 증기 압력이 되도록 유지하는 장치이다.

6. 방폭문(폭발구)

연소실 내의 미연소가스로 인한 폭발이 발생 시 폭발가스를 연소실 밖으로 도피시켜 보일러의 파열을 방지하기 위한 장치이다.(연소실 후부에 설치)

★ 연소가스의 폭발방지
  ① 사전 대책 : 노내 환기
  ② 사후 대책 : 방폭문 부착
  ③ 방폭문의 종류
    ㉠ 스프링식(밀폐식) : 노통 연관 보일러에 주로 사용된다.
    ㉡ 개방식(스윙식) : 소용량 주철제 보일러에 설치한다.

★ 역화(Back fire) : 연소실 내 미연소가스가 폭발하는 현상
  • 원인
    ① 연소실 내 미연소가스가 차 있을 때
    ② 점화 실패 시
    ③ 가동 중 실화로 연소가스 누설 시
    ④ 점화 시간이 늦어졌을 때
    ⑤ 노내 환기 불충분 시

TIP
노내환기
• 점화 전 : 프리퍼지(Pre-purge)
• 점화 후 : 포스트 퍼지(Post purge)

1. ②   2. ④   3. ①

7. 방출밸브

온수보일러에 설치하는 안전장치로 보일러 내의 압력이 사용압보다 높을 경우 온수를 방출시켜 보일러의 파손을 방지한다.
(단, 온수 보일러의 경우에도 온수의 온도가 120[℃] 이하는 방출밸브, 120[℃]를 초과하는 경우에는 안전밸브를 설치한다.)

[방출관의 크기]

전열면적(m²)	방출관의 안지름(mm)
10 미만	25 이상
10 ~ 15 미만	30 이상
15 ~ 20 미만	40 이상
20 이상	50 이상

TIP
유류용 온수 보일러의 경우 방출관의 크기
① 선열면석 5m² 이상 : 30A 이상
② 전열면적 5m² 미만 : 25A 이상

8. 팽창 탱크

온수 보일러에서 이상팽창압력을 흡수하는 장치로 온수의 사용온도에 따라 개방식(85~95℃)의 보통 온수, 밀폐식(100℃ 이상의 고온수)으로 나눈다.

★ 팽창 탱크의 설치 목적
  ① 체적팽창, 이상팽창압력 흡수
  ② 관내 온수온도와 압력을 일정하게 유지
  ③ 보충수 공급
  ④ 열손실 방지

TIP
개방식 팽창탱크의 경우는 방열관이나 방열기보다 1m 이상 높게 설치

.... 예·상·문·제·41

개방식 팽창탱크에서 필요가 없는 것은?

① 배기관　　② 압력계
③ 급수관　　④ 팽창관

정답 ②

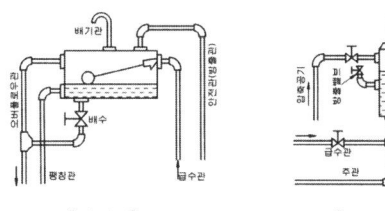

[개방식]　　　　　　[밀폐식]

9. 전자밸브(연료차단 전자밸브)

가동 또는 점화 중 실화 시, 이상감수 시, 이상압력 상승 시 연소실 내로 진입되는 연료를 차단시켜주는 장치

[가스차단용 전자밸브]　　[유 전자밸브]

·················· 예·상·문·제·42

전자밸브가 작동하여 연료공급을 차단하는 경우로 거리가 먼 것은?

① 보일러수의 이상 감 수시
② 증기압력 초과 시
③ 배기가스온도의 이상 저하 시
④ 점화 중 불착화 시

정답 ③

해설 • 전자밸브의 연료차단이 되는 경우
① 이상 감수 시
② 증기압력 초과 시
③ 점화 중 불 착화 시 또는 가동 중 실화 시
④ 과열 시 등

10. 기타 부속품

(1) 압력계

설비 내의 압력을 측정하는 것으로 이는 힘의 강약을 측정하는 계기이다.

(보일러에는 부르동관식 압력계 사용)
• 탄성식 : 부르동관식, 다이어프램식, 벨로즈식, 캡슐식 등
• 액주식 : 단관식, U자관식, 경사관식 등

① 압력계의 크기
　㉠ 눈금 범위 : 최고사용압력의 1.5배~3배
　㉡ 눈금판의 지름 : 100mm 이상(단, 다음의 경우는 60mm 이상 가능, 안전밸브 20A 이상과 동일)
　㉢ 사이폰관 : 압력계(부르동관) 보호를 위해 설치(내부에 80℃ 이하의 물을 채운다.)
　㉣ 사이폰관(증기관) : 동관 6.5mm, 강관 12.7mm 이상(단, 증기관의 크기는 6.5mm 이상으로 함)
　㉤ 증기의 온도가 210℃ 이상에서는 황동관 사용 금지

② 압력계 검사 시기
　㉠ 두 개가 설치된 경우 지시도가 다를 때
　㉡ 비수현상이 발생 시
　㉢ 신설 보일러의 경우 압력이 오르기 전
　㉣ 부르동관이 높은 열을 받았을 경우
　　• 압력계 검사를 위해 삼방콕을 사용한다.

·················· 예·상·문·제·43

보일러에 부착하는 압력계의 취급상 주의사항으로 틀린 것은?

① 온도가 353K 이상 올라가지 않도록 한다.
② 압력계는 고장이 날 때까지 계속 사용하는 것이 아니라 일정 사용 시간을 정하고 정기적으로 교체하여야 한다.
③ 압력계 사이폰 관의 수직부에 콕크를 설치하고 콕크의 핸들이 축 방향과 일치할 때에 열린 것이어야 한다.
④ 부르동관 내에 직접 증기가 들어가면 고장이 나기 쉬우므로 사이폰 관에 물이 가득차지 않도록 한다.

정답 ④

해설 압력계(부르동관) 파손 방지를 위해 사이폰관 내에 80℃ 이하의 물을 가득 채워 놓는다.

1. ②　2. ④　3. ①

(2) 유량계

유체가 흐르는 양을 측정하기 위해 설치(보일러에는 급수량계, 급유량계(용적식)를 설치한다.)

- 용적식 유량계의 종류 : 오벌식, 루트식, 로터리 피스톤식, 가스미터(습식, 건식) 등

(3) 수면계

동 내부에 수위를 확인하기 위해 설치된다. 보일러에는 2개의 유리관식(보일러에 사용 : 평형반사식 유리수면계) 수면계를 설치한다.

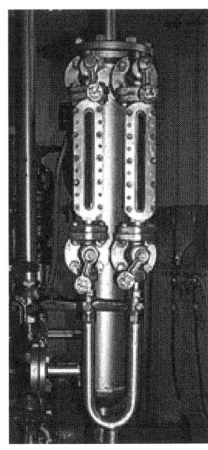

★ 유리관식 수면계의 종류
① 원형 유리관식 : 사용 압력은 1MPa 이하, 유리관의 안지름은 10[mm] 이상일 것
② 평형 투시식 : 사용 압력은 4.5~7.5MPa 이하에 사용한다.
③ 평형 반사식 : 사용 압력은 1.6~2.5MPa 이하에 사용한다.
④ 2색 수면계 : 적색과 청색으로 이루어짐(사용압은 평형 투시식과 동일)
⑤ 원방 유리관식(멀티포트식) : 사용압은 21MPa의 고압용이다.

★ 수면계의 점검 시기
① 2개의 수위가 서로 다를 때
② 플라이밍 현상 발생 시
③ 장시간 정지 후 재운전 시
④ 수위가 의심스러울 때

예·상·문·제·46

다음 중 수면계의 기능시험을 실시해야 할 시기로 옳지 않은 것은?

① 보일러를 가동하기 전
② 2개의 수면계의 수위가 동일할 때
③ 수면계 유리의 교체 또는 보수를 행하였을 때
④ 프라이밍, 포밍 등이 생길 때

정답 ②

해설 • 수면계점검시기
① 비수·포밍 발생 시
② 두 개의 수면계 수위가 서로 다를 때
③ 연락관에 이상이 발견된 때
④ 운전 전이나 송기 전 압력이 오를 때
⑤ 수위가 보이지 않을 때
⑥ 기타 수위가 의심스런 경우

★ 수면계의 파손 원인
① 무리한 힘이나 충격을 가하였을 때
② 급열, 급냉 시
③ 상하부의 축이 서로 이완되었을 때

★ 수면계의 점검 순서
① 물 밸브를 닫는다. → ② 증기 밸브를 닫는다. → ③ 드레인 밸브를 연다. → ④ 물 밸브를 열고 닫는다. → ⑤ 증기 밸브를 연다. → ⑥ 드레인 밸브를 닫는다. → ⑦ 물 밸브를 연다.

★ 수주의 설치 목적
수면계의 파손 방지와 물쪽 연락관의 막힘 방지를 위해 설치한다.
- 상용수위 : 수면계 1/2지점
- 안전 저수위(수면계 설치위치) : 수면계 최하부 (노통 : 100mm, 연관 : 75mm)

1. ② 2. ④ 3. ①

예·상·문·제·47

보일러의 수면계와 관련된 설명 중 틀린 것은?

① 증기보일러에는 2개(소용량 및 소형관류보일러는 1개) 이상의 유리수면계를 부착하여야 한다. 다만, 단관식 관류보일러는 제외한다.
② 유리수면계는 보일러 동체에만 부착하여야 하며 수주관에 부착하는 것은 금지하고 있다.
③ 2개 이상의 원격지시 수면계를 시설하는 경우에 한하여 유리수면계를 1개 이상으로 할 수 있다.
④ 유리수면계는 상·하에 밸브 또는 콕크를 갖추어야 하며, 한눈에 그것의 개·폐 여부를 알 수 있는 구조이어야 한다. 다만, 소형관류보일러에서는 밸브 또는 콕크를 갖추지 아니할 수 있다.

정답 ②

해설 유리수면계를 설치 시 수면계는 보일러 본체에 직접부착하지 않고 파손방지를 위해 수면계와 보일러 본체 사이에는 수주관을 설치한다.

5 기타 부속장치

1. 분출장치(Blow system)

보일러의 급수 중에 생긴 불순물을 보일러 밖으로 배출시키기 위한 장치이다.
(크기 : 25A 이상 65A 이하. 단, 전열면적이 $10m^2$ 이하의 경우는 20A 이상으로 할 수 있다.)

★종류
① 연속(수면) 분출장치 : 안전 저수위 선상에 설치되며, 관수 중에 부유 물질이나 유지류 등을 제거할 목적으로 설치한다.
  • 열회수 방법 : 열교환기를 통한 방법, 플래시 탱크를 이용한 열회수 방법)
② 단속(수저)분출장치 : 동 저면에 설치한다.

★설치목적
① 관수의 pH조절(급수 : 6~9(8.5), 보일러수 : 10.5~11.8)
② 슬러지 배출
③ 관수의 농축 방지
④ 프라이밍, 포밍 방지
⑤ 세관액 배출

★분출시기
① 점화 전
② 부하가 가장 적게 걸릴 때
③ 고수위시
④ 프라이밍, 포밍 발생시
⑤ 관수의 농축이 지나칠 때

★분출방법
① 신속하게 할 것
② 반드시 2인 1조로 할 것
③ 콕크(급개형)를 먼저 열고, 분출밸브(점개형)를 연다.(닫을 경우는 역순 : 고압)
  단, 저압의 경우에는 보일러 가까이에 분출밸브 먼 쪽에 콕크를 설치한다. (열 때는 분출밸브를 열고, 콕크를 연다. 닫을 때는 콕크를 닫고 분출밸브를 닫는다)

★분출밸브의 재질
주철제 : 1.3Mpa, 흑심가단주철제 : 1.9Mpa 이하일 것. 어느 경우이든 0.7Mpa 이상에 견딜 것

[연속분출장치]   [단속(수저)분출장치]

2. 매연 분출기(수트 블로 : Soot blow)

전열면에 부착된 그을음을 제거해주는 장치

★종류
① 롱 리트랙터블형 : 긴 분사관을 이용, 선단에 노즐을 설치 청소하는 것으로 주로 고온의 전열면에 사용
② 로터리형 : 회전을 하면서 분사 청소하는 것으로 주로 연도 등의 저온의 전열면에 사용
③ 건형 : 일반적인 전열면에 사용

1. ② 2. ④ 3. ①

★수트 블로워 사용 시 주의 사항
① 저부하 시(50% 이하) 사용하지 말 것
② 배풍기를 사용하여 유인 통풍을 증가시킬 것
③ 응축수를 배출시킨 후 사용할 것

························ 예·상·문·제·48

다음 중 수트 블로워의 종류가 아닌 것은?

① 장발형　　　　② 건타입형
③ 정치회전형　　④ 콤버스터형

정답 ④

해설 • 수트 블로워 : 주로 수관 보일러의 전열면에 부착된 그을음을 제거하는 장치
• 종류
① 고온 전열면 블로워 – 롱트렉터블형(장발형)
② 연소 노벽 블로워 – 숏트렉터블형(단발형)
③ 전열면 블로워 – 건타입형
④ 저온전열면 블로워 – 로터리형(정치회전형)

3. 자동 온도 조절밸브

사용 증기나 온수의 온도를 일정하게 유지하기 위하여 설치되며, 금속의 감온부에 의해 자동으로 조정되는 밸브이다.

04 • 보일러 열정산

1 열정산의 목적

열의 손실과 열설비의 성능 파악, 열설비의 구축자료, 조업방법 개선 등을 제공받기 위한 목적이다. (열정산 시 입열과 출열은 같아야 한다)

2 열계산의 기준

(1) 가동 후 1~2시간 후부터 2시간 이상 측정
(2) 연료는 1[kg]을 기준으로 한다.
(3) 발열량은 9,750[kcal/kg]이다.
(4) 연료의 비중은 0.963[kg/ℓ]이다.

(5) 증기의 건도는 0.98(98%)로 한다.
　(단, 주철제는 0.97)
(6) 압력변동은 ±7[%]로 한다.
(7) 측정은 10분마다 실시

························ 예·상·문·제·49

KS에서 규정하는 보일러의 열정산은 원칙적으로 정격부하 이상에서 정상 상태(steady state)로 적어도 몇 시간 이상의 운전결과에 따라야 하는가?

① 1시간　　　　② 2시간
③ 3시간　　　　④ 5시간

정답 ②

해설 보일러의 열정산은 원칙적으로 정격부하 이상에서 적어도 2시간 이상의 운전결과에 따라야 한다. 단, 소형보일러의 경우 인수·인도자 간의 협정에 따라 1시간 이상으로 할 수 있다.

3 측정 방법

(1) 외기온도 : 보일러실 주위의 입구에서 측정
　(단, 공기예열기가 있는 경우에는 입구에서 측정)
(2) 급수온도 측정 : 절탄기 입구에서 측정
　(단, 절탄기가 없는 경우에는 보일러 몸체의 입구에서 측정한다.)
(3) 발생 증기량 측정 : 급수량에서 산정
(4) 배기가스 온도 측정 : 보일러의 최종 가열기의 출구에서 측정한다.
(5) 연료의 발열량 : 원칙적으로 고위발열량(총 발열량)으로 하며, 저위발열량으로 사용할 경우 분명하게 명기하여야 한다.

4 배기가스의 성분

유류를 사용하는 보일러의 배기가스의 CO_2는 12[%] 이상이어야 한다.(단, 경유를 사용하는 경우는 10[%] 이상이어야 한다.)

1. ②　2. ④　3. ①

5 입·출열 항목

(1) 입열 항목

① 연료의 발열량(저위발열량)
② 연료의 현열
③ 공기의 현열
④ 노내 분입 증기열

(2) 출열 항목

① 유효출열(피열물이 가지고 나가는 열)
② 배기가스에 의한 손실열
③ 미연소 가스에 의한 손실열
④ 방산(노벽을 통한)에 의한 손실열

TIP
손실열 중에서 배기가스에 의한 손실열이 가장 크다.

6 보일러의 용량 표시방법 및 계산

① 최대연속 증발량
② 보일러 마력
③ 전열 면적
④ 상당증발량
⑤ 정격 용량
⑥ 정격 출력
⑦ 상당방열면적(EDR)

(1) 상당증발량(환산, 기준, 표준)

표준 대기압 상태에서 100[℃]의 포화수를 100[℃]의 건포화 증기로 1시간 동안에 증발시킨 양을 말한다.

$$G = \frac{Ga \times (h_2 - h_1)}{539} \text{(kg/h)}$$

- G : 상당증발량[kg/h]
- G_a : 매시간당 증발량[kg/h]
- h_2 : 증기 엔탈피[kcal/h]
- h_1 : 급수 엔탈피[kcal/h]

1. ②   2. ④   3. ①

·····예·상·문·제·50

엔탈피가 25kcal/kg인 급수를 받아 1시간당 20,000kg의 증기를 발생하는 경우 이 보일러의 매시 환산 증발량은 몇 kg/h인가? (단, 발생증기 엔탈피는 725kcal/kg이다.)

① 3,246kg/h
② 6,493kg/h
③ 12,987kg/h
④ 2,5974kg/h

정답 ④

해설 환산(상당)증발량

$$= \frac{\text{매시간당 증발량(증기엔탈피 − 급수엔탈피)}}{539}$$

$$= \frac{20,000 \times (725 - 25)}{539} = 25,974 \text{kg/h}$$

·····예·상·문·제·51

어떤 보일러의 3시간 동안 증발량이 4,500kg이고, 그 때의 급수 엔탈피가 25kcal/kg, 증기 엔탈피가 680kcal/kg이라면 상당증발량은 약 몇 kg/h인가?

① 551
② 1684
③ 1823
④ 3051

정답 ③

해설 $Ge = \frac{G(h'' - h')}{539}$ [kg/h]에서

$$\frac{\frac{4500}{3} \times (680 - 25)}{539} = 1823 \text{kg/h}$$

(2) 증발계수

$$\text{증발계수} = \frac{h_2 - h_1}{539} \text{(단위없음)}$$

즉, $\left[\dfrac{\text{상당증발량}}{\text{매시간당 증발량}} \right]$

(3) 증발배수

$$\text{환산 증발배수} = \frac{G}{Gf} \text{ [kg/kg]}$$

매시 실제 증발량 = $\dfrac{Ga}{Gf}$ [kg/kg]

- G : 상당증발량[kg/h]
- G_f : 매시간당 연료사용량[kg/h]
- G_a : 매시간당 증발량[kg/h]

(4) 증발율

$$상당\ 증발율 = \dfrac{G}{A}\ (\text{kg/m}^2\text{h})$$

$$매시간당\ 증발율 = \dfrac{Ga}{A}\ (\text{kg/m}^2\text{h})$$

- A : 전열면적[m²]

··········· 예·상·문·제·52

보일러 증발율이 80kg/m²·h이고, 실제 증발량이 40t/h일 때, 전열 면적은 약 몇 m²인가?

① 200 ② 320
③ 450 ④ 500

정답 ④

해설 $= \dfrac{40000}{80} = 500\text{m}^2$

(5) 보일러 마력

표준 대기압(1atm) 하에서 100℃의 물 15.65kg를 1시간에 100℃의 증기로 변화시킬 수 있는 능력

$$\text{B-HP} = \dfrac{G}{15.65}$$

TIP
보일러 1마력이 차지하는 열량은 약 8,440(8,435)kcal이며, 상당 증발량은 15.65kg이다.

··········· 예·상·문·제·53

보일러 마력(Boiler Horsepower)에 대한 정의로 가장 옳은 것은?

① 0℃ 물 15.65kg을 1시간에 증기로 만들 수 있는 능력
② 100℃ 물 15.65kg을 1시간에 증기로 만들 수 있는 능력
③ 0℃ 물 15.65kg을 10분에 증기로 만들 수 있는 능력
④ 100℃ 물 15.65kg을 10분에 증기로 만들 수 있는 능력

정답 ②

해설 • 보일러 마력(B-Hp)
표준대기압(760[mmHg])에서 100[℃]의 포화수 15.65[kg]을 1시간에 100[℃]의 포화증기로 바꿀 수 있는 능력

(6) 전열면 열부하

전열면 1m²당 1시간에 전달되는 열량

$$전열면\ 열부하 = \dfrac{Ga(h_2 - h_1)}{A}\ (\text{kcal/m}^2\text{h})$$

(7) 부하율

보일러의 정격용량과 실제 증발량과의 비율

$$부하율 = \dfrac{매시실제증발량}{매시최대연속증발량} \times 100(\%)$$

(8) 보일러 효율

보일러의 효율은 보일러에 공급되는 입열과 실제 사용할 수 있는 유효열과의 비율로 표시된다. 즉, 효율은 입열과 유효출열의 비이다.

★ 보일러 효율의 계산
① 입·출열에 의한 계산
② 손실열에 의한 계산

1. ② 2. ④ 3. ①

$$효율 = \frac{Ga \times (h_2 - h_1)}{Gf \times H} \times 100(\%)$$
$$= \frac{G \times 539}{Gf \times H} \times 100(\%)$$
$$= 전열\ 효율 \times 연소\ 효율$$

$- H$: 연료의 발열량(kcal/kg)

$$연소효율 = \frac{연소열}{입열} \times 100$$

$$전열효율 = \frac{유효출열}{연소열} \times 100$$

······················· 예·상·문·제·54

보일러 효율이 85%, 실제증발량이 5t/h이고 발생증기의 엔탈피 656kcal/kg, 급수온도의 엔탈피는 56kcal/kg, 연료의 저위발열량 9,750kcal/kg일 때 연료 소비량은 약 몇 kg/h인가?

① 316 ② 362
③ 389 ④ 405

정답 ②

해설 $\eta = \frac{G(h'' - h')}{Gf \times Hl}$ 에서

연료사용량 $= \frac{5000 \times (656 - 56)}{0.85 \times 9,750} = 362 kg/h$

······················· 예·상·문·제·55

연료 발열량은 9,750kcal/kg, 연료의 시간당 사용량은 300kg/h인 보일러의 상당증발량이 5,000kg/h일 때 보일러 효율은 약 몇 %인가?

① 93 ② 85
③ 87 ④ 92

정답 ④

해설 $\eta = \frac{G_e \times 539}{H \times Gf} \times 100 = \frac{5,000 \times 539}{9,750 \times 300} \times 100$

$\fallingdotseq 92\% = \frac{5,000 \times 539}{9,750 \times 300} \times 100 \fallingdotseq 92\%$

1. ② 2. ④ 3. ①

05. 연료 및 연소장치

1 연료의 종류와 특징

1. 연료의 정의

공기 중의 산소와 쉽게 화합하여 연소하고, 발생된 연소열을 경제적으로 이용할 수 있는 물질

2. 연료의 구비 조건

① 공기 중에 쉽게 연소할 수 있을 것
② 운반, 저장, 취급이 용이할 것
③ 구입 용이, 가격이 저렴할 것
④ 발열량이 클 것
⑤ 연소 후 유해가스 발생이 적을 것

TIP
연소의 3요소
① 가연물   ② 점화원   ③ 산소 공급원

······················· 예·상·문·제·55

연소가 이루어지기 위한 필수 요건에 속하지 않는 것은?

① 가연물   ② 수소 공급원
③ 점화원   ④ 산소 공급원

정답 ②

해설 연소의 3대 조건 : ① 가연물, ② 점화원, ③ 산소 공급원

3. 연료의 주성분 : C, H, O

① 연료의 요소 : C, H, O, S, N, W, A(회분) 등
② 가연성분 : C, H, S

4. 연료의 종류

(1) 고체연료

★종류
① 구입용이, 가격 저렴

② 노천야적 가능
③ 연소 장치 간단
④ 점소화 곤란
⑤ 연소 효율이 낮다.
⑥ 회분 및 불순물이 많다.

★ **석탄의 분류 기준** : 발열량, 점결성, 입도, 탄화도
- **점결성** : 석탄을 고온 건류시켰을 때 350℃ 부근에서 용융되었다가 450℃ 부근에서 다시 굳어지는 성질

★ **점결성에 따른 분류**
① 강점결성 : 굳은 코크스 생성(고도역청탄)
② 약점결성 : 약한 코크스 생성(반역청탄, 저도역청탄)
③ 비점결성 : 코크스를 생성 못함(무연탄, 갈탄, 이탄)

★ **코크스** : 석탄을 밀폐된 용기 속에 넣고, 1,000℃ ~1,100℃로 가열하여 만든 2차 연료
- **종류** : 제사 코크스, 가스 코크스, 반성 코크스

★ **입도에 따른 분류**
① 미분탄 : 150[mesh] 이하(3mm)
② 분탄 : 25[mm] 이하
③ 중괴탄 : 25~50[mm] 이하
④ 괴탄 : 50[mm] 이상

★ **석탄의 변화 과정**
목탄 → 이탄 → 아탄 → 갈탄 → 역청탄(유연탄) → 무연탄 작다 ← 탄화도 → 크다

★ **탄화도가 클수록**
① 고정탄소 증가로 발열량이 증가
② 연료비 증가
③ 착화 온도가 높아진다.
④ 연소 속도가 늦어진다.

$$연료비 = \frac{고정탄소}{휘발분}$$

┌ 무연탄 : 연료비 7 이상
├ 유연탄 : 연료비 1 ~ 7
└ 갈탄 : 연료비 1 이하

② **석탄의 물리적 성질**
- **비중과 기공율** : 석탄의 비중은 참비중과 겉보기 비중으로 분류된다.

$$기공율 = \frac{참비중 - 겉보기비중}{참비중} \times 100$$

- **비열** : 휘발분의 증가와 탄화 수소비($\frac{C}{H}$)가 증가하면 비열은 증가한다. 즉, 탄화도가 증가하면 감소하게 된다.
- **열전도율** : 탄화도가 강해질수록 열전도율은 강해진다.

③ **석탄의 저장방법** : 옥외저장, 옥내저장
㉮ 탄층의 높이는 옥내 2[m], 옥외 4[m] 이내로 한다.
㉯ 탄종, 인수시기, 입도별로 구분하여 저장한다.
㉰ 직사광선을 피하고, 통풍이 잘되는 곳에 저장한다.
㉱ 바닥의 기울기 1/100 ~ 1/150로 한다.
㉲ 풍화작용 및 자연발화방지

★ **풍화작용** : 석탄을 장기간 저장 시 공기 중의 산소와 산화작용을 일으켜 변질되는 현상
∴ 풍화작용은 다음의 경우가 심하게 발생된다.
㉠ 수분이 많을수록
㉡ 휘발분이 많을수록
㉢ 석탄이 새것일수록
㉣ 입자가 작을수록
㉤ 외기 온도가 높을수록
∴ 풍화작용의 해
㉠ 분탄이 되기 쉽다.
㉡ 발열량이 저하된다.
㉢ 휘발분과 점결성이 감소한다.
㉣ 표면이 탈색된다.

1. ② 2. ④ 3. ①

······················· 예·상·문·제·56

액체연료의 일반적인 특징에 관한 설명으로 틀린 것은?

① 유황분이 없어서 기기 부식의 염려가 거의 없다.
② 고체 연료에 비해서 단위 중량당 발열량이 높다.
③ 연소효율이 높고 연소조절이 용이하다.
④ 수송과 저장 및 취급이 용이하다.

정답 ①

해설 • 액체연료의 특징
① 고체연료에 비해서 발열량이 높다.
② 연소효율 및 열효율이 좋다.
③ 수송 및 저장 취급이 용이
④ 회분이 적고 연소조절이 쉽다.
⑤ 연소 온도가 높아 국부과열 위험성이 많다.
⑥ 화재 및 역화의 위험이 있다.
⑦ 유황분이 있어 기기 부식의 염려가 발생한다.

(2) 액체연료

★ **종류**
① 품질이 균일하며 발열량이 높다.
② 연소효율 및 발열량이 높다.
③ 점소화가 용이하다.
④ 운반 및 저장이 편리하다.
⑤ 화재 및 역화의 우려가 있다.
⑥ 황분이 많은 것은 대기오염의 우려가 있다.

★ **액체연료의 정제과정**
가스 → 가솔린 → 등유 → 경유 → 중유 → 아스팔트 → 피치 ← 발열량이 높다.
• 중유 : 점도에 따라서 A, B, C의 3종류로 분류된다.
┌ A : 예열이 불필요하다.
└ B, C : 예열이 필요하다.

★ **유동점과 응고점** : 유동점은 응고점보다 2.5℃가 높다.
(유동점과 응고점 차는 2.5℃이다)

TIP
• 유동점 = 응고점+2.5 *응고점 = 유동점−2.5
(즉, 유동점과 응고점 차는 2.5℃이다)

★ **중유의 첨가제 및 작용**
① 연소 촉진제 : 분무를 순조롭게 한다.
② 슬럿지 분산제 : 슬러지 생성방지
③ 회분 개질제 : 회분의 융점을 높여 고온부식 방지
④ 탈수제 : 중유 속의 수분 분리
⑤ 유동점 강하제 : 중유의 유동점을 낮추어 유동성 증가

TIP
• 인화점 : 가연성 물질이 공기 존재 하에서 외부의 점화원을 가했을 때 불이 붙을 수 있는 최저온도
• 착화점 : 가연성 물질이 공기 존재 하에서 외부의 점화원 없이 스스로 불이 붙을 수 있는 온도

★ **비중 시험법**
① 비중계법   ② 비중병법
③ 비중 천평법   ④ 치환법

★ **비중 표시법**

$$API = \frac{141.5}{비중[60°F/60°F]} - 131.5$$

$$보오메(Baume)도 = \frac{140}{비중[60°F/60°F]} - 130$$

(3) 기체연료

★종류
① 연소효율이 좋다.
② 대기오염을 초래하지 않는다.
③ 과잉 공기 사용량이 적다.
④ 폭발의 위험성이 있다.
⑤ 수송이나 저장이 불편하다.
⑥ 설비비 및 연료비가 비싸다.

·················· 예·상·문·제·57

다음 중 연소 시에 매연 등의 공해 물질이 가장 적게 발생되는 연료는?

① 액화천연가스　　② 석탄
③ 중유　　　　　　④ 경유

정답　①

해설　기체연료(액화천연가스)는 매연 발생이 없어 대기오염을 초래하지 않는다.

① 취급 시 주의 사항
  ㉮ 용기의 전도 또는 충격을 피할 것
  ㉯ 직사광선을 피하고 주위온도를 40℃ 이하로 유지할 것
  ㉰ 통풍이 양호한 곳에 저장할 것
  ㉱ 화기와는 2[m] 이상 이격을 둘 것
② 기체 연료의 종류
  • **액화천연가스**(LNG : Liquefied Natural Gas) : 주성분(메탄[CH_4])

·················· 예·상·문·제·58

다음 중 액화천연가스[LNG]의 주성분은 어느 것인가?

① CH_4　　　　　② C_2H_6
③ C_3H_8　　　　④ C_4H_{10}

정답　①

해설　• 액화천연가스[LNG]의 주성분 : 메탄(CH_4)

• **액화석유가스**(LPG : Liquefied Petroleum Gas) : 주성분(프로판[C_3H_8], 부탄 [C_4H_{10}])
• 석탄계 가스
  ㉮ **석탄가스** : 석탄을 고온으로 건류시켜 코크스를 제조할 때 발생되는 가스
    ∴ 주성분 : H_2, CH_4, CO
  ㉯ **발생로가스** : 코크스, 목재, 석탄 등을 적열상태로 가열하여 공기 또는 산소를 보내 불완전 연소시켜 얻은 기체 연료
    ∴ 주성분 : N_2, CO, H_2
  ㉰ **수성가스** : 고온으로 가열된 무연탄이나 코크스 등에 수증기를 작용시켜 얻은 기체 연료
    ∴ 주성분 : H_2, CO, N_2
  ㉱ **고로가스** : 용광로에서 철광석을 용융하여 제철할 때 코크스의 연소로 얻어지는 부산물의 가스
    ∴ 주성분 : N_2, CO, CO_2

·················· 예·상·문·제·59

다음 중 액화석유가스[LPG]의 주성분은 어느 것인가?

① CH_4　　　　　② C_2H_6
③ C_3H_8　　　　④ C_2H_2

정답　③

해설　• 액화석유가스[LPG]의 주성분 : 프로판[C_3H_8], 부탄 [C_4H_{10}]

(4) 가스홀더의 종류

① 유수식, ② 무수식, ③ 고압홀더

2 연소방법 및 연소장치

1. 연소(Combustion)

연소란 가연 성분이 공기 중의 산소와 급격히 화합하여 열과 빛을 발생하는 현상으로 산화반응을 의미한다.

(1) 연소속도에 미치는 영향 : 온도, 압력, 농도, 촉매, 입자의 크기 등

(2) 연소의 3요소

① 가연물질(연료)
② 산소공급원
③ 점화원(불씨)

(3) 완전연소의 구비조건

① 연료와 공기를 적당하게 혼합시킬 것
② 연료를 적당하게 예열시킬 것
③ 연소시간을 충분히 할 것
④ 연소실 내 온도를 높게 유지할 것
⑤ 연소실 용적이 클 것

(4) 연소의 종류

① **고체연료** : ㉠ 분해연소(목재, 석탄)
　　　　　　　㉡ 표면연소(목탄, 코크스)
② **액체연료** : ㉠ 분해연소(중유, 타르)
　　　　　　　㉡ 증발연소(가솔린, 등유, 경유)
③ **기체연료** : ㉠ 확산연소
　　　　　　　㉡ 예혼합연소

★**확산연소방식** : 공기와 가스를 따로 연소실로 분산 연소시키는 방식으로 역화의 우려가 없다.
★**예혼합연소방식** : 공기와 가스를 버너 내에서 혼합하여 연소시키는 방식으로 역화의 우려가 있다.

(5) 가스연소의 특징

① 연소조절이 용이하며, 버너의 구조가 간단하다.
② 황분이 적고 대기 오염이 적다.
③ 연소 효율이 높다.
④ 재의 퇴적이 없고 전열면의 손상이 적다.

TIP
• 산화염 : 과잉공기로 인하여 화염 중에 과잉산소를 함유한 화염
• 환원염 : 산소 부족으로 인한 화염 중에 일산화탄소(CO)가 함유된 화염

1. ② 　2. ④ 　3. ①

2. 연소장치(Combustion device)

화격자, 버너, 연소실, 연도, 연돌

(1) 고체연료의 연소장치

일반적으로 화격자 연소방식을 택한다.

★**고체연료의 연소방식**
① 화격자 연소방식
② 미분탄 연소방식
③ 유동층 연소방식

·················· 예·상·문·제·60

다음 중 고체연료의 연소방식에 속하지 않는 것은?

① 화격자 연소방식
② 확산 연소방식
③ 미분탄 연소방식
④ 유동층 연소방식

정답 ②

해설 • 기체연료의 연소방식
① 확산 연소방식(포트형, 버너형)
② 예혼합 연소방식(고압 버너, 저압 버너, 송풍 버너)

(2) 액체연료 연소장치

액체연료는 버너 연소방식을 택한다.

TIP
• 중질유 : 무화 연소방식(중유)
• 경질유 : 기화 연소방식(가솔린, 등유, 경유)

★ **무화의 목적**
① 단위 중량당 표면적을 넓게 한다.
② 공기와 연료 혼합을 좋게 한다.
③ 연소 효율을 증대시킨다.

★ **무화의 종류**
① 유압무화
② 이류체무화
③ 충돌무화

④ 회전 이류체무화
⑤ 진동무화(초음파)
⑥ 정전기무화

① 버너의 선정 기준
㉮ 연소실의 구조에 적합할 것
㉯ 버너의 용량이 가열 용량에 맞을 것
㉰ 부하변동에 따른 유량 조절범위를 고려할 것
㉱ 자동제어의 경우 버너형식을 고려할 것

② 버너의 종류
㉮ 유압(압력) 분무식 버너
연료의 압력(5~20kg/cm^2)만을 이용하여 분무 연소되는 형식
- 유량 조절 범위
  환류식 : 1 : 3
  비환류식 : 1 : 2 등으로 유량 조절범위가 좁다.
- 유량 조절 방법
  ㉠ 버너수 가감
  ㉡ 버너팁 교환
  ㉢ 환류식 버너 사용
  ㉣ 플런져 펌프 사용
㉯ 기류식(이류체)식 버너 : 공기나 증기 등의 무화 매체를 이용하여 연료를 분무 연소시키는 형식
  ㉠ 저압공기(증기)분무식 버너 : 연료를 저압(0.05~0.2kg/cm^2)의 공기나 증기를 이용하여 연료를 분무 연소하는 형식이다. (유량조절 범위는 1 : 5 정도이다.)
  ㉡ 고압공기(증기)분무식 버너 : 연료를 고압(2~7kg/cm^2)의 공기나 증기를 이용하여 연료를 분무 연소하는 형식이다.(유량 조절 범위는 1 : 10으로 가장 넓다.)
㉰ 수평형 로터리 버너(회전 무회식) : 고속으로 회전하는 원심력과 분무컵을 이용하여 연료를 무화 연소시키는 형식이다.(유량조절 범위는 1 : 5 정도이다.)
㉱ 건타입 버너 : 유압과 공기의 압력을 동시에 이용한 형식의 버너이다.

1. ② 2. ④ 3. ④ 4. ③

오일 버너 종류 중 회전컵의 회전운동에 의한 원심력과 미립화용 1차공기의 운동에너지를 이용하여 연료를 이용하여 연료를 분무시키는 버너는?

① 건타입 버너 ② 로터리 버너
③ 유압식 버너 ④ 기류 분무식 버너

정답 ②

해설 • 로터리 버너 : 고속으로 회전하는 분무컵을 이용하여 연료를 분무하는 형식

③ 보염장치
★ 설치목적
- 연료의 분무를 돕고, 화염을 안정되게 한다.
- 착화를 안정하게 한다.
- 화염의 형상을 조절한다.
- 연소실 온도를 높여 연소효율을 증가시켜준다.

㉮ 버너타일 : 내화재로 사용되며, 불꽃의 안정과 형태에 따라 분부각도를 변화시켜준다.
㉯ 윈드박스(Wind box) : 바람 상자라고도 하며, 연료와 공기가 잘 혼합되도록 해주며, 내부에는 에어레지스터가 설치되어 있으며, 주위에는 착화버너, 화염 검출기, 투시구 등이 설치되어 있다.
㉰ 에어레지스터(공기조절기) : 노내로 분사되는 연료와 잘 혼합되도록 연소용 공기를 조절해주는 장치이다.
㉱ 콤버스터 : 버너타일과 같은 크기의 원통관으로 화염의 모양을 다듬고, 안정된 연소를 도모하기 위해서 설치한다.

★ 착화 버너(파일롯트 버너) : 주 버너에 착화를 위해서 설치되며, 변압기(트랜스)에서 220V의 전압을 가스 점화 시 5,000~7,000V, 기름 점화 시 10,000~15,000V의 고전압을 만들어준다.

④ 액체연료의 급유 계통 장치
연료 저장탱크에서 버너까지의 연료가 운반되는 장치를 총칭한 것이며, 연료 저장탱크 → 여과기 → 기어펌프(이송펌프) → 서비스탱크 → 여과기 → 기

어펌프(압송펌프) → 유압계 → 오일프리히터(중유가열기) → 급유 온도계 → 급유량계 → 전자밸브 → 버너 순서이다.

·· 예·상·문·제·62

연료(중유) 배관에서 연료 저장탱크와 버너 사이에 설치되지 않는 것은?

① 오일펌프 ② 여과기
③ 중유가열기 ④ 축열기

정답 ④

해설 • 증기축열기 : 저부하 또는 변동부하 시 잉여증기를 저장하고 과부하 시(peak)에 저장된 잉여증기를 공급하는 장치로 변압식과 정압식이 있다.
① 변압식 : 보일러 출구 증기측에 설치
② 정압식 : 보일러 입구 급수측에 설치

㉮ 저장탱크(Storage tank) : 연료의 메인 탱크로 장기간 사용에 충분한 양을 저장할 수 있는 탱크로 저장 온도는 40~50[℃] 정도이다.
• 연료저장방식 : 옥외저장, 옥내저장, 지하저장 등으로 분류한다.
• 연료의 가열방식 : 국부가열, 전면가열, 복합가열 등으로 분류한다.

㉯ 서비스탱크 : 버너로 보내기 전의 탱크로 3~5일 정도의 분량을 저장하며 보일러실 내에 설치한다. 보일러로부터는 2[m] 이상 떨어져야 하며, 버너보다는 1.5[m] 이상 높게 설치하고, 가열온도는 60~70[℃]를 유지한다.

㉰ 중유가열기(Oil preheater) : 중유의 점도를 낮추어 유동성 증가와 분무를 순조롭게 하기 위해서 설치된다.
• 가열 열원(방식) : 전기식(전열식), 증기식, 온수식이 있으며, 전열식을 가장 많이 사용한다.
• 가열 온도 : 보통 80~90[℃]로 가열

★ 가열온도가 너무 높을 경우
㉠ 관내에서 기름의 분해를 일으킨다.
㉡ 분사각도가 흐트러진다.
㉢ 탄화물의 생성 원인이 된다.
㉣ 분무상태가 고르지 못하다.

·· 예·상·문·제·63

중유 연소에서 버너에 공급되는 중유의 예열온도가 너무 높을 때 발생되는 이상 현상으로 거리가 먼 것은?

① 카본(탄화물) 생성이 잘 일어날 수 있다.
② 분무상태가 고르지 못할 수 있다.
③ 역화를 일으키기 쉽다.
④ 무화 불량이 발생하기 쉽다.

정답 ④

해설 • 중유의 예열온도가 너무 높을 때
① 카본 생성 원인이 된다.
② 분무상태가 고르지 못하다.
③ 역화를 일으키기 쉽다.
④ 기름이 관내에서 분해를 일으킨다.

★ 가열온도가 너무 낮을 경우
㉠ 무화가 불량해진다.
㉡ 불길이 한편으로 쏠린다.
㉢ 그을음, 분진 등의 매연이 발생한다.
⑤ 기름 여과기 : 기름 내의 이물질을 제거하기 위해 설치한다.
• 설치위치 : 기름펌프 전, 오일버너 전, 유량계 전, 오일프리히터 전후

·· 예·상·문·제·64

오일 여과기의 기능으로 거리가 먼 것은?

① 펌프를 보호한다.
② 유량계를 보호한다.
③ 연료노즐 및 연료조절 밸브를 보호한다.
④ 분무효과를 높여 연소를 양호하게 하고 연소생성물을 활성화시킨다.

정답 ④

해설 • 오일 여과기
펌프, 유량계 등의 입구측에 설치하여 이물질로 막히는 것을 방지한다. 즉 부속장치를 보호하는 역할을 한다.

1. ② 2. ④ 3. ④ 4. ③

- 유 배관 중 이물질 제거장치
  ㉠ 오일 스트레이너 : 이물질 제거
  ㉡ 오일 세퍼레이터 : 수분 제거
  ㉢ 에어체임버 : 공기 제거

(3) 기체 연료의 연소방식과 연소장치

★**연소방식**
  ㉠ 확산 연소방식 – 버너형, 포트형 버너 사용
  ㉡ 예혼합 연소방식 – 고압버너, 저압버너, 송풍버너 사용
① **확산연소방식** : 공기와 가스를 따로 연소실로 분산 연소시키는 방식으로 역화의 우려가 없다.
② **예혼합 연소방식** : 공기와 가스를 버너 내에서 혼합하여 연소시키는 방식으로 역화의 우려가 있다.
③ **가스연소의 특징**
  ㉠ 연소조절이 용이하며, 버너의 구조가 간단하다.
  ㉡ 황분이 적고 대기 오염이 적다.
  ㉢ 연소 효율이 높다.
  ㉣ 재의 퇴적이 없고 전열면의 손상이 적다.

3 연소계산

(1) 각 원소에 따른 원자량 및 분자량

1atm[표준대기압] 상태 즉, 0℃, 1기압에서 모든 기체의 분자 1[mol]이 차지하는 체적은 아보가드로 법칙에 의해서 22.4[ℓ]이다.
- 공기 1[Nm³] 중 O_2 : 0.21Nm³(21%), N_2 : 0.79Nm³(79%)
- 공기 1[kg] 중 O_2 : 0.232kg(23.2%), N_2 : 0.768kg(76.8%)

·· 예·상·문·제·65

프로판 가스가 완전 연소될 때 생성되는 것은?

① CO와 C_3H_8 ② C_4H_{10}와 CO_2
③ CO_2와 H_2O ④ CO와 CO_2

  정답 ③

해설 • 탄화수소(C_mH_n)가 완전연소될 때 생성되는 물질 : CO_2, H_2O

(2) 발열량 계산

- 고위발열량(Hh) : 수증기 증발 잠열을 포함한 상태의 열량을 말한다.
- 저위발열량(Hl) : 수증기 증발 잠열을 제외한 상태의 열량을 말한다.

C + O_2 → CO_2 = 97,200[kcal/Kmol] (8,100[kcal/kg])
1[Kmol] 1[Kmol] 1[Kmol]
12[kg]   32[kg]   44[kg]
22.4[Nm³] 22.4[Nm³] 22.4[Nm³]

H_2 + $\frac{1}{2}O_2$ → H_2O = 68,000[kcal/Kmol] (34,000[kcal/kg])
1[Kmol] 0.5[Kmol] 1[Kmol]
2[kg]   16[kg]   18[kg]
22.4[Nm³] 22.4[Nm³] 22.4[Nm³]

S + O_2 → SO_2 = 80,000[kcal/Kmol] (2,500[kcal/kg])
1[Kmol] 1[Kmol] 1[Kmol]
32[kg]   32[kg]   64[kg]
22.4[Nm³] 22.4[Nm³] 22.4[Nm³]

∴ Hh(고위발열량) = $8,100C + 34,000(H - \frac{O}{8}) + 2,500S$ [kcal/kg]

∴ Hl(저위발열량) = Hh − 600(9H + W)
즉, Hl = $8,100C + 286,000H + 4,250S + 2,500S - 600W$

·· 예·상·문·제·66

고체 연료의 고위발열량으로부터 저위발열량을 산출할 때 연료속의 수분과 다른 한 성분의 함유율을 가지고 계산하여 산출할 수 있는데 이 성분은 무엇인가?

① 산소   ② 수소
③ 유황   ④ 탄소

  정답 ②

  해설 고위발열량과 저위발열량의 차는 연료 중의 ① 수분과 ② 수소성분에 의해 발생된다.

1. ② 2. ④ 3. ④ 4. ③

(3) 이론 산소량(O_0) 및 이론 공기량 계산(A_0)

연료를 이론적으로 완전 연소시킬 수 있는 최소한의 산소 및 공기량을 말한다.

- 이론 산소량(O_0)

$$= 1.867C + 5.6(H - \frac{O}{8}) + 0.7S [Nm^3/kg]$$

$$= 2.667C + 8(H - \frac{O}{8}) + 0.7S [kg/kg]$$

- 이론 공기량(A_o)

$$= [1.867C + 5.6(H - \frac{O}{8}) + 0.7S] \times \frac{1}{0.21} [Nm^3/kg]$$

$$= [2.667C + 8(H - \frac{O}{8}) + 0.7S] \times \frac{1}{0.232} [kg/kg]$$

★ 저위발열량을 이용한 간이 이론공기량 계산식

- 액체연료(A_o) $= 12.38 \times \frac{Hl - 1,100}{10,000} [Nm^3/kg]$
- 고체연료(A_o) $= 1.01 \times \frac{Hl + 550}{1,000} [Nm^3/kg]$

(4) 실제 공기량(A)

연료를 실제로 완전 연소시키기 위해서는 이론 공기량만으로는 불충분하므로 이론 공기량에 과잉 공기량을 추가한 공기량이다.

- 실제 공기량(A) = 이론 공기량(A_o) + 과잉 공기량
- 실제 공기량(A) = 이론 공기량(A_o) × 공기비(m)

- 실제공기량(A)

$$= \{[1.867C + 5.6(H - \frac{O}{8}) + 0.7S] \times \frac{1}{0.21}\} \times m [Nm^3/kg]$$

$$= \{[2.667C + 8(H - \frac{O}{8}) + 0.7S] \times \frac{1}{0.232}\} \times m [kg/kg]$$

★ 과잉 공기량 $= A - A_o = A_o \cdot m - A_o$
즉, $(m-1) \cdot A_o [Nm^3/kg]$

★ 과잉 공기율[%] $= (m-1) \times 100[\%]$

(5) 공기비(m)

실제 공기량과 이론 공기량과의 비이다.

$$m = \frac{A}{A_o}$$

·· 예·상·문·제·67

연료의 연소시 과잉공기계수(공기비)를 구하는 올바른 식은?

① $\frac{연소가스량}{이론공기량}$ ② $\frac{실제공기량}{이론공기량}$

③ $\frac{배기가스량}{사용공기량}$ ④ $\frac{사용공기량}{배기가스량}$

정답 ②

해설 과잉공기계수(공기비) $= \frac{실제공기량}{이론공기량}$

★ 공기비의 특징

- 공기비가 적을 때
  ① 불완전 연소가 되기 쉽다.
  ② 미연소가스에 의한 가스의 폭발과 매연 발생
  ③ 미연소가스에 의한 열손실 증가

- 공기비가 클 때
  ① 연소실 온도 저하
  ② 부식 및 대기오염의 원인이 된다.
  ③ 배기가스에 의한 열손실 증가

① 완전 연소 시 공기비 계산

$$m = \frac{A}{A_o} = \frac{A}{A - 과잉공기량}$$

$$m = \frac{N_2}{N_2 - 3.76 O_2} \qquad m = \frac{21}{21 - O_2}$$

② 불완전 연소 시

$$m = \frac{N_2}{N_2 - 3.76(O_2 - 0.5CO)}$$

$$\therefore N_2 = 100 - (CO_2 + O_2 + CO)$$

1. ② 2. ④ 3. ④ 4. ③

③ $CO_{2max}[\%]$에 의한 방법

$$m = \frac{CO_{2max}[\%]}{CO_2[\%]}$$

··············· 예·상·문·제·68

건배기가스 중의 이산화탄소분 최대값이 15.7%이다. 공기비를 1.2로 할 경우 건 배기가스 중의 이산화탄소분은 몇 %인가?

① 11.21%   ② 12.07%
③ 13.08%   ④ 17.58%

정답 ③

해설 $m = \dfrac{CO_{2max}}{CO_2}$

∴ $CO_2\% = \dfrac{15.7}{1.2} = 13.08\%$

(5) 탄산가스 최대량 [$CO_{2max}(\%)$]

연료가 이론 공기량에 의해서 완전 연소하였다면 CO_2는 최대량이 된다. 이를 백분율로 표시했을 때의 수치로서 $CO_{2max}(\%)$로 표시하고 이론 건배기 가스량에 의해서 구한다.

① **원소 성분 분석 결과에 따른 경우**
  ㉮ 고체 및 액체의 경우

$$CO_{2max}(\%) = \frac{1.867C}{Go'} \times 100$$
$$= \frac{1.867C}{[8.89C + 21.07(H - \frac{O}{8}) + 3.33S + 0.80N]} \times 100[\%]$$

  ㉯ 기체연료의 각 성분에 의한 경우

$$CO_{2max}(\%) = \frac{CO + CO_2 + CH_4 + 2C_2H_4}{Go'} \times 100(\%)$$

② **배기가스 성분 분석 결과에 따른 경우**
  ㉮ CO의 성분이 없는 완전 연소의 경우

$$CO_{2max}(\%) = \frac{21 - CO_2}{21 - O_2}(\%)$$

㉯ 기체연료

$$Go' = (1 - 0.21)Ao + CO_2 + CO + CH_4 + 2C_2H_2$$
$$+ 2C_2H_6 + 3C_3H_6 \cdots + N_2 (Nm^3/Nm^3)$$

★ **연료의 저위 발열량에 의한 간이식**

① 고체연료 $= 1.17 \times \dfrac{Hl}{1,000} + 0.05 (Nm^3/kg)$

② 액체연료 $= 15.75 \times \dfrac{Hl - 1,100}{10,000} - 2.18 (Nm^3/kg)$

③ 기체연료 $= 11.9 \times \dfrac{Hl + 0.5}{10,000} (Nm^3/Nm^3)$

4 통풍 장치 및 매연

1. 통풍(Draught)

연료 연소 시 생성되는 배기가스가 공기와의 비중차에 의해 연돌을 통과하여 연속적으로 흐르는 현상을 말하며, 통풍을 일으키는 압력차를 통풍력이라 하고 단위는 [mmH_2O]로 표시한다.

(1) 통풍의 종류

① **자연통풍** : 배기가스와 공기의 비중차에 의한 통풍을 말하며 통풍력은 15[mmH_2O], 배기가스의 유속은 3~4[m/s] 정도이다.

② **강제통풍(인공통풍)** : 송풍기를 이용하여 통풍시키는 방법이며 종류는 압입통풍, 흡입통풍, 평형통풍으로 분류한다.

  ㉠ **압입통풍**(Forced draught) : 정압(+)
    연소실 입구측에 송풍기를 설치하여 통풍시키는 방식이고 연소실 내 압력은 정압(+)이며 배기가스의 유속은 8[m/s] 정도이다.

  ㉡ **흡입(유인)통풍**(Induced draught) : 부압(-)
    연도측에 송풍기를 설치하여 통풍시키는 방식으로 연소실 내 압력은 부압(-)이며 배기가스 유속은 10[m/s] 정도이다.

  ㉢ **평형통풍**(Balanced draught)
    연소실 입구측과 연도측에 송풍기를 설치하여 통풍시키는 방식으로 연소실 내 압력은 정압(+)과 부압(-)을 임의로 조절할 수 있

1. ② 2. ④ 3. ④ 4. ③

으며 배기가스 유속은 10[m/s] 이상이다.

─────────────────── 예·상·문·제·69

보일러 통풍에 대한 설명으로 잘못된 것은?

① 자연 통풍은 일반적으로 별도의 동력을 사용하지 않고 연돌로 인한 통풍을 말한다.
② 평형통풍은 통풍조절은 용이하나 통풍력이 약하여 주로 소용량 보일러에서 사용한다.
③ 압입 통풍은 연소용 공기를 송풍기로 노 입구에서 대기압보다 높은 압력으로 밀어 넣고 굴뚝의 통풍작용과 같이 통풍을 유지하는 방식이다.
④ 흡입통풍은 크게 연소가스를 직접 통풍기에 빨아들이는 직접 흡입식과 통풍기로 대기를 빨아들이게 하고 이를 이젝터로 보내어 그 작용에 의해 연소가스를 빨아들이는 간접흡입식이 있다.

정답 ②

해설 평형통풍방식은 압입통풍과 흡입통풍을 병합한 것으로 주로 대용량 보일러에 설치한다.

─────────────────── 예·상·문·제·70

통풍 방식에 있어서 소요 동력이 비교적 많으나 통풍력 조절이 용이하고 노내압을 정압 및 부압으로 임의로 조절이 가능한 방식은?

① 흡인통풍   ② 압입통풍
③ 평형통풍   ④ 자연통풍

정답 ③

해설
① **압입통풍(정압)** : 연소실의 압력이 대기압보다 높다.
② **흡입통풍(부압)** : 연소실의 압력이 대기압보다 낮다.
③ **평형통풍(정압, 부압)** : 연소실의 압력을 정압 및 부압으로 조절 가능

★ **통풍력을 크게 하려면**
① 연돌의 높이를 높게 한다.
② 연돌의 단면적을 크게 한다.
③ 연도의 길이는 짧고 굴곡부는 적게 한다.
④ 배기가스의 온도를 높게 유지한다.(굴뚝 보온 조치)
∴ 연도의 굴곡부는 3개소 이내로 하고, 경사도는 1/10도 이상으로 한다.

─────────────────── 예·상·문·제·71

보일러의 연소장치에서 통풍력을 크게 하는 조건으로 틀린 것은?

① 연통의 높이를 높인다.
② 배기가스 온도를 높인다.
③ 연도의 굴곡부를 줄인다.
④ 연돌의 단면적을 줄인다.

정답 ④

해설 • 통풍력을 크게 하려면
① 연돌의 높이를 높게 한다.
② 배기가스의 온도를 높인다.(연돌 보온조치)
③ 연도의 굴곡부를 줄이고 짧게 한다.
④ 연돌의 상부단면적을 크게 한다.

(2) 통풍력 계산

$$Z = H(r_a - r_g)$$

① 비중차 및 온도차에 의한 계산

$$Z = H\left(\frac{273 \times r_a}{273 + t_a} - \frac{273 \times r_g}{273 + t_g}\right)[\text{mmH}_2\text{O}]$$

② 온도차 만을 이용한 계산

$$Z = H\left(\frac{273 \times 1.294}{273 + t_a} - \frac{273 \times 1.31}{273 + t_g}\right)[\text{mmH}_2\text{O}]$$

∴ 1atm(표준대기압) 상태에서 기체의 비중량

• 공기 : 1.294[kg/Nm^3]
• 배기가스의 경우
  ㉠ 고체연료 : 1.34[kg/Nm^3]
  ㉡ 액체연료 : 1.31[kg/Nm^3]
  ㉢ 기체연료 : 1.25[kg/Nm^3]

Z : 통풍력[mmH$_2$O]
r_a : 외기의 비중량[kg/Nm^3]
H : 연돌의 높이[m]
r_g : 배기가스의 비중량[kg/Nm^3]
t_a : 외기의 온도[℃]
t_g : 배기가스의 온도[℃]

③ 실제 통풍력 계산

실제 통풍력은 $[Z']$은 이론 통풍력의 70~80% 정도이며, 실제 통풍력의 계산은 아래와 같이 계산한다.

$$Z' = H(\frac{273 \times r_a}{273+t_a} - \frac{273 \times r_g}{273+t_g}) \times 0.8$$

(3) 연돌의 상부 단면적(A) 계산

$$A = \frac{G \times (1+0.0037t℃) \times \frac{760}{P_g}}{360 \times V}$$

$$≒ \frac{Q \times \frac{273+t_g}{273} \times \frac{760}{P_g}}{3,600 \times V} [m^2]$$

- V : 배기가스의 유속[m/s]
- Q : 배기가스량[Nm³/h]
- t_g : 배기가스의 온도[℃]
- P_g : 배기가스의 압력[mmHg]

2. 송풍기

송풍기의 종류는 크게 축류식과 원심식으로 분류되며 원심식에는 터보형, 플레이트형, 다익형으로 분류되고 보일러에는 주로 터보형 송풍기가 많이 사용된다.

★송풍기의 소요 동력 계산

- $KW = \frac{Z \cdot Q}{75 \times 60 \times \eta}$
- $PS = \frac{Z \cdot Q}{75 \times 60 \times \eta}$

- Z : 풍압[mmH₂O]
- Q : 풍량[m³/min]
- η : 송풍기 효율[%]

3. 댐퍼(Damper)

(1) 댐퍼의 종류

① 회전식
② 승강식

(2) 댐퍼의 설치 목적

① 통풍력 조절
② 연소가스 흐름 차단
③ 연소가스 흐름 전환(주연도 부연도)

4. 집진장치

배기가스 중에 포함된 매연을 처리하여 대기 오염을 방지하기 위해 설치되며 입자가 큰 경우는 중력식, 원심력식, 여과식을 설치하고, 입자가 작은 경우에는 전기식, 여과식, 습식 집진장치를 설치한다.

(1) 건식 집진장치

① 중력식
② 원심력식(사이클론식, 멀티크론식 : 효율이 사이클론식에 비해 높다)
③ 여과식(백필터식) : 여포(여과제)를 설치하여 매연을 포집하는 형식이다.
④ 관성력식

·· 예·상·문·제·72

다음 중 여과식 집진장치의 분류가 아닌 것은?

① 유수식   ② 원통식
③ 평판식   ④ 역기류 분사식

정답 ①

해설 • 여과식(백필터식)
 : ① 원통식, ② 평판식, ③ 역기류 분사식
• 습식(세정식)
 : ① 유수식, ② 회전식, ③ 가압수식

(2) 습식 집진장치(세정식)

① 유수식, ② 가압수식, ③ 회전식

······················ 예·상·문·제·73

함진 배기가스를 액방울이나 액막에 충돌시켜 분진입자를 포집 분리하는 집진장치는?

① 중력식 집진장치
② 관성력식 집진장치
③ 원심력식 집진장치
④ 세정식 집진장치

> 정답 ④
>
> 해설 • 세정식 집진장치 : 함진 배기가스를 액방울이나 액막에 충돌시켜 분진입자를 포집 분리하는 집진장치

(3) 전기식(코트렐) 집진장치

집진 입자의 크기는 0.5μ 이하의 미립자도 집진이 가능하며 효율은 99.5% 정도로 효율이 대단히 높다.

5. 매연

(1) 매연 발생원인

① 연료와 공기의 혼합이 부적당할 경우
② 통풍력이 부족 또는 과다할 경우
③ 연소장치 불량 및 취급자 기술 미숙
④ 연소실 온도가 낮거나 용적이 작을 경우

(2) 매연농도 측정 방법

① 링겔만 농도표에 의한 방법
② 매연 포집 중량법
③ 광전관식 매연농도계에 의한 방법

(3) 링겔만 매연농도계

종류는 농도번호(No) 0~5번까지 총 6종류가 있으며 굴뚝에서 관측자와의 거리는 30~40[m], 농도표와 관측자는 16[m] 유지하고, 굴뚝 상단 30~45[cm] 떨어진 부분의 연기색과 농도표를 비교하여 측정한다.

$$매연농도율 = \frac{총매연농도치}{측정시간(분)} \times 20$$

> TIP
> 가장 양호한 연소 상태의 농도번호는 No1, 농도율은 20[%], 이때 화염의 색은 오랜지색 온도는 1,100[℃] 정도이다.

5 자동제어

(1) 자동제어 종류

① **피드백제어(feed-back control system)** : 자동제어방식의 기본적인 것으로 신호에 의하여 주어진 목표값과 조작한 결과인 제어량이 원인이 되어 제어동작을 되돌려 진행하는 것으로 출력측의 신호를 입력측으로 돌려보내는 조작으로 폐회로를 구성한다.(보일러의 기본제어이다.)

② **시퀀스 제어(sequence control system)** : 피드백 제어에 의하지 않고 정해진 순서에 따라 제어 단계를 순차적으로 진행하는 방식

······················ 예·상·문·제·74

다음 각각의 자동제어에 관한 설명 중 맞는 것은?

① 목표 값이 일정한 자동제어를 추치제어라고 한다.
② 어느 한쪽의 조건이 구비되지 않으면 다른 제어를 정지시키는 것은 피드백 제어이다.
③ 결과가 원인으로 되어 제어단계를 진행하는 것을 인터록 제어라고 한다.
④ 미리 정해진 순서에 따라 제어의 각 단계를 차례로 진행하는 제어는 시퀀스 제어이다.

> 정답 ④
>
> 해설 ① **피드백 제어(feed-back control system)** : 자동제어방식의 기본적인 것으로 신호에 의하여 주어진 목표값과 조작한 결과인 제어량이 원인이 되어 제어동작을 되돌려 진행하는 것으로 출력측의 신호를 입력측으로 돌려보내는 조작으로 폐회로를 구성한다.(보일러의 기본제어이다.)

② **시퀀스 제어(sequence control system)** : 피드백 제어에 의하지 않고 정해진 순서에 따라 제어단계를 순차적으로 진행하는 방식

(2) 보일러 자동제어

① A.B.C : 보일러 자동제어
② F.W.C : 급수 자동제어
③ S.T.C : 증기온도 자동제어
④ A.C.C : 연소 자동제어

······································· 예·상·문·제·75

보일러 자동제어에서 급수제어의 약호는?

① A.B.C   ② F.W.C
③ S.T.C   ④ A.C.C

정답 ②

해설 ① A.B.C : 보일러 자동제어
② F.W.C : 급수 자동제어
③ S.T.C : 증기온도 자동제어
④ A.C.C : 연소 자동제어

(3) 신호전달방식

신호전달방식 중 전송길이가 긴 순서는 ① 전기식, ② 유압식, ③ 공기압식이며, 공기압식은 시간지연 발생이 생긴다.

······································· 예·상·문·제·76

자동제어의 신호전달제어방법에서 공기압식의 특징으로 맞는 것은?

① 신호전달거리가 유압식에 비하여 길다.
② 온도제어 등에 적합하고 화재의 위험이 많다.
③ 전송 시 시간지연이 생긴다.
④ 배관이 용이하지 않고 보존이 어렵다.

정답 ③

해설 자동제어에서 신호전달방식 중 전송길이가 긴 순서는 ① 전기식, ② 유압식, ③ 공기압식이며, 공기압식은 시간지연 발생이 생긴다.

SECTION 02

보일러취급·시공 안전관리 및 배관일반

01. 난방부하 및 난방설비

1 난방부하의 계산

1. 난방부하의 계산

표준방열량과의 곱으로 산출한다.

상당방열면적(EDR) : 표준방열면적
★ 표준방열량(kcal/m²h)
 - 증기 : 650kcal/m²h
   (방열기 내 평균온도 102℃, 실내온도 21℃)
 - 온수 : 450kcal/m²h
   (방열기 내 평균온도 80℃, 실내온도 18℃)

★ 난방부하 = EDR × 표준방열량(kcal/m²h) = 단위면적당 열손실 지수 × 난방 면적

$$표준방열면적 = \frac{난방부하}{표준방열량}$$

★ 소요방열량계산
 - 방열계수 × 온도차
 - $450 \times \frac{온도차}{62}$
 - $650 \times \frac{온도차}{81}$

★ 온도차 = 방열기내 평균온도 - 실내온도

$$평균온도 = \frac{입구 + 출구}{2}$$

······· 예·상·문·제·01

방열기 내의 온수의 평균온도 85℃, 실내온도 15℃, 방열계수 7.2kcal/m²·h·℃인 경우 방열기 방열량은 얼마인가?

① 450kcal/m²·h   ② 504kcal/m²·h
③ 509kcal/m²·h   ④ 515kcal/m²·h

정답 ②

해설 방열기 방열량 = 방열계수×온도차 = 7.2×(85-15) = 504kcal/m²·h

★ 방열기 쪽(section)수의 계산

$$= \frac{난방부하}{방열량 \times 쪽당방열면적}$$

······· 예·상·문·제·02

어떤 거실의 난방부하가 5,000kcal/h이고, 주철제 온수방열기로 난방할 때 필요한 방열기의 쪽수(절수)는? (단, 방열기 1쪽당 방열면적은 0.26m²이고, 방열량은 표준방열량으로 한다.)

① 11   ② 21
③ 30   ④ 43

정답 ④

해설 쪽수(섹션수) = $\frac{난방부하}{방열량 \times 쪽당방열면적}$

$= \frac{5,000}{450 \times 0.26} = 43$

2. 보일러의 용량결정

정격출력(H_m) = 난방부하(H_1) + 급탕부하(H_2) + 배관부하(H_3) + 예열(시동)부하(H_4)

$$K = \frac{(H_1 + H_2)(1+\alpha)\beta}{k} [\text{kcal/h}]$$

$\left[\begin{array}{l} K : \text{보일러용량(정격출력)[kcal/h]} \\ H_1 : \text{난방부하[kcal/h]} \\ H_2 : \text{급탕부하[kcal/h]} \\ \alpha : \text{배관손실계수 온수난방 } \alpha = 35[\%] \\ \quad\quad \text{대규모 증기난방 } \alpha = 25[\%] \\ \beta : \text{예열부하} \\ k : \text{출력저하계수} \end{array}\right.$

························· 예·상·문·제·03

〈보기〉와 같은 부하에 대해서 보일러의 "정격출력"을 올바르게 표시한 것은?

> H_1 : 난방부하, H_2 : 급탕부하
> H_3 : 배관부하, H_4 : 예열부하

① $H_1 + H_2 + H_3$
② $H_2 + H_3 + H_4$
③ $H_1 + H_2 + H_4$
④ $H_1 + H_2 + H_3 + H_4$

정답 ④

해설
- 정격출력 : 난방부하 + 급탕부하 + 배관부하 + 예열부하
- 상용출력 : 난방부하 + 급탕부하 + 배관부하

2 증기난방설비

1. 증기난방 : 증기의 기화잠열 이용

(1) 난방법에 의한 분류

① 개별식 난방 : 단독주택, 일반가정용 단독 난방
② 중앙식 난방 : 2개처 이상의 난방 형식
  ㉮ 직접난방 : 증기난방, 온수난방
  ㉯ 간접난방 : 공기조화설비
  ㉰ 방사난방 : 복사난방

(2) 증기난방의 분류

① 배관방식에 의한 분류
  ㉮ 단관식 : 송수주관과 환수주관이 하나의 관으로 되어 있는 방식
  ㉯ 복관식 : 송수주관과 환수관이 별개의 관으로 되어 있는 방식

························· 예·상·문·제·04

온수난방설비에서 복관식 배관방식에 대한 특징으로 틀린 것은?

① 단관식보다 배관 설비비가 적게 든다.
② 역귀환 방식의 배관을 할 수 있다.
③ 발열량을 밸브에 의하여 임의로 조정할 수 있다.
④ 온도변화가 거의 없고 안정성이 높다.

정답 ①

해설 복관식의 경우 단관식보다 배관 설비비가 많이 든다.

② 증기공급방식에 의한 분류
  ㉮ 상향 순환식 : 보일러가 방열기보다 낮은 위치에 있을 때 택하는 방식으로 증기를 상향으로 공급하는 방식
  ㉯ 하향 순환식 : 보일러가 방열기보다 높거나 같은 위치에 있을 때 택하는 방식으로 증기를 하향으로 공급하는 방식이다.

③ 응축수 환수방법에 의한 분류
  ㉮ 중력 환수식 : 비중력차에 의해 환수하는 방식
  ㉯ 기계 환수식 : 방열기에서 응축수 탱크까지는 중력환수 탱크에서 보일러까지는 펌프에 의한 강제순환방식
  ㉰ 진공 환수식 : 방열기의 설치장소에 제한을 받지 않는 환수방식으로 증기와 응축수를 진공 펌프로 흡입 순환시키는 방식

···················· 예·상·문·제·05

증기난방에서 응축수의 환수방법에 따른 분류 중 증기의 순환과 응축수의 배출이 빠르며, 방열량도 광범위하게 조절할 수 있어서 대규모 난방에 많이 채택하는 방식은?

① 진공 환수식 증기난방
② 복관 중력 환수식 증기난방
③ 기계 환수식 증기난방
④ 단관 중력 환수식 증기난방

정답 ①

해설
- 응축수 환수방식 : 중력환수식, 기계환수식, 진공환수식
- 특징
  ① 중력, 기계 환수보다 순환이 가장 빠르다.
  ② 기울기(구배)에 큰 애로가 없다.
  ③ 방열량을 광범위하게 조절할 수 있다.
  ④ 환수관의 관지름을 적게 할 수 있다.
  ⑤ 버큠 브레이커(vacuum breaker)를 사용하여 진공을 일정히 유지해야 한다.

···················· 예·상·문·제·06

증기난방의 분류 중 응축수 환수방식에 의한 분류에 해당되지 않는 것은?

① 중력환수방식　② 기계환수방식
③ 진공환수방식　④ 상향환수방식

정답 ④

해설
- 응축수 환수방식 : ① 중력환수방식, ② 기계환수방식, ③ 진공환수방식

2. 온수난방설비 : 온수의 현열을 이용

(1) 온수난방의 분류

① 온수의 온도에 의한 분류
　㉮ 고온수식 온수난방 : 온도를 100[℃] 이상으로 난방, 밀폐식 팽창 탱크를 설치
　㉯ 보통온수식 온수난방 : 온도를 85~90[℃]의 온수로 난방, 개방식 팽창 탱크를 설치

② 배관방식에 의한 분류
　㉮ 단관식
　㉯ 복관식
　㉰ 역환수방식(reverse return system) : 온수의 분배량을 균등하게 하기 위한 방식

③ 순환방식에 의한 분류
　㉮ 자연 순환식 : 온수의 온도차에 의한 비중력차로 순환하는 방식, 주로 단독주택이나 소규모 난방에 사용

★ 자연 순환 수두[mmH₂O]의 계산

$$h = H(\rho_1 - \rho_2)1000[mmH_2O]$$

h : 자연 순환 수두[mmH₂O, mmAq]
H : 보일러에서 방열기까지 높이[m]
ρ_1 : 환수관의 온수비중[kg/l]
ρ_2 : 공급관의 온수비중[kg/l]

TIP
증기난방과 비교한 온수난방의 특징
① 예열시간이 길다.
② 방열량의 조절이 쉽다.
③ 동결의 위험이 적다.
④ 방열면적이 넓고 취급이 쉽다.
⑤ 건축물의 높이에 제한을 받는다.

···················· 예·상·문·제·07

증기난방과 비교하여 온수난방의 특징을 설명한 것으로 틀린 것은?

① 난방 부하의 변동에 따라서 열량 조절이 용이하다.
② 예열시간이 짧고, 가열 후에 냉각시간도 짧다.
③ 방열기의 화상이나, 공기 중의 먼지 등이 늘어붙어 생기는 나쁜 냄새가 적어 실내의 쾌적도가 높다.
④ 동일 발열량에 대하여 방열 면적이 커야 하고 관경도 굵어야 하기 때문에 설비비가 많이 드는 편이다.

정답 ②

해설
- 증기난방과 비교한 온수난방의 특징
  ① 예열시간이 길다.

② 방열량의 조절이 쉽다.
③ 동결의 위험이 적다.
④ 방열면적이 넓고 취급이 쉽다.
⑤ 건축물의 높이에 제한을 받는다.

······················ 예·상·문·제·08

온수난방에 대한 특징을 설명한 것으로 틀린 것은?

① 증기난방에 비해 소요방열면적과 배관경이 적게 되므로 시설비가 적어진다.
② 난방부하의 변동에 따라 온도조절이 쉽다.
③ 실내온도의 쾌감도가 비교적 높다.
④ 밀폐식일 경우 배관의 부식이 적어 수명이 길다.

정답 ①

해설 • 증기난방과 비교한 온수난방의 특징
① 예열시간이 길다.
② 방열량의 조절이 쉽다.
③ 동결의 위험이 적다.
④ 방열면적이 넓고 취급이 쉽다.
⑤ 건축물의 높이에 제한을 받는다.

3. 복사난방

건축물의 천장, 바닥, 벽 등에 가열 코일을 묻어 코일 내에 증기 온수를 열매체로 순환시켜 그 복사열에 의해 난방하는 형식

(1) 복사난방의 분류

① **열매체의 종류에 의한 분류**
  ㉮ 온수 복사난방   ㉯ 증기 복사난방
  ㉰ 온풍 복사난방   ㉱ 전열 복사난방
② **가열면의 위치에 의한 분류**
  ㉮ 천장난방   ㉯ 바닥난방
  ㉰ 벽난방

(2) 복사난방의 특징

① **장점**
  ㉮ 높이에 따른 온도분포가 균일하다.
  ㉯ 방열기 등의 설치공간이 불필요하여 실내 공간의 이용율이 높다.
  ㉰ 공기 등의 미진을 태우지 않아 쾌감도가 좋다.
  ㉱ 동일 방열량에 대해 열손실이 적다.
② **단점**
  ㉮ 예열이 길어 부하에 대응하기 어렵다.
  ㉯ 설비비가 많이 든다.
  ㉰ 매입배관으로 고장수리, 점검이 어렵다.
  ㉱ 표면부(모르타르층)의 균열 발생이 쉽다.

4. 지역난방

열공급시설의 열발생처에서 고압의 증기, 고온수를 생산하여 일정지역을 대상으로 공급함

(1) 지역난방의 특징

① **장점**
  ㉮ 대규모 설비로 인한 우수한 장치의 확보로 열발생 설비의 고효율화, 대기오염의 방지를 효과적이다.
  ㉯ 한 곳에 집중 설비함으로 건물의 공간을 유효하게 사용할 수 있다.
  ㉰ 폐열의 회수 및 쓰레기의 소각 등으로 연료비가 적게 든다.
  ㉱ 작업인원 절감으로 인건비를 줄일 수 있다.
  ㉲ 고압의 증기 및 고온수이므로 관지름을 적게 할 수 있다.
② **단점**
  ㉮ 시설비가 많이 든다.
  ㉯ 설비가 길어지므로 배관 손실이 있다.
  ㉰ 고압의 증기, 고압의 고온수를 사용하므로 취급에 어려움이 있다.

(2) 고압증기에 의한 지역난방

열발생처에서 고압증기를 생산하여 감압장치를 통해 저압의 증기를 사용하거나 열교환기로 온수를 만들어 난방에 사용하는 방식

① **난방용 증기의 구분**
  ㉮ 고압 : 압력 $10[kg/cm^2 \cdot g]$, 온도 $183[℃]$ 이상의 증기
  ㉯ 중압 : 압력 $2 \sim 4[kg/cm^2 \cdot g]$, 온도 $132 \sim 151[℃]$의 증기

14. ② 15. ④ 16. ④ 17. ② 18. ②

㉰ 저압 : 압력 1[kg/cm^2·g], 온도 120[℃] 이하의 증기
② 고온수에 의한 지역난방
㉮ 저압고온수 : 압력 1[kg/cm^2·g], 온수온도 120[℃] 이하, 배관계 압력 5[kg/cm^2] 이하
㉯ 중압고온수 : 압력 1~4[kg/cm^2·g], 온수온도 120~150[℃], 배관계 압력 5~10[kg/cm^2](공급 및 환수의 온도차를 60[℃] 정도로 한다.)
㉰ 고압고온수 : 압력 4~20[kg/cm^2·g], 온수온도 150~210[℃], 배관계 압력 10~30[kg/cm^2](감압장치나 열교환기 등을 통해 저압증기, 저온수로 바꾸어 사용하는 간접식이 일반적이다.)

02. 보일러 취급

1 보일러 운전 및 조작

1. 취급 시 주의사항

① 사용 보일러의 구조 및 특징을 파악하고 그것에 따른 안전운전에 주의한다.
② 보일러의 수명은 자연적이긴 하나 인위적으로도 많은 차이가 있게 되므로 적절한 예방보존을 수시로 해야 한다.
③ 보일러의 운전은 그 성능이 최고의 효율이 유지될 수 있도록 그곳에 다른 고도의 운전기술을 습득하여야 한다.
④ 필요증기(온수)량에 맞추어 운전하되 용량이 초과되는 일은 없도록 한다.
⑤ 보일러를 계획적으로 관리하여야 하며, 년간 계획 및 일상 보존계획 기록 및 점검이 철저히 이루어져 이에 따른 개선계획이 잘 이루어져야 한다.

············· 예·상·문·제·09

보일러 취급자가 주의하여 염두에 두어야 할 사항으로 틀린 것은?

① 보일러 사용처의 작업환경에 따라 운전기준을 설정하여 둔다.
② 사용처에 필요한 증기를 항상 발생, 공급할 수 있도록 한다.
③ 증기 수요에 따라 보일러 정격한도를 10% 정도 초과하여 운전한다.
④ 보일러 제작사 취급설명서의 의도를 파악 숙지하여 그 지시에 따른다.

정답 ③

해설 보일러는 정격한도를 초과하여 운전을 할 경우 과열 및 압력초과로 인하여 파열사고의 원인이 된다.

2 보일러 가동 전의 준비사항

1. 신설 보일러

① **내부 점검** : 설치 후 동 내부의 부속 설비나 부속품 등의 부착 상태, 사용공구나 불순물 등이 남아있는가 확인 점검한다.
② **노 및 연도 내의 점검** : 통풍의 장애나 연소장애 등의 원인을 제거하고 노벽의 건조상태를 확인하도록 한다.
③ **부속품의 정비상황 점검** : 압력계, 수면계, 안전밸브, 주증기 밸브 등 정비 및 개폐상태 등을 점검하고 조임부가 풀린 곳은 없나 정확히 점검한다.
④ **소다 보링** : 설치 제작 시 부착된 페인트, 유지, 녹 등을 제거하기 위해 동 내부에 소다 계통의 약액을 주입하고 가압하여(0.3~0.5kg/cm^2) 2~3일간 끓여 반복 분출한다.

TIP
사용 약액 : 탄산소다(Na_2CO_3), 가성소다(NaOH), 제3인산소다($Na_3PO_4 12H_2O$)

⑤ **자동제어장치의 점검** : 보일러의 안전사고는 수동 운전 시 보다는 자동 운전 시에 더 잘 일어난다는 것을 명심하고 다음의 점검에 게을리 하지 않도록 한다.
  ㉮ 전기회로의 절연상태와 패널 내의 습기유무를 점검한다.
  ㉯ 배관에서의 손상이나 누설유무를 점검한다.
  ㉰ 조절 밸브 및 조작기구의 이상유무를 점검한다.
  ㉱ 수위검출기 및 화염검출기 이상유무를 점검한다. (특히 광전관의 오손에 주의한다.)
  ㉲ 점화장치의 전극의 간격, 손모 상황에 이상유무를 확인한다.
⑥ **부속장치의 점검** : 급수제동의 이상유무와 특히 연소제동의 정비점검은 보일러의 파열 사고와 적절하므로 설치한 점검 후 시운전을 통해 정상유무를 확인한다.

2. 사용 중인 보일러의 점화 전 준비사항

① **보일러의 수위확인** : 보일러의 수위는 수면계의 1/2 정도에 오도록 표준수위 유지
② **분출 및 분출장치의 점검** : 보일수의 분출은 점화 전 부하가 가장 가벼운 때 하도록 전날 수위를 약간 높인 상태여야 하며 특히 수저분출장치의 누설은 저수위사고의 원인이 되므로 항상 감시하여야 할 대상이다.
③ **프리퍼지, 포스트퍼지** : 소화 후 급속 냉각을 막기 위해 배기 댐퍼를 닫은 상태이므로 점화 전에 내부에 남아 있는 잔류가스(미연소 가스)를 배출해야 한다. 이러한 작업을 프리퍼지라 하며 이때 유인배풍기를 작동하여 노내에 체류하고 있는 미연소가스가 체류할 수 있으므로 이때의 배출을 말한다. 자연 통풍 시엔 충분한 환기를 위해 5분 이상 완전히 배출하도록 한다.

┌─TIP─
프리퍼지, 포스트퍼지
(1) 프리퍼지(pre-pure)
  점화 전 댐퍼를 열고 노내와 연도에 체류하고 있는 가연성 가스를 송풍기로 취출시키는 것(소형 : 30∼40초, 대형 : 3분 이상)

(2) 포스트퍼지(post purge)
  보일러 운전이 끝난 후, 정상점화 전후 갑작스런 실화로 인해 노내와 연도에 체류하고 있는 가연성 가스를 취출시키는 것(소형 : 30~40초, 대형 : 3분 이상)

·············· 예·상·문·제·10

연소실 내의 미연소 가스로 인한 폭발을 방지하기 위해 점화점에 댐퍼를 열고 노내와 연도에 체류하고 있는 가스를 취출시키는 것은 무엇이라고 하는가?

① 포스트퍼지   ② 프라이밍
③ 포밍   ④ 프리퍼지

정답 ④

해설 프리퍼지 점화점 댐퍼를 열고 노내와 연도에 체류하고 있는 가연성 가스를 송풍기로 취출시키는 것

3 점화 및 운전 중의 취급

1. 점화 및 운전

(1) 기름연소장치의 점화

점화에서 앞서 송풍기의 작동유무, 버너, 제어부의 이상 유무를 확인하고 정상수위와 노내환기·연료 가열상태를 다시 확인한 뒤 점화한다.

① **수동점화** : 연료유의 가열상태를 확인하고 통풍압을 조절한다. 통풍이 강하게 되면 실화의 원인이 되므로 댐퍼로 잘 조정한다. 점화봉은 화구 깊숙이 닿을 수 있는 길이의 철봉으로 석면 또는 면포를 감아 기름에 충분히 적신 후 사용한다.

★**조작 시 순서**
  ① 연료유의 가열 (B-C : 약 80~90℃, B-B : 50~60℃)
  ② 통풍압의 조절 (-1 ~ -2mmH$_2$O 정도)
  ③ 점화용 불씨(점화봉)의 준비(석면·면포사용)
  ④ 점화
    • 노내통풍압을 조절한다.
    • 점화봉 장입(버너 선단 하부에 오도록 한다.)

14. ② 15. ④ 16. ④ 17. ② 18. ②

- 버너 가동(두대 설치 시(상하) : 아래쪽 버너부터 가동한다.)기초기초핍
- 연료 밸브를 연다.

② **자동점화** : 각 스위치의 정상유무를 점검한 후 표시등의 작동에도 이상이 없는가 확인한다.

★ **조작 시 순서**
① 노내 환기(프리퍼지)
② 버너 동작
③ 노내압조정
④ 파일로드 버너
⑤ 화염검출
⑥ 점화
⑦ 댐퍼 작동
⑧ 저연소 → 고연소

·········· 예·상·문·제·11

유류보일러의 자동장치 점화방법의 순서가 맞는 것은?

① 송풍기 기동 → 연료펌프 기동 → 프리퍼지 → 점화용 버너 착화 → 주버너 착화
② 송풍기 기동 → 프리퍼지 → 점화용 버너 착화 → 연료펌프 기동 → 주버너 착화
③ 연료펌프 기동 → 점화용 버너 착화 → 프리퍼지 → 주버너 착화 → 송풍기 기동
④ 연료펌프 기동 → 주버너 착화 → 점화용 버너 착화 → 프리퍼지 → 송풍기 기동

정답 ①

해설 • 유류보일러 자동 점화순서
① 송풍기 기동 → ② 연료펌프 기동 → ③ 프리퍼지 → ④ 점화용 버너 착화 → ⑤ 주버너 착화

★ **점화불량 원인**
① 점화 버너의 가스압 이상
② 공기비의 조정불량
③ 점화용 트랜스의 전기스파크 불량
④ 보염기의 위치불량
⑤ 공기압력부족이나 과잉
⑥ 주전원 전압의 이상

(2) **가스보일러의 점화**

가스보일러는 연료의 누설에 철저한 점검을 하여야 하며 점화 시나 연소 중에서도 연료누설로 인한 미연소가스 폭발에 만전을 기울여야 한다.

★ **점화 시 주의사항**
① 점화는 1회에 이루어질 수 있도록 화력이 큰 불씨를 사용한다.
② 특히 노내환기에 주의하여야 하고 실화 시에도 충분한 환기가 이루어진 뒤 점화한다.
③ 연료배관계통의 누설 유무를 정기적으로 할 수 있도록 한다. (비눗물 사용)
④ 전자 밸브의 작동유무는 파열사고와 직결되므로 수시로 점검한다.

·········· 예·상·문·제·12

가스 폭발에 대한 방지대책으로 거리가 먼 것은?

① 점화 조작 시에는 연료를 먼저 분무시킨 후 무화용 증기나 공기를 공급한다.
② 점화할 때에는 미리 충분한 프리퍼지를 한다.
③ 연료 속의 수분이나 슬러지 등은 충분히 배출한다.
④ 점화 전에는 중유를 가열하여 필요한 점도로 해둔다.

정답 ①

해설 점화 시(작동 시)에는 먼저 공기를 공급(프리퍼지)하고, 연료를 공급해야 한다.

2. 운전 중의 취급

(1) **운전 중 일반취급**

점화가 이루어져 가동 중인 보일러는 항시 다음의 것들을 감시 조절하여야 한다.
① **수위의 유지** : 상용수위가 중요하며 어떠한 경우라도 안전저수위 이하로 내려가지 않도록 한다.

⟨안전저수위⟩

보일러 종별	안전저수위
입형 횡관보일러	화실 천정판 최고부위 75[mm]
직립형 연관 보일러	화실관판 최고부위 연관길이 1/3
횡연관 보일러	최상단 연관 최고 부위 75[mm]
노통보일러	노통 최고부(플랜지부 제외) 100[mm]
노통연관 보일러	연관이 높은 경우 최상단 부위 75[mm] 노통이 높을 경우 노통 최상단 부위 100[mm]

(2) 연소 초기의 취급

보일러의 연소 초기에는 급격한 연소가 되지 않도록 주의해야 한다.

> **TIP**
> 급격한(무리한) 연소 시 장해
> ① 보일러 본체의 부동팽창으로 내화벽돌의 파손(균열 – 박락현상)
> ② 동내 구식(그루빙), 크랙, 이음부의 누설
> ③ 열응력으로 인한 부식 및 파열사고

(3) 증기압이 오르기 시작할 때의 취급

① 공기 배제 후 공기빼기 밸브를 닫는다.
② 장치 및 부속품의 누설을 점검한 후 누설이 있는 곳은 가볍게 조여준다.
③ 급격한 압력상승이 일어나지 않도록 연소상태를 천천히 조정한다.
④ 가열에 따른 팽창으로 수위의 변동을 확인하고 필히 수면계의 기능을 시험한다.
⑤ 급수장치의 기능을 확인한다.
⑥ 분출장치의 누설유무를 확인한다. (수저분출장치의 누설 → 저수위 사고)
⑦ 절탄기의 설치 시 물의 유동을 시킨다. (파열사고)
⑧ 증기압의 거의 올랐을 때(75%) 안전밸브를 열어 분출 시험을 한다.

(4) 송기 시 취급

★ 주증기 밸브의 작동 요령
① 스팀헤더의 주위 밸브 및 트랩 등의 바이패스 밸브를 열어 드레인을 제거한다.
② 주증기관 내에 소량의 증기를 공급하여 예열한다.
③ 천천히 열기 시작하여 3분 이상 만개한다.
④ 만개 후 조금 되돌려 놓는다.

4 보일러 정지 시 취급

1. 정지 시 조치사항

① 증기를 사용하는 곳과 연락을 취하여 작업 종료 시까지 필요로 하는 증기를 남기고 운전을 정지시킨다.
② 벽돌쌓기가 많은 보일러에서는 벽돌쌓기의 여열로 압력이 상승하는 위험이 없는 것을 확인하여 주증기 밸브를 닫는다.
③ 보일러의 압력을 급히 내리거나 벽돌쌓기 등을 급랭하거나 하지 않는다.
④ 보일러 수는 상용수위보다 약간 높게 급수하여 놓고 급수 후는 급수 밸브, 주증기 밸브를 닫고 주증기관, 관기의 드레인 밸브를 반드시 열어 놓는다.
⑤ 다른 보일러와 증기관의 연락이 있는 경우에는 그 연락 밸브를 닫는다.

2. 정지 시 순서

① 연료의 투입을 정지한다.
② 공기의 투입을 정지한다.
③ 급수를 하여 압력을 내리고 급수 밸브를 닫는다.
④ 증기 밸브를 닫고 드레인 밸브를 연다.
⑤ 댐퍼를 닫는다.

3. 정지 후 점검

① 전원 스위치 점검
② 노내 여열로 인한 압력상승
③ 밸브류의 누설(급수 밸브, 드레인 밸브, 콕크,

9. ①   10. ①   11. ②   12. ④   13. ④

주증기밸브, 분출 밸브)
④ 정지 시 증기압력
⑤ 재의 처리, 주위의 가연물
⑥ 연료계통, 급수 펌프 등의 누설
⑦ 집진장치의 매진의 처리

5 보일러 보존

1. 보일러 청소

(1) 청소의 목적

① 효율저하 방지
② 과열의 예방
③ 운전기능장해 방지
④ 수명 연장

> **TIP**
> 스케일의 생성이 1~1.5[mm] 정도일 때 청소하는 것이 적당하다.

(2) 청소 시 주의사항

① 보일러 내부와 연도 내의 환기를 충분히 행한다.
② 증기관 및 급수관, 타 보일러와의 연락관을 확실히 차단한다.
③ 배선의 절연상태를 점검하다.
④ 세정 작업 시 발생하는 수소의 환기를 충분히 행한다.
⑤ 내부작업 중에는 외부에 감시자를 둔다.
⑥ 작업복은 주머니가 적고 피부가 과다 노출되지 않는 것으로 한다.

> **TIP**
> **보일러 냉각요령**
> ① 보일러의 수위를 상용수위로 유지하도록 급수를 계속하고 증기를 내보는 것을 차츰 감소시킨다.
> ② 연료의 공급을 정지한다. 석탄분의 경우에는 노내의 연료를 완전하게 연소시킨다.
> ③ 압입통풍기를 정지, 자연통풍의 경우는 댐퍼를 반개하여 연소구, 공기구를 열어 노내를 냉각한다.

④ 보일러에 압력이 없는 것을 확인한 다음 급수 밸브, 증기 밸브를 닫고 공기빼기 밸브 기타 증기실부의 밸브를 열어서 보일러 내에 공기를 집어넣어 내부가 진공으로 되는 경우를 방지한다.
⑤ 보일러수의 온도가 90[℃] 이하로 된 다음 취출 밸브를 열어 보일러수를 배출한다.

(3) 청소방법

① **외부청소** : 전열면 부착된 그을음, 재 등의 청소와 연도 내 축적된 재도 제거하는 것으로 연도 내에 들어갈 땐 특히 유해가스의 충분한 환기를 행하고 석탄때기 보일러의 경우 재의 냉각에도 주의하여야 한다.
  ㉮ 스팀 쇼킹법(socking) : 매연 층에 증기로 습기를 형성 제거
  ㉯ 워터 쇼킹법(water socking) : 매연 층에 분무수로 습기를 주어 제거
  ㉰ 수세법(washing) : pH8~9의 용수를 대량으로 사용 수세한다.
  ㉱ 샌드 블로법, 스틸 쇼트클리닝(sand blow, steel short cleaning)

② **내부청소** : 보일러 내부에 축적된 스케일이나 슬러지 등을 제거하는 방법으로 기계적인 방법과 화학적인 방법이 있다.
  ㉮ 기계적 청소법 : 청소용 공구(스케일 해머, 와이어 브러시, 스크랩퍼)를 사용 청소하는 방법, 튜브 크리닝 등의 기계를 사용한다.

> **TIP**
> 1. 맨홀을 여는 경우 압력의 존재 여부를 주의하며 진공상태도 파괴한 후 맨홀을 열고 충분한 환기, 냉각 후 들어간다.
> 2. 주증기 밸브, 급수 밸브 등의 증기나 물의 역류에 대비, 밸브를 완전히 차단하도록 하며 열지 못하도록 시정 후 작업에 임한다.
> 3. 무리하게 공구를 사용 손상이 되지 않도록 주의한다.

  ㉯ 화학적 청소법
    ㉠ 산세관 – 세정액의 종류, 농도, 처리조건(온도, 유속, 시간)의 선정은 보일러의 상태에 따라 좌우되겠으나 일반적으로 염산 5~10[%], 부식억제제(인히비터) 0.2~

9. ① 10. ① 11. ② 12. ④ 13. ④

0.8[%]를 혼합하여 처리온도 60[℃] 처리 시간(5시간)을 정해 순환시켜 세정한다. 세정액으로는 무기산으로 유산, 설파민산 등이 사용되며 유기산으로는 구연산, 히트록산, 옥살산 등이 사용한다. 산세관 시에는 강의 부식을 촉진시키므로 중화 방청제(탄산소다, 가성소다, 인산소다, 히드라진)를 사용 방청처리를 해야 한다.

특징	① 가격이 저렴하다. ② 스케일 용해 능력이 크다. ③ 물에 용해가 잘되어 세관 후 세척이 용이하다. ④ 취급이 용이하다.

·················· 예·상·문·제·13

부식억제제의 구비조건에 해당하지 않는 것은?

① 스케일의 생성을 촉진할 것
② 정지나 유동 시에도 부식억제 효과가 클 것
③ 방식 피막이 두꺼우며 열전도에 지장이 없을 것
④ 이종금속와의 접촉부식 및 이종금속에 대한 부식촉진작용이 없을 것

정답 ①

해설 • 부식억제의 구비조건
① 부식억제 효과가 클 것
② 방식 피막이 두꺼우며, 열전도에 지장이 없을 것
③ 이종금속과의 접촉부식 및 이종금속에 대한 부식촉진 작용이 없을 것
④ 스케일의 생성이 없을 것

★산의 종류
1. 염산
2. 황산(H_2SO_4)
3. 인산(H_3PO_4)
4. 질산(HNO_3)
5. 설파민산

★규산염, 황산염 등 경질 스케일의 경우 용해촉진제인 불화수소산(HF)을 사용한다.

TIP
※ 산의 종류
1. 염산, 2. 황산(H_2SO_4), 3. 인산(H_3PO_4),
4. 질산(HNO_3), 5. 설파민산
※ 규산염, 황산염 등 경질 스케일의 경우 용해촉진제인 불화수소산(HF)을 사용한다.

·················· 예·상·문·제·14

스케일의 종류 중 보일러 급수 중의 칼슘 성분과 결합하여 규산칼슘을 생성하기도 하며, 이 성분이 많은 스케일은 대단히 경질이기 때문에 기계적, 화학적으로 제거하기 힘든 스케일 성분은?

① 실리카
② 황산마그네슘
③ 염화마그네슘
④ 유지

정답 ①

해설 • 경질스케일 : 규산염[실리카], 황산염
• 연질스케일 : 탄산염(황토 흙이 퇴적된 형태)

★부식억제제의 종류 및 구비조건

종류	구비조건
1. 인히비터 2. 알콜류 3. 알데히드류 4. 아민유도체	1. 부식억제능력이 클 것 2. 점식발생이 없을 것 3. 물에 대한 용해도가 클 것 4. 세관액의 온도, 농도에 대한 영향이 적을 것

ⓒ 알칼리세관 – 가성소다, 탄산소다, 인산소다의 알칼리성 약품과 계면활성제를 첨가하고 전농도가 0.2~0.5[%] 정도의 세정액을 60~80[℃] 정도 유지하면서 세정계통을 순환시켜 pH가 9 이하로 유지될 때까지 수세한다. 알칼리부식을 방지하기 위해 인산나트륨이나 질산나트륨을 첨가한다.

★알칼리성 약품의 종류
1. 암모니아(NH_3)
2. 가성소다(NaOH)
3. 탄산소다(Na_2CO_3)
4. 인산소다($NaPO_4$)

ⓒ 유기산세관 – 가장 안전한 세관방법으로 중성에 가까워 부식억제제 등이 필요 없다. 구연산의 농도를 3[%] 정도로 희석하여 수용액 온도를 90±5[℃] 정도 처리한다.

★ 유기산의 종류
① 구연산, ② 하트록산, ③ 옥산살

2. 보일러의 보존

(1) 건식 보존법

휴지기간이 장기간(6개월 이상)인 경우 또는 동결의 위험이 있는 경우 처리하는 방법으로 수를 완전히 배출한 뒤 장작 등의 연소량 가벼운 것으로 동내부를 완전건조 시킨다. 경우에 따라 흡수제를 내부에 분할 배치하고 밀폐한다.

> **TIP**
> 사용흡수제
> 생석회, 실라카겔, 염화칼슘, 활성알루미나 등

(2) 만수보존법

휴지기간이 2~3개월 이내의 경우 또는 불시에 사용에 대비하여 쉬는 경우 처치하는 방법으로 동결의 위험이 있는 경우에는 곤란하다.

★ 만수보존의 요령
1. 비교적 양질의 물에 가성소다, 아황산소다, 탄산소다 등을 첨가하여 정수부까지 만수하여 약간 압력을 가하여 보존한다.
2. pH를 12~13 정도로 높게 유지되도록 한다.
3. 조치 후에도 보일러수를 조사하여 목표농도에 1/3 이하로 될 때엔 약액을 추가하여 농도를 유지한다.
4. 보일러를 사용 시엔 완전히 배수한 후 다시 수세한 후 사용한다.

(3) 특수 보존

① **질소봉입법** : 질소 순도 99.5[%]의 것으로 0.6[kg/cm^2] 정도로 가압 봉입하여 공기와 치환하는 방법

② 내면 페인트의 도포 건조 보존의 경우 부식방지를 목적으로 흑연, 아스팔트, 타르 등으로 얇게 늘여 도포한다.

··· 예·상·문·제·15

보일러 휴지기간이 1개월 이하인 단기보존에 적합한 방법은?

① 석회밀폐건조법 ② 소다만수보존법
③ 가열건조법   ④ 질소가스봉입법

정답 ③

해설 가열 건조법은 주로 1개월 이하의 단기보존에 적합하다.

6 보일러 용수관리

1. 보일러 급수로 인한 장해

① 스케일 생성
② 발생증기의 불순으로 습증기 발생
③ 비수현상
④ 농축으로 인한 순환 불량
⑤ 가성취화 현상
⑥ 부식사고

2. 수질의 용어

① PPM(Parts Per million) 용액 1[kg] 중의 용질 1[mg]으로 mg/kg, g/ton의 중량 100만 분율을 말한다.
② 경도(Harchess) 수중의 칼슘(Ca), 마그네슘(Mg)의 염류에 기인된다. 칼슘, 마그네슘의 염화물, 질산염, 황산염은 영구 경도를 나타내고 중탄산염은 끓임으로써 탄산염이 되어 침전제거되므로 일시 경도라 한다. 영구 경도와 일시 경도를 합하여 총 경도라 하며 단위는 CaCo$_3$로 환산하여 ppm으로 표시한다. 경도 성분을 알기 위해 비누를 풀면 난용성일수록 경도성분이 많이 함유된 물이다.

> **TIP**
> - 독일경도 : 급수 100cc 중에 광물질(Cao, Mgo) 1mg이 포함된 수
> - 탄산칼슘경도 : 급수 1000cc 중에 탄산칼슘($CaCO_3$)이 1mg 포함된 수

3. 불순물의 영향

(1) 불순물의 종류

① 가스체 : 가스체에는 산소, 탄산가스, 암모니아 등이 함유되어 있는 경우 강의 부식이 원인이 되며, 특히 산소는 직접 부식 작용을 가지는 외에 다른 물질과의 화학작용에 의해서도 부식된다.

② Ca, Mg의 유산염류 : 비탄산염의 성분으로 열에 의해서도 분해되지 않으며 농축하여 단단한 스케일로 되고 석출한다. 특히 황산칼슘은 경질 스케일의 원인이 된다.

> **TIP**
> **5대 불순물과 침해**
> ① 염 류 : 황산염, 규산염, 탄산염 등(스케일 발생의 주요원인)
> ② 알칼리분 : 급수계통 부식, 알칼리부식 등
> ③ 산 분 : pH 저하로 전면식
> ④ 유지분 : 포밍, 프라이밍, 과열 등
> ⑤ 가스분 : 산소, 이산화탄소, 질소, H_2S (점식, 부식의 주요 원인)

(2) 불순물의 장해

① 스케일 (관석) : 급수 중 용해되어 있는 칼슘염, 마그네슘염, 규산염 등의 농축이 단독 또는 다른 성분과의 화합으로 발생하며 황산염과 규산염은 경질 스케일을 만들며 슬러지(가마검댕) 탄산마그네슘, 수산화마그네슘, 인산칼슘 등이 주원인이다. 스케일이 부착되면 열전도율이 0.2 ~ 2 [kcal/mh℃] 낮기 때문에 전열이 방해되며 과열의 원인이 되기도 한다.

★ **스케일 생성방지법**
1. 급수처리를 철저히 할 것
2. 적절한 청관제의 사용으로 스케일 생성 방지
3. 수질분석을 통한 급수의 한계값 유지
4. 슬러지 상태에서의 철저한 분출

② 슬러지(sludge)

㉮ 염화마그네슘에 의한 부식 : 염화마그네슘($MgCl_2$)이 용존되어 있을 때 180[℃] 이상에서 분해되어 염산이 발생되며 강을 침식시킨다.

㉯ 알칼리 부식(가성취화) : 보일러수 중 수산화나트륨이 함유되어 농축하게 되면 pH의 이상상승이 일어나고 부식량이 증가한다. 즉, 가성취화는 알칼리도가 높아져서 발생한다.

4. 보일러 용수처리

(1) 관내 처리

보일러 내에 청관제를 투입하여 화학적 작용을 통한 처리, 물리적 처리를 내처리라 한다.

① **pH, 알칼리조정제** : 고압 보일러의 경우 제3인산나트륨, 암모니아, 수산화나트륨
② **연화제** : 수산화나트륨, 탄산나트륨, 인산나트륨
③ **탈산소제** : 탄닌, 아황산나트륨, 히드라진
④ **슬러지조정** : 탄닌, 리그린, 녹말

$$x \times a = y(b-a) \qquad K = \frac{a}{b-a} \times 100 \qquad y = \frac{x \times a}{b-a}$$

- x : 급수량[Ton/h]
- K : 분출량[%]
- y : 분출량[Ton/h]
- a : 급수 중의 염화물 농도[ppm]
- b : 보일러수의 허용농도[ppm]

(2) 관외 처리

① **용존가스의 제거**

㉮ 탈기법 : 용존산소 및 탄산가스를 제거하는 방법으로 물을 가열하여 포화압력에 대응하는 비등점까지 상승시켜 산소의 용해를 제거하거나 압력을 감소시켜 제거하는 진공탈기 방법이 있다.

㉯ 기폭법 : 탄산가스체나 철, 망간 등을 제거하는 방법으로 공기 중에 물을 강수하는 방

식과 수중에 공기를 흡입하는 방식이 있다.
② 현탁 고형물(불순물) 제거
  ㉮ 자연침강법
  ㉯ 여과법
  ㉰ 응집법
③ 용해 고형물 제거
  ㉮ 이온교환법 : 통수 → 역세 → 재생 → 수세
  ㉯ 증류법
  ㉰ 약제 첨가 : 석회소다법, 가성소다법, 인산소다법 등이 있다.

03. 보일러 안전관리

1 안전관리 개요

- 안전관리의 목적
  (1) 인명의 존중
  (2) 사회복지의 증진
  (3) 생산성의 향상
  (4) 경제성의 향상

- 안전색 표시사항
  적색(정지, 금지), 황적색(위험), 황색(주의), 녹색(안전안내, 진행 유도, 구급구호), 청색(조심, 지시), 백색(통로, 정리정돈), 적자색(방사능)

분류	A급 화재	B급 화재	C급 화재	D급 화재
명칭	보통 화재	유류·가스 화재	전기 화재	금속 화재
적응 소화제	① 물 소화기 ② 강화액 소화기	① 포말 소화기 ② CO_2 소화기 ③ 분말 소화기 ④ 증발성 액체 소화기	① 유기성 소화액 ② CO_2 소화기 ③ 분말	① 건조사 ② 팽창 질석 ③ 팽창 진주암
구분색	백색	황색	청색	

2 보일러 손상과 방지대책

1. 부식

보일러의 전열재는 일반 강재[Fe]로 구성되어 있어 수부가 닿는 내부 부식과 고온의 화염 또는 저온의 가스부와 닿는 외부 부식으로 구분된다.

(1) 내부 부식

> **TIP**
> [내부 부식]
> ① 점식(pitting)   ② 국부 부식
> ③ 구식(그루빙)   ④ 알칼리 부식
>
> [외부 부식]
> ① 저온 부식   ② 고온 부식
> ③ 산화부식

① **점식(pitting)** : 용존산소 등에 의해 좁쌀알 크기의 반점으로 나타나는 부식
★ 점식의 방지 방법
  ㉠ 용존산소제거(탈기)
  ㉡ 방청도장(보호피막)
  ㉢ 약한 전류의 동전
  ㉣ 아연판 매달기

② **구식(그루빙 : grooving)** : 열팽창에 의한 신축으로 팽창, 수축의 반복적인 응력에 의해 도량형태의 (V, U자) 홈을 만들며 나타나는 부식으로 보일러 연결부위 및 만곡부에 발생한다.
★ 구식의 발생장소
  ㉠ 노통 보일러의 경판과 접합부 및 만곡부
  ㉡ 관, 판, 나사 스테이 만곡부
  ㉢ 연돌관, 화실하단, 노통의 플랜지 만곡부

★ 발생방지 방법
  ㉠ 반복적인 열응력을 적게 한다.
  ㉡ 플랜지 만곡부의 반경을 가능한 크게 한다.
  ㉢ 노통호흡장소(breathing space)를 설치한다.

········· 예·상·문·제·16

다음 중 내부부식의 종류가 아닌 것은?

① 점식   ② 국부부식
③ 그루빙   ④ 저온부식

정답 ④

해설 • 내부부식 : 점식, 국부부식, 구식 등

(2) 외부 부식

① 저온 부식
② 고온 부식
③ 산화 부식

★ 발생원인 : 황(S)

$$S + O_2 \rightarrow SO_2 + 1/2\ O_2 \rightarrow SO_3 + H_2O \rightarrow H_2SO_4$$

★ 방지대책
 • 노점 강하제를 사용하여 황산화물의 노점을 낮출 것
 • 양질의 연료를 선택할 것
 • 배기가스 온도를 노점온도 이상으로 유지한다.
 • 적정 공기비로 연소할 것

② 고온 부식

★ 발생원인 : 바나듐(V)
★ 방지대책
 • 회분 개질제를 첨가하여 회분의 융점을 높인다.
 • 양질의 연료를 사용하며 연료 속의 V을 제거 후 사용한다.
 • 고온 가스가 접촉되는 부분에 보호 피막을 한다.
 • 연소 가스 온도를 융점 온도 이하로 유지한다.

2. 보일러 손상

① **라미네이션(Lamination)** : 보일러 강판이나 관의 두께 속에 두 장의 층을 형성하고 있는 상태

········· 예·상·문·제·17

오일 여과기의 기능으로 거리가 먼 것은?

① 펌프를 보호한다.
② 유량계를 보호한다.
③ 연료노즐 및 연료조절 밸브를 보호한다.
④ 분무효과를 높여 연소를 양호하게 하고 연소생성물을 활성화시킨다.

정답 ④

해설 • 오일 여과기
    펌프, 유량계 등의 입구측에 설치하여 이물질로 막히는 것을 방지한다. 즉 부속장치를 보호하는 역할을 한다.

② **블리스터(Blister)** : 화염과 접촉하여 높은 열을 받아 부풀어 오르거나 표면이 타서 갈라지게 되는 상태

③ **팽출** : 보일러 본체의 화염에 접하는 부분이 과열된 결과 내부의 압력에 의해 부풀어 오르는 현상

········· 예·상·문·제·18

보일러의 손상에서 팽출을 옳게 설명한 것은?

① 보일러의 본체가 화염에 과열되어 외부로 볼록하게 튀어나오는 현상
② 노통이나 화실이 외측의 압력에 의해 눌려 쭈그러져 찢어지는 현상
③ 강판에 가스가 포함된 것이 화염의 접촉으로 양쪽으로 오목하게 되는 현상
④ 고압보일러 드럼 이음에 주로 생기는 응력 부식 균열의 일종

정답 ①

해설 **팽출** : 보일러의 본체가 화염의 접촉으로 과열되어 외부로 볼록하게 튀어나오는 현상

④ **압궤** : 외부로부터의 압력에 의해 짓눌린 현상
 (팽출 : 인장응력, 압궤 : 압축응력)
 • 압궤가 일어나는 부분 : 노통, 연소실, 관판
 • 팽출이 일어나는 부분 : 횡연관, 보일러 동저부, 수관

9. ① 10. ① 11. ② 12. ④ 13. ④

⑤ 크랙(Crack) : 무리한 응력을 받은 부분, 응력이 국부적으로 집중된 부분, 화염에 접촉된 부분 등에 압력변화, 가열로 인한 신축의 영향으로 조직이 파괴되고 천천히 금이 가는 현상이다.

3 보일러 사고 및 방지대책

1. 보일러 사고의 구분

(1) 파열 사고

① 압력 초과, ② 저수위(이상 감수), ③ 과열

(2) 미연소 가스 폭발 사고(역화)

2. 발생 및 대책

보일러의 사고는 제작상의 원인보다는 취급상의 원인이 주사고 원인이어서 이에 대한 발생 원인과 대책은 다음과 같다.

> **TIP**
> 보일러 사고의 원인별 구분
> (1) 제작상의 원인
>   ① 재료불량   ② 구조 및 설계불량
>   ③ 강도 불량   ④ 용접 불량 등
> (2) 취급상의 원인
>   ① 압력 초과   ② 저수위   ③ 과열
>   ④ 역화   ⑤ 부식 등

·················· 예·상·문·제·19

보일러 사고 원인 중 취급 부주의가 아닌 것은?

① 과열   ② 부식
③ 압력초과   ④ 재료불량

정답 ④

해설 [보일러 사고의 원인별 구분]
· 제작상의 원인
  ① 재료불량   ② 구조 및 설계불량
  ③ 강도불량   ④ 용접불량 등
· 취급상의 원인
  ① 압력초과, ② 저수위, ③ 과열, ④ 역화, ⑤ 부식 등

9. ①   10. ①   11. ②   12. ④   13. ④

(1) 과열

★원인
① 이상 감수   ② 전열면의 국부 가열
③ 관수의 농축   ④ 관수의 순환 불량
⑤ 스케일의 생성

★대책
① 상용수위의 유지
② 연소장치의 개선, 분사각 조절
③ 분출을 통한 한계값 유지
④ 전열의 확산 및 순환 펌프의 기능 점검
⑤ 급수처리 철저 및 적기의 분출

(2) 역화(미연소가스의 폭발)

★원인
① 프리퍼지 부족
② 점화 시 착화가 늦은 경우
③ 과다한 연료 공급
④ 흡입 통풍의 부족
⑤ 압입 통풍의 과대
⑥ 공기보다 연료의 공급이 우선된 경우
⑦ 연료의 불완전 및 미연소

★대책
① 점화 시 송풍기 미작동 시 연료 누입방지 장치
② 착화장치의 기능 점검
③ 적절한 연료 공급
④ 흡입통풍(유인 통풍)의 증대
⑤ 댐퍼의 개도로 적절히 조절
⑥ 공기의 공급이 우선되어야 한다.

·················· 예·상·문·제·20

보일러에서 연소조작 중의 역화의 원인으로 거리가 먼 것은?

① 불완전 연소의 상태가 두드러진 경우
② 흡입통풍이 부족한 경우
③ 연도댐퍼의 개도를 너무 넓힌 경우
④ 압입통풍이 너무 강한 경우

정답 ③

해설 • 역화의 원인
① 프리퍼지 부족
② 점화 시 착화가 늦은 경우
③ 과다한 연료공급
④ 흡입통풍의 부족
⑤ 압입통풍의 과대
⑥ 공기보다 연료의 공급이 우선된 경우
⑦ 연료의 불완전 및 미연소

04. 배관 일반

1 관의 종류

1. 강관

(1) 강관의 특징

① 관의 접합작업이 용이하다.
② 주철관에 비해 내압성이 양호하다.
③ 연관, 주철관에 비해 가볍고 인장강도가 크다.
④ 내충격성, 굴요성이 크다.

(2) 강관의 종류, 용도 및 기호

종류		KS규격과 기호	용도 및 기타
배관용	배관용 탄소강 강관	SPP	사용 압력이 비교적 낮은 증기·물·기름·가스 및 공기 등의 배관용. 호칭지름 15~500[A]
	압력 배관용 탄소강 강관	SPPS	350[℃] 정도 이하에서 사용하는 압력 배관용. 관의 호칭은 호칭지름과 두께(스케줄 번호)에 의한다. 호칭지름 6~500[A]
	고압 배관용 탄소강 강관	SPPH	350[℃] 정도 이하에서 사용 압력이 높은 고압배관용. 관지름 6~168.3[cm²] 정도이나 특별한 규정이 없다.
	고온 배관용 탄소 강관	SPHT	350[℃] 이상 온도의 배관용(350~450[℃]). 관의 호칭은 호칭지름과 두께(스케줄 번호)에 의한다. 호칭지름 6~500[A]
	배관용 아크 용접탄소강 강관	SPW	사용 압력 10[kg/cm²]의 비교적 낮은 증기·물·기름·가스 및 공기 등의 배관용. 호칭지름 350~1500[A]
	배관용 합금강 강관	SPA	주로 고온도의 배관용. 호칭지름 6~500[A]. 두께는 스케줄 번호로 표시한다.
	배관용 스테인리스 강관	STS×T	내식용·내열용 및 고온 배관용. 저온 배관용에도 사용된다. 호칭지름 6~300[A]. 두께는 스케줄 번호로 표시한다.
	저온 배관용 강관	SPLT	빙점 이하의 특히 저온도 배관용. 호칭지름 6~500[A]. 두께는 스케줄 번호로 표시한다.
수도용	수도용 아연 도금 강관	SPPW	정수두 100[m] 이하의 수도로서 주로 급수 배관용. 호칭지름 10~300[A]
	수도용 도복장 강관	STPW	정수두 100[m] 이하의 수도로서 주로 수송 배관용. 호칭지름 80~1500[A]
열전달용	보일러·열교환기용 탄소강 강관	STH (STBH)	관의 내외에서 열의 수수를 행함을 목적으로 하는 장소에 사용된다. 보일러의 수관·연관·과열관·공기 예열관, 화학공업·석유공업의 열교환기·콘덴서관·촉매관·가열로관 등에 사용된다.
	보일러·열교환기용 합금강 강관	STHA	
	보일러·열교환기용 스테인리스 강관	STS×TB	
	저온 열교환기용 강관	STLT	빙점하의 특히 낮은 온도에서 관의 내외에서 열의 수수를 행하는 열교환기관·콘덴서관

9. ① 10. ① 11. ② 12. ④ 13. ④

구조용	일반 구조용 탄소강 강관	STS	토목·건축·철탑·발판· 지주, 기타의 구조물용
	기계 구조용 탄소강 강관	SM	기계·항공기·자동차·자 전차·가구·기구 등의 기 계 부분품용
	구조용 합금강 강관	STA	항공기·자동차, 기타의 구조물용

• **스케줄 번호(Schedule No)** : 관의 두께를 표시하는 번호

$$\text{스케줄 번호(SCH)} = 10 \times \frac{\text{사용압력[kg/cm}^2\text{]}}{\text{허용응력[kg/mm}^2\text{]}}$$

············· 예·상·문·제·21

구상흑연 주철관이라고도 하며, 땅속 또는 지상에 배관하여 압력상태 또는 무압력 상태에서 물의 수송 등에 주로 사용되는 주철관은?

① 덕타일 주철관
② 수도용 이형 주철관
③ 원심력 모르타르 라이닝 주철관
④ 수도용 원심력 금형 주철관

정답 ①

해설 • **덕타일 주철관** : 일명 구상 흑연 주철관이라고도 하며, 땅속 또는 지상에 배관하여 압력상태 또는 무압력 상태에서 물의 수송 등에 주로 사용된다.

2. 주철관

(1) 주철관의 특징

① 재질에 의해 보통주철, 고급주철, 구상흑연주철로 나뉜다.
② 급수·배수·통기 및 오수·가스공급·화학공업 등 사용처가 다양하다.
③ 내구력 및 내식성이 좋다.
④ 일반관에 비해 강도가 크다.
⑤ 특히 매설 시 부식이 적어 매설배관에 좋다.

9. ① 10. ① 11. ② 12. ④ 13. ④

3. 동관

(1) 동관의 분류

① **터프피치 동관** : 1종과 2종이 있고, 전기 및 열전도성이 좋아 열교환기용관, 급수관, 급유관, 압력계관 및 기타 화학공업용으로 사용된다.
② **인탈산 동관** : 1종과 2종이 있고, 용접성이 우수하며 수도용, 냉난방용 기기, 열교환기용, 급수관, 송유관, 급탕관에 사용된다.
③ **황동관** : 동과 아연(Zn)의 합금으로 기계적 성질, 내식성이 우수하여 구조용, 열교환기, 각종 기기의 부품으로 사용된다.
④ **단동관** : 아연을 10~15[%] 포함한 황동관으로 내구성이 특히 강하다.
⑤ **규소청동관** : 규소(Si) 2.5~3.5[%]를 포함한 청동관으로 내산성이 특히 강하다.
⑥ **니켈 동합금관** : 니켈(Ni) 63~70[%]를 포함한 합금동관으로 내식 및 기계적 강도가 크다.

(2) 동관의 특징

① 전기 및 열전도성이 좋아 열교환기용으로 우수하게 사용된다.
② 전연성이 풍부하고 가공이 용이하다.
③ 연수(軟水)에 부식되는 성질이 있어 증류수 및 증기관에는 적합하지 않다.
④ 유기약품에 침식되지 않아 화학공업용으로 사용된다.
⑤ 무게는 가벼우나 외부충격에 약하다.
⑥ 알칼리에는 강하나 산에는 약하다.
⑦ 가격이 비싸다.

4. 연관(Pb)

(1) 연관의 분류

① **수도용 연관** : 정두수 75[m] 이하의 수도에 사용하는 것으로 1종과 2종이 있으며 두께가 얇고 중량이 가볍다.
② **배수용 연관** : 상온에서 구부림 및 확관이 용이한 것으로 배수관, 오수관, 기구연결관으로 사용된다.

(2) 연관의 특징

① 전연성이 풍부하여 상온가공이 용이하다.
② 내식성이 일반관에 비해 크다.
③ 용도에 따라 1종(화학공업용), 2종(일반용), 3종(가스용)으로 다양하게 사용된다.
④ 중량이 무거워 수평배관에는 용이하지 못하다.
⑤ 해수나 천연수도 안전하게 사용된다.
⑥ 콘크리트 매설 시 생석회에 침식되므로 방식처리가 필요하다.

5. 석면 시멘트관(에테니트관)

석면과 시멘트를 1 : 5로 혼합하여 롤러로 압력을 가해 성형시킨 관이다. 1종(정수두 75[m] 이하), 2종(정수두 45[m] 이하)의 두 종류로 금속관에 비해 내식성이 크며 특히 내알칼리성에 우수하다. 수도용, 가스관, 배수관, 공업용수관 등의 매설관에 사용되며 재질이 치밀하여 강도가 강하다.

6. 원심력 철근 콘크리트관(흄관)

철망을 원통형으로 엮어 형틀에 넣고 콘크리트를 주입하여 고속으로 회전시켜 균일한 두께의 관으로 성형시킨 관으로 상하수도, 배수관으로 사용되며 보통압관, 저압관의 2종류와 형상에 따라 A, B, C형의 3종류가 있다.

7. 도관(導管)

점토를 주원료로 하여 성형 소성한 것으로 내흡수성을 위해 유약을 발라 판을 매끄럽게 한다. 두께에 따라 보통관, 후관, 특후관으로 나뉜다.

2 관 이음

1. 나사이음의 사용목적별 분류

① 배관의 방향을 바꿀 때 : 엘보, 벤드
② 관을 도중에서 분기할 때 : 티, 와이(Y), 크로스(+)
③ 같은 지름의 관(동경관)을 직선연결할 때 : 소켓, 유니온, 플랜지, 니플
④ 서로 다른 지름의 관(이경관)을 연결할 때 : 이경 소켓, 이경 엘보, 이경 티, 부싱
⑤ 관 끝을 막을 때 : 플러그, 캡

2. 플랜지 이음

배관의 중간이나 고압의 유체 탱크 배관, 밸브, 펌프, 열교환기, 각종 기기의 접속 및 관의 해체·교환을 필요로 하는 곳에 플랜지를 사용 볼트, 너트로 결합 사용한다.

3 배관 공작

1. 관용공구

(1) 파이프 바이스(pipe vise)

관의 절단, 나사작업 시 관이 움직이지 않도록 고정하는 것(크기 : 고정 가능한 파이프 지름의 치수)

(2) 수평 바이스

관의 조립, 열간 벤딩 시 관이 움직이지 않도록 고정하는 것(크기 : 조(jaw)의 폭)

(3) 파이프 커터(pipe cutter)

강관의 절단용 공구로 1개의 날과 2개의 롤러의 것과 3개의 날로 되어진 두 종류가 있으며 날의 전진과 커터의 회전에 의해 절단되므로 거스러미가 생기는 결점이 있다.

(4) 파이프 렌치(pipe wrench)

관의 결합 및 해체 시 사용하는 공구로 200[mm] 이상의 강관은 체인 파이프 렌치(chain pipe wrench)를 사용한다.(크기 : 입을 최대로 벌려 놓은 전장)

······ 예·상·문·제·22

파이프 또는 이음쇠의 나사이음 분해 조립 시, 파이프 등을 회전시키는 데 사용되는 공구는?

① 파이프 리머 ② 파이프 익스팬더
③ 파이프 렌치 ④ 파이프 커터

9. ① 10. ① 11. ② 12. ④ 13. ④

정답 ③

해설 • 파이프렌치 : 파이프 또는 이음쇠의 나사이음 분해 조립 시 사용되는 공구

(5) 파이프 리머(pipe reamer)

거스러미 제거

·· 예·상·문·제·23

증기, 물, 기름 배관 등에 사용되며 관내의 이물질, 찌꺼기 등을 제거할 목적으로 사용되는 것은?

① 플로트 밸브　② 스트레이너
③ 세정 밸브　④ 분수 밸브

정답 ②

해설 • 스트레이너(여과기) : 관내의 이물질, 찌꺼기 등을 제거할 목적으로 사용된다.

(6) 수동식 나사절삭기(die stock)

관의 끝에 나사를 절삭하는 공구로 오스타형, 리드형의 두 종류가 있다.
① **오스타형 오스타** : 4개의 체이서(다이스)가 한 조로 되어 있으며 8~100[A]까지 나사절삭이 가능하며 현장용이다.
② **리드형 오스타** : 2개의 체이서(다이스)에 4개의 조(jaw)로 되어 있으며 8~50[A]까지 나사절삭이 가능하며 가장 일반적으로 사용하는 수공구이다.

(7) 동력용 나사 절삭기

동력을 이용하여 나사를 절삭하는 작업능률이 좋아 최근 많이 사용된다.
① **다이헤드식 나사절삭기** : 관의 절삭, 절단, 거스러미 제거를 연속적으로 처리할 수 있어 가장 많이 사용된다.
② 오스타식 나사절삭기
③ 호브식 나사절삭기

2. 관절단용 공구

(1) 쇠톱(hack saw)

관 및 공작물의 절단용 공구이다.(크기 : 피팅 홀(fitting hole)의 간격)

(2) 기계톱(hack sawing machine)

활모양의 프레임에 톱날을 끼워서 크랭크 작용에 의한 왕복절삭운동과 이송운동으로 재료를 절단한다.

(3) 고속 숫돌절단기(abrasive cut off machine)
두께가 0.5~3[mm] 정도의 얇은 연삭원판을 고속 회전시켜 재료를 절단하는 기계로 숫돌 그라인더, 연삭절단기, 커터 그라인더라고도 한다.

(4) 띠톱기계(band sawing machine)

모터에 장치된 원통 풀리를 동종 풀리와의 둘레에 띠톱날을 회전시켜 재료를 절단한다.

3. 관벤딩용 기계(bending machine)

(1) 램식(ram type, 유압식)
유압 펌프를 이용, 관을 구부리는 것으로 현장용이다. 수동식은 50[A], 동력식은 100[A]까지 상온에서 구부릴 수 있다.

(2) 로터리식(rotary type)

관에 심봉을 넣어 구부리는 것으로 대량 생산용으로 단면의 변형이 없고, 두께에 관계없이 상온에서 어느 관이라도 가공할 수 있으며 굽힘반지름은 관지름의 2.5배 이상이어야 한다.

4. 관용 공구

(1) 동관용 공구

① **토치 램프** : 납땜, 동관접합, 벤딩 등의 작업을 하기 위해 가열용으로 사용하는 가열공구로서, 가솔린용과 석유용이 있다.
② **사이징 툴** : 동관의 끝을 정확하게 원형으로 가

공하는 공구
③ 튜브 벤더 : 동관 굽힘용 공구
④ 익스펜더 : 동관의 확관용 공구
⑤ 플레어링 툴 : 동관의 압축 접합용 공구

··· 예·상·문·제·24

동관 이음에서 한쪽 동관의 끝을 나팔형으로 넓히고 압축이음쇠를 이용하여 체결하는 이음 방법은?

① 플레어 이음 ② 플랜지 이음
③ 플라스턴 이음 ④ 몰코 이음

정답 ①

해설 • 플레어이음 : 동관 끝을 나팔형으로 만들어 이음하는 형식으로 압축이음이라고도 한다.

(2) 연관용 공구

① **연관톱** : 연관 절단공구(일반 쇠톱으로 가능)
② **봄볼** : 주관에 구멍을 뚫을 때 사용하는 공구
③ **드레서** : 연관 표면의 산화피막을 제거하는 공구
④ **벤드벤** : 연관의 굽힘작업에 사용
⑤ **턴핀** : 관끝을 접합하기 쉽게 관끝 부분에 끼우고 마레트로 정형한다.
⑥ **마레트** : 나무 해미
⑦ **토치 램프** : 동관과 같이 사용한다.

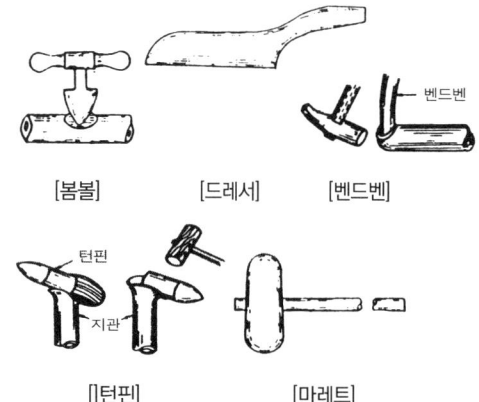

[봄볼]   [드레서]   [벤드벤]

[턴핀]   [마레트]

5. 주철관용 공구

① **납 용해용 공구 셋** : 냄비, 파이어 포트(fire pot), 납물용 국자, 산화납 제거기 등이 있다.
② **클립(clip)** : 소켓 접합시 용해된 납물의 비산을 방지한다.
③ **코킹 정** : 소켓 접합시 코킹(다지기)에 사용하는 정이다.
④ **링크형 커터** : 주철관 절단 전용 공구

4 관의 접합

1. 강관접합

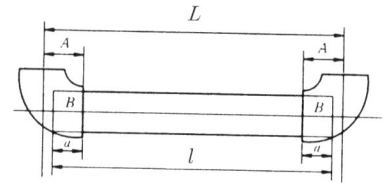

① **강관의 나사접합** : 파이프의 나사는 관용 테이퍼 나사로 테이퍼가 1/16(각도 55°)의 것으로 절삭되어진다.
② **관길이 산출**
  ㉮ 직관길이 산출
    ㉠ 동일부속의 길이 산출

    ⓐ $l = L - 2(A-a)$
    ⓑ $l = B \times \sqrt{2} - 2(A-a)$
       $= L - 2(A-a)$

  $\begin{bmatrix} L : 배관의\ 중심선\ 길이[mm] \\ A : 부속중심선에서\ 단면까지\ 길이[mm] \\ a : 나사물림\ 길이[mm] \\ l : 관의\ 실제\ 길이(유효길이)[mm] \\ B : 45°의\ 수평부(높이도\ 같다)[mm] \end{bmatrix}$

    ㉡ 다른 부속과의 길이 산출

    $l = L - [(A-a) + (B-a)]$

  B : A와 다른 부속의 중심에서 단면까지 길이[mm]

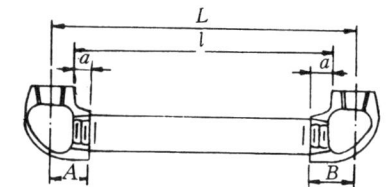

[관지름에 따른 나사물림 길이]

관지름[mm]	15	20	25	32	40
나사물림 길이[mm]	11	13	15	17	18

㉯ 곡관부 길이 계산

$$= \pi D \times \frac{각도}{360}$$

[π : 3.14, D : 관의 지름(mm)]

② **강관 굽힘** : 수동굽힘과 기계적 굽힘의 두 종류가 있으며 어느 방법이든 가능한 곡률반지름을 크게 하여 유체의 마찰저항을 줄여야 한다.

㉮ 수동굽힘
 ㉠ 냉간굽힘 : 수동 롤러를 이용하는 것과 냉간 벤더에 의한 것이 있다.
 ㉡ 열간굽힘 : 모래를 채운 후 토치 램프 등을 이용 800~900[℃]까지 가열 후 단계적으로 구부린다.(모래는 완전건조 후 사용한다.)(동관의 경우 600~700[℃])
 〈냉간 벤더〉

㉯ 기계적 굽힘
 ㉠ 로터리식 벤더에 의한 굽힘 : 모래충진 없이 심봉을 사용, 상온에서 굽힘한다.
 ㉡ 램(유압식)에 의한 방법 : 모래나 심봉없이 상온에서 굽힘한다.

[기계적 벤더에 의한 굽힘의 결함과 원인]

결함	원인
관이 미끄러진다.	① 관의 고정불량 ② 크램프 또는 관에 기름이 묻어있을 때 ③ 압력모형 조정이 너무 꼭 조여있을 때
관이 파손된다.	① 압력모형 조정이 너무 꼭 조여 저항이 크다. ② 코어(core)가 너무 나와 있을 때(코어 : 받침쇠, 심봉) ③ 굽힘반지름이 너무 작을 때 ④ 재료에 결함이 있을 때
주름이 생긴다.	① 관이 미끄러질 때 ② 코어가 너무 내려가 있을 때 ③ 굽힘 모형의 홈이 관의 지름보다 작을 때 ④ 굽힘 모형의 홈이 관의 지름보다 너무 클 때 ⑤ 바깥지름에 비하여 두께가 얇을 때 ⑥ 굽힘모형이 주축에 대하여 편심되어 있을 때

③ **용접접합**
 ㉮ 용접이음의 장점
  ㉠ 접합부의 강도가 강하며, 누수의 염려가 적다.
  ㉡ 부속이 적게 들어 재료비가 절감된다.
  ㉢ 보온 피복이 용이하다.
  ㉣ 가공이 쉬워 공정이 단축된다.
  ㉤ 관내 돌출부가 없어 마찰손실이 적다.

···················· 예·상·문·제·25

배관의 나사이음과 비교한 용접이음의 특징으로 잘못 설명된 것은?

① 나사 이음부와 같이 관의 두께에 불균일한 부분이 없다.
② 돌기부가 없어 배관상의 공간효율이 좋다.
③ 이음부의 강도가 적고, 누수의 우려가 크다.
④ 변형과 수축, 잔류응력이 발생할 수 있다.

정답 ③

해설 • 증기축열기 : 저부하 또는 변동부하시 잉여증기를 저장하고 과부하시(peak)에 저장된 잉여증기를 공급하는 장치로 변압식과 정압식이 있다.
 ① **변압식** : 보일러 출구 증기측에 설치
 ② **정압식** : 보일러 입구 급수측에 설치

2. 주철관 접합

① **소켓 접합** : 허브(hub)에 스피고트(spigot)를 삽입 얀(yarn)을 단단히 꼬아 감고 정으로 다진 후 납을 채워 다시 정으로 다져(코킹) 접합하는 방법이다.

TIP

얀은 기밀유지 및 굽힘성을 부여하고 납은 얀의 이탈을 방지할 목적으로 사용된다.
① 급수관(얀 1/3, 납 2/3), 배수관(얀 2/3, 납 1/3)
② 납은 충분히 가열된 것으로 단 1회에 붓고 수분으로 인한 납의 비산에 주의한다.
③ 코킹(다지기)은 누설을 방지하기 위해 하는 것으로 얇은 정에서 점차 두꺼운 정으로 확실히 작업한다.

② **기계적 접합** : 플랜지 접합과 소켓 접합의 장점을 취한 것

9. ① 10. ① 11. ② 12. ④ 13. ④

③ **플랜지 접합** : 플랜지가 달린 주철관을 서로 맞추어 볼트로 죄어 접합
④ **빅토리 접합** : 빅토리형 주철관을 고무링과 금속제 칼라를 사용 접합
⑤ **타이톤 접합** : 원형의 고무링 하나만으로 접합

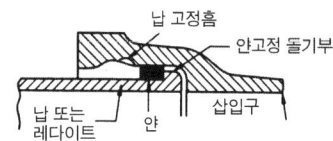

[소켓 접합]

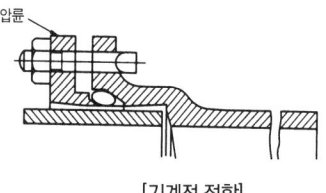

[기계적 접합]

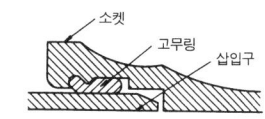

[타이톤 접합]

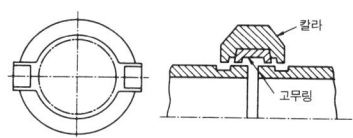

[빅토리 2분기 접합]

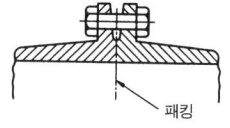

[플랜지 접합]

3. 동관의 접합

① **플레어 접합**(flare joint) : 동관 끝을 플레어링 툴셋으로 넓혀 압축이음쇠(플레어)로 접합하는 방식으로 일명 압축접합이라고도 한다. 관의 점검 및 보수를 위한 해체할 곳에 사용한다.

② **납땜 접합**
  ㉮ 연납땜(soldering) : 유체의 온도(120[℃] 이하) 및 사용압력이 낮은 곳에 사용하는 방식으로 익스펜더로 관을 확관하여(간격 0.1[mm]) 연결할 관을 끼워 용제(flux)를 바른 뒤 플라스턴을 용해하여 틈새에 채워 접하는 방법이다. 이때의 가열온도는 200~300[℃] 정도이다.
  ㉯ 경납땜(brazing) : 고온 및 사용압력이 높은 곳에 사용하는 방식으로 연납땜 시공처럼 확관 후 연결할 관을 끼우나(간격 0.05~0.2[mm]) 용제를 사용하지 않고 인동납(BCup), 은납(BAg)을 틈새에 채워 접합하는 방법이다. 이때의 가열온도는 700~850[℃] 정도이다.

③ **용접 접합** : 방사난방의 온수관 이음이나 진동이 심한 곳에 사용하는 방법으로 동관과 동관을 수소용접으로 접합한다.

④ **플랜지 접합** : 끼워맞춤형, 홈형, 유합 플랜지형으로 구분되며 상당한 고압배관 시 사용한다.

> **TIP**
> [동관의 굽힘]
> 열간과 냉간법(벤더)이 있으며 열간 시 가열온도는 600~700[℃]이며 냉간 시에는 곡률반지름은 관지름의 4~5배 정도이다.

4. 연관의 접합

① **플라스턴 접합** : 플라스턴(Sn 40[%], Pb 60[%])을 녹여(232[℃]) 접합하는 것으로 다음과 같은 접합방법이 있다.

5 배관의 지지

(1) 행거 : 배관의 하중을 위에서 잡아주는 장치
  ① **리지드 행거**(rigid hanger) : I빔에 턴버클을 이용 지지하는 것으로 상하방향에 변위에 없는 곳에 사용한다.

9. ① 10. ① 11. ② 12. ④ 13. ④

② **스프링심누리 행거(spring hanger)** : 턴버클 대신 스프링을 사용한 것이다.
③ **콘스탄트 행거(constant hanger)** : 배관의 상하이동에 관계없이 관지지력이 일정한 것으로 중추식과 스프링식이 있다.

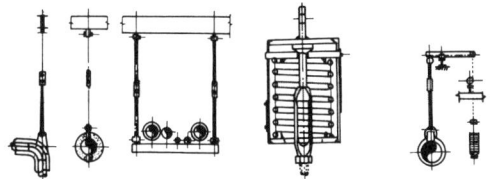

[리지드 행거]   [스프링 행거]   [콘스탄트 행거]

(2) **서포트** : 배관의 하중을 밑에서 떠받쳐 지지해주는 장치
① **파이프 슈(pipe shoe)** : 관에 직접 접속하는 지지구로 수평배관과 수직배관의 연결부에 사용된다.
② **리지드 서포트(rigid support)** : H빔(beam)이나 I빔으로 받침을 만들어 지지한다.
③ **스프링 서포트(spring support)** : 스프링의 탄성에 의해 상하 이동을 허용한 것이다.
④ **롤러 서포트(roller support)** : 관의 축 방향의 이동을 허용한 지지구이다.

[롤러 서포트]

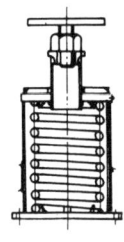

[스프링 서포트]

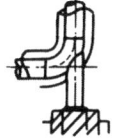 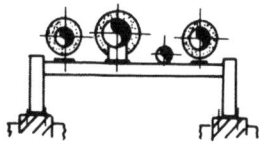

[파이프 슈]   [리지드 서포트]

(3) **리스트레인(restrain)**

열팽창에 의한 배관의 이동을 구속 또는 제한하는 장치이다.
① **앵커(anchor)** : 리지드 서포트의 일종으로 관의 이동 및 회전을 방지하기 위해 지지점에 완전히 고정하는 장치이다.
② **스톱(stop)** : 배관의 일정한 방향과 회전만 구속하고 다른 방향은 자유롭게 이동하게 하는 장치이다.
③ **가이드(guide)** : 배관의 곡관부분이나 신축 조인트 부분에 설치하는 것으로 회전을 제한하거나 축방향의 이동을 허용하며 직각방향으로 구속하는 장치이다.

 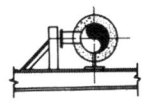 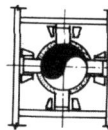

[앵커]   [스톱]   [가이드]

(4) **브레이스(brace)**

펌프, 압축기 등에서 발생하는 진동, 서징, 수격작용 등에 의한 진동, 충격 등을 완화하는 완충기이다.

·····················예·상·문·제·26

압축기 진동과 서징, 관의 수격작용, 지진 등에서 발생하는 진동을 억제하는 데 사용되는 지지장치는?

① 벤드벤   ② 플랩 밸브
③ 그랜드 패킹   ④ 브레이스

정답 ④

해설 • 브레이스 : 압축기 진동과 서징, 관의 수격작용, 지진 등에서 발생하는 진동을 억제하는데 사용되는 지지장치

6 패킹과 방청용 도료 및 보온재

1. 패킹

(1) 플랜지 패킹(plange packing)

① 고무 패킹
  ㉮ 탄성은 우수하나 흡수성이 없다.
  ㉯ 산이나 알칼리에는 강하나 기름에 침식된다.
  ㉰ 100[℃] 이상 고온 배관에는 사용할 수 없으며 주로 급·배수용이다.
  ㉱ 네오플렌의 합성고무는 내열범위가 -46~121[℃]의 고온배관에도 사용된다.
② 석면조인트시트 : 광물질의 미세한 섬유로 450[℃]의 고온배관에도 사용된다.
③ 합성수지 패킹 : 가장 우수한 것으로 테프론이 있으며 내열 범위는 -260~260[℃]까지이다.
④ 오일실 패킹 : 한지를 내유가공한 것으로 내열도가 낮아 펌프, 기어박스 등에 사용된다.
⑤ 금속 패킹 : 구리, 납, 연강, 스테인리스강 등이 있으며 탄성이 적어 누설 위험이 있다.

(2) 나사용 패킹

① 페인트 : 광명단을 혼합사용하는 것으로 오일 배관에는 사용하지 못한다.
② 일산화연 : 페인트에 소량의 일산화연을 혼합사용하며 냉매배관에 많이 사용된다.
③ 액상합성수지 : 내열범위가 -30~130[℃] 정도로 약품에 강하고 내유성이 강해 증기, 기름, 약품배관에 사용된다.

(3) 글랜드 패킹

밸브의 회전부분에 기밀을 유지할 목적으로 사용된다.
① 석면각형 패킹 : 석면을 각형으로 짜서 만든 것으로 내열, 내산성이 좋아 대형 밸브 그랜드로 사용한다.
② 석면 얀 : 석면을 꼬아서 만든 것으로 소형 밸브, 수면계의 콕(cock) 주로 소형 밸브 그랜드로 사용한다.
③ 아마존 패킹 : 면포와 내열 고무 콤파운드를 가공 성형한 것으로 압축기의 그랜드용에 쓰인다.

④ 몰드 패킹 : 석면, 흑연, 수지 등을 배합 성형한 것으로 밸브, 펌프 등의 그랜드용으로 쓰인다.

2. 방청용 도료

광명단 도료 : 연단을 아마인유와 혼합한 것으로 밀착력 및 풍화에 강해 녹을 방지하기 위한 페인트 밑칠에 사용한다.

7 배관 도시법

1. 높이 표시

① EL 표시 : 배관의 높이를 관의 중심을 기준으로 표시한 것
② BOP : 지름이 서로 다른 관의 높이 표시방법으로 관 바깥지름의 아랫면까지의 높이를 기준으로 표시한 것
③ TOP : 관의 바깥지름의 윗면을 기준으로 표시한 것
④ GL : 포장된 지면을 기준으로 하여 배관장치의 높이를 표시할 때 적용된다.
⑤ FL : 각층 바닥을 기준으로 하여 높이를 표시한 것

[유체의 종류와 기호 및 도시법]

유체의 종류	기호
공기	A
가스	G
유류	O
수증기	S
물	W

[관의 접속 상태]

관의 접속 상태	도시 기호
접속하지 않을 때	
접속해 있을 때	
갈라져 있을 때(분기)	

9. ①   10. ①   11. ②   12. ④   13. ④

[관의 입체적 표시]

굽은 상태	실제 모양	기호
관이 도면에 직각으로 앞쪽으로 구부러진 경우(오는 엘보우)		
관이 도면에 직각으로 뒤쪽으로 구부러진 경우(가는 엘보우)		
관이 도면에 직각으로 뒤쪽으로 구부러지고 나사가 다른 관에 접속된 경우		

TIP
[U의 입체적 표시]
오는 엘보 :   가는 엘보 :

[관의 이음방법]

이음의 V종류	기호	보기
나사이음	│	—
플랜지이음	‖	
턱걸이이음	⊃	
용접이음	●	
땜이음	●	

········· 예·상·문·제·27

관의 결합방식 표시방법 중 플랜지식의 그림기호로 맞는 것은?

정답 ③

해설 ① 나사이음, ② 용접, 납땜이음, ③ 플랜지이음, ④ 유니언

9. ① 10. ① 11. ② 12. ④ 13. ④

2. 증기난방배관시공

(1) 하트포트 접속(hartford connection)

저압증기난방의 습식 환수방식에 있어 보일러의 수위가 환수관의 접속부로의 누설로 인해 저수위사고가 일어날 것을 방지하기 위해 증기관과 환수관 사이에 표준수면에서 50[mm] 아래로 균형관을 설치한다.

(2) 냉각관(cooling leg)

건식 환수방식의 관말에 설치하는 것으로 관내 응축수에서 생긴 플래시(flash) 증기로 인해 보일러에 수격작용이 발생되는 것을 방지하기 위해 설치한다. 주관과 수직으로 100[mm] 이상 내리고 하부로 150[mm] 이상 연장하여 관내 슬러지 등 협잡물을 제거할 목적으로 드레인 포킷(drain pocket)을 만들어준다. 이때 트랩까지 1.5[m] 이상 보온을 하지 않은 나관배관으로 냉각관을 설치하며 선단에는 관말 트랩으로 최종 처리하게 된다.

(3) 플래시 레그(flash leg) : 증발 탱크

고압증기 응축수를 직접 저압증기 환수관에 연결하여 환수하면 고압측의 응축수가 저압측의 응축수 환수를 방해한다. 이때 고압의 응축수를 플래시 레그에 넣어 압력을 낮추어 저압 트랩을 경유하여 저압환수관으로 배출시켜 환수의 방해를 방지하게 되며 장치 내 고압증기 응축수 중 일부는 재증발하여 저압증기를 가열할 수도 있다.

(4) 리프트 피팅(lift fitting)

저압증기 환수관이 진공 펌프의 흡입구보다 낮은 위치에 있을 때 응축수를 원활히 끌어올리기 위하여 설치하는 것으로 높이가 1.6[m] 이하는 1단, 3.2[m] 이하는 2단으로 시공하며 환수주관보다 1~2정도 작은 치수로 급수 펌프 근처에서 1개소만 설치한다.

······················· 예·상·문·제·28

증기난방의 시공에서 완수배관에 리프트 피팅(lift fitting)을 적용하여 시공할 때 1단의 흡상높이로 적당한 것은?

① 1.5m 이내　② 2m 이내
③ 2.5m 이내　④ 3m 이내

정답 ①

해설 리프트피팅의 1단의 흡상높이는 1.5m 이내가 적당하다.

3. 배관시공방법

(1) 편심이음

주관의 중간에서 관지름을 바꿀 때 편심이음하여 관내 슬러지 등의 체류를 방지한다.
① **상향 구배** : 관의 윗면이 수평되게 한다.
② **하향 구배** : 관의 아랫면이 수평되게 한다.

4. 온수난방의 장·단점(증기난방과 비교)

(1) 장점

① 난방부하에 따른 방열량 조절이 용이하다.
② 냉각시간이 오래 걸리고 야간 동결의 우려가 적다.
③ 취급이 용이하고 화상의 우려가 적다.
④ 실내의 쾌감도가 좋다.

(2) 단점

① 배관이 굵어 설비비가 많이 든다.
② 건축물 높이에 제한을 받는다.
③ 예열시간이 오래 걸린다.

5. 보온 및 단열재

(1) 보온재의 구비조건(단열재, 보냉재)

① 열전도율이 작아야 한다.
② 사용온도에 있어서 내구성이 있어야 하며, 변질되지 말아야 한다.
③ 부피·비중이 작아야 한다.

④ 다공성이며, 기공이 균일하여야 한다.
⑤ 기계적 강도가 크고, 시공성이 좋아야 한다.
⑥ 흡수성, 흡습성이 없어야 한다.

TIP
안전사용온도에 따라 내화물, 단열재, 보온재, 보냉재로 구분된다.

······················· 예·상·문·제·29

보온재 선정 시 고려해야 할 조건이 아닌 것은?

① 부피, 비중이 작을 것
② 보온능력이 클 것
③ 열전도율이 클 것
④ 기계적 강도가 클 것

정답 ③

해설
• 보온재 선정 시 고려사항
　① 열전도율이 적을 것
　② 부피, 비중이 작을 것
　③ 보온 능력이 클 것
　④ 기계적 강도가 클 것
　⑤ 독립성 다공질일 것

[내화, 난열, 보온재의 구분]

구분	내용
내화물	우리 나라에서는 SK 26(1,580[℃]) 이상의 것을 내화물이라고 하며, 이것은 각국마다 공업규격이 규정하고 있다.
내화단열재	단열효과를 갖게 하며 SK 10(1,300[℃]) 이상에 견디는 것
단열재	800~1,200[℃]까지의 온도에 견디며 단열효과를 나타내는 것
보온재	800[℃] 이하 500[℃]까지의 온도에 견디는 무기질 보온재와 500[℃] 이하 100[℃]까지의 유기질 보온재를 말한다.
보냉재	100[℃] 이하의 냉온을 유지하는 냉동, 냉장용의 것

9. ①　10. ①　11. ②　12. ④　13. ④

·····예·상·문·제·30

보온시공 시 주의사항에 대한 설명으로 틀린 것은?

① 보온재와 보온재의 틈새는 되도록 적게 한다.
② 겹침부의 이음새는 동일 선상을 피해서 부착한다.
③ 테이프 감기는 물, 먼지 등의 침입을 막기 위해 위에서 아래쪽으로 향하여 감아내리는 것이 좋다.
④ 보온의 끝 단면은 사용하는 보온재 및 보온 목적에 따라서 필요한 보호를 한다.

정답 ③

해설 테이프 감기는 물, 먼지 등의 침입을 막기 위해 위쪽으로 향하여 감아올리는 것이 좋다.

(2) 보온재의 종류

① 유기질 보온재

보온재명	특 성
면화	160[℃] (열분해)
목재Pulp 톱밥	105[℃](〃)
양모	130[℃](〃)
우모	〃
마모	〃
닭털	〃
쌀겨	〃
콜크판	〃
지류(파형)	〃

용 도	비 고
의 류	
물독 steam 수송관	최적충진밀도 80~100[kg/m²]
의 류	흡습도 목면 5~8[%] 양모류 15~19[%]
〃	
〃	
물독 steam 수 송 관 보 온 재 〃	(17[℃]) i=0.097~150kcal/mh℃ 최적밀도 73~215[kg/cm²] i=0.045~0.060kcal/mh℃ ※ i=열전도율

② 무기질 보온재
  ㉠ 석면(안전사용온도 약 500℃ 이하), 규조토(안전사용온도 약 500℃ 이하), 탄산마그네슘(안전사용온도 약 350℃ 이하)
  ㉡ 유리섬유(안전사용온도 약 300~350℃ 이하), 규산칼슘(안전사용온도 약 650℃ 이하), 암면(안전사용온도 약 600℃ 이하)

③ **금속질 보온재** : 금속 특유의 반사특성(복사열)을 이용한 것으로 가볍다.

$$보온효율 = \frac{Q_0 - Q}{Q_0} \times 100$$

- Q_0 : 나관의 손실열량
- Q : 보온관의 손실열량

·····예·상·문·제·31

다음 중 보온재의 종류가 아닌 것은?

① 코르크   ② 규조토
③ 기포성 수지   ④ 제게르 콘

정답 ④

해설 제게르 콘 온도계는 내화벽돌의 내화도를 측정하는데 사용되는 온도계이다.

SECTION 03 보일러설치 · 시공 기준 및 관계법규

01. 설치 · 시공기준

1 옥내설치

(1) 보일러는 불연성물질의 격벽으로 구분된 장소에 설치하여야 한다. 다만, 소용량강철제보일러, 소용량주철제보일러, 가스용 온수보일러, 1종 관류보일러(이하 "소형보일러"라 한다)는 반격벽으로 구분된 장소에 설치할 수 있다.
(2) 보일러 동체 최상부로부터(보일러의 검사 및 취급에 지장이 없도록 작업대를 설치한 경우에는 작업대로부터) 천정, 배관 등 보일러 상부에 있는 구조물까지의 거리는 1.2m 이상이어야 한다. 다만, 소형보일러 및 주철제보일러의 경우에는 0.6m 이상으로 할 수 있다.
(3) 보일러 동체에서 벽, 배관, 기타 보일러 측부에 있는 구조물(검사 및 청소에 지장이 없는 것은 제외)까지 거리는 0.45m 이상이어야 한다. 다만, 소형보일러는 0.3m 이상으로 할 수 있다.
(4) 보일러 및 보일러에 부설된 금속제의 굴뚝 또는 연도의 외측으로부터 0.3m 이내에 있는 가연성물체에 대하여는 금속 이외의 불연성 재료로 피복하여야 한다.
(5) 연료를 저장할 때에는 보일러 외측으로부터 2m 이상 거리를 두거나 방화격벽을 설치하여야 한다. 다만, 소형보일러의 경우에는 1m 이상 거리를 두거나 반격벽으로 할 수 있다.
(6) 보일러에 설치된 계기들을 육안으로 관찰하는데 지장이 없도록 충분한 조명시설이 있어야 한다.
(7) 보일러실은 연소 및 환경을 유지하기에 충분한 급기구 및 환기구가 있어야 하며 급기구는 보일러 배기가스 닥트의 유효단면적 이상이어야 하고 도시가스를 사용하는 경우에는 환기구를 가능한 한 높이 설치하여 가스가 누설되었을 때 체류하지 않는 구조이어야 한다.
(8) 보일러의 연도는 내식성의 재질을 사용하거나, 배기가스 중 응축수의 체류를 방지하기 위하여 물 빼기가 가능한 구조이거나 장치를 설치하여야 한다.

··· 예 · 상 · 문 · 제 · 31

보일러를 옥내에 설치할 때의 설치 시공 기준 설명으로 틀린 것은?

① 보일러에 설치된 계기를 육안으로 관찰하는데 지장이 없도록 충분한 조명시설이 있어야 한다.
② 보일러 동체에서 벽, 배관, 기타 보일러 측부에 있는 구조물(검사 및 청소에 지장이 없는 것은 제외)까지 거리는 0.6m 이상이어야 한다. 다만, 소형보일러는 0.45m 이상으로 할 수 있다.
③ 보일러실은 연소 및 환경을 유지하기에 충분한 급기구 및 환기구가 있어야 하며 급기구는 보일러 배기가스 닥트의 유효단면적 이상이어야 하고 도시가스를 사용하는 경우에는 환기구를 가능한 한 높이 설치하여 가스가 누설되었을 때 체류하지 않는 구조이어야 한다.
④ 연료를 저장할 때에는 보일러 외측으로부터 2m 이상 거리를 두거나 방화격벽을 설치하여야 한다. 다만, 소형보일러의 경우에는 1m 이상 거리를 두거나 반격벽으로 할 수 있다.

정답 ②

해설 • 보일러 옥내설치 시공 기준
① 보일러 동체 최상부로부터 천장, 배관 등 보일러 상부에 있는 구조물까지의 거리는 1.2m 이상이어야 한다. 다만, 소형보일

러 및 주철제보일러의 경우에는 0.6m 이상으로 할 수 있다.
② 보일러 동체에서 벽, 배관, 기타 보일러 측부에 있는 구조물까지 거리는 0.45m 이상이어야 한다. 다만, 소형보일러는 0.3m 이상으로 할 수 있다.
③ 보일러 및 보일러에 부설된 금속제의 굴뚝 또는 연도의 외측으로부터 0.3m 이내에 있는 가연성 물체에 대하여는 금속 이외의 불연성 재료로 피복하여야 한다.
④ 연료를 저장할 때에는 보일러 외측으로부터 2m 이상 거리를 두거나 방화격벽을 설치하여야 한다. 다만, 소형보일러의 경우에는 1m 이상 거리를 두거나 반격벽으로 할 수 있다.
⑤ 보일러실은 연소 및 환경을 유지하기에 충분한 급기구 및 환기구가 있어야 하며 급기구는 보일러 배기가스 닥트의 유효단면적 이상이어야 하고 도시가스를 사용하는 경우에는 환기구를 가능한 한 높이 설치하여 가스가 누설되었을 때 체류하지 않는 구조이어야 한다.

2 옥외설치

(1) 보일러에 빗물이 스며들지 않도록 케이싱 등의 적절한 방지설비를 하여야 한다.
(2) 방수처리(금속커버 또는 페인트 포함)를 하여야 한다.
(3) 증기관 및 급수관 등이 얼지 않도록 적절한 보호조치
(4) 강제 통풍팬의 입구에는 빗물방지 보호판을 설치하여야 한다.

3 배관

가. 배관의 설치
(1) 배관은 외부에 노출하여 시공하여야 한다. 다만, 동관, 스테인리스 강관, 기타 내식성 재료로서 이음매 없이 설치하는 경우에는 매몰하여 설치할 수 있다.

(2) 배관의 이음부(용접이음매를 제외한다)와 전기계량기 및 전기개폐기와의 거리는 60cm 이상, 굴뚝(단열조치를 하지 아니한 경우에 한한다)·전기점멸기 및 전기접속기와의 거리는 30cm 이상, 절연전선과의 거리는 10cm 이상, 절연조치를 하지 아니한 전선과의 거리는 30cm 이상의 거리를 유지하여야 한다.

나. 배관의 고정
배관은 움직이지 아니하도록 고정 부착하는 조치를 하되 그 관경이 13mm 미만의 것에는 1m마다, 13mm 이상 33mm 미만의 것에는 2m마다, 33mm 이상의 것에는 3m 마다 고정장치를 설치하여야 한다.

다. 배관의 표시
(1) 배관은 그 외부에 사용가스명, 최고사용압력 및 가스흐름방향을 표시하여야 한다. 다만, 지하에 매설하는 배관의 경우에는 흐름방향을 표시하지 아니할 수 있다.
(2) 지상배관은 부식방지 도장 후 표면색상을 황색으로 도색한다. 다만, 건축물의 내·외벽에 노출된 것으로서 바닥(2층 이상의 건물의 경우에는 각 층의 바닥을 말한다)에서 1m의 높이에 폭 3cm의 황색띠를 2중으로 표시한 경우에는 표면색상을 황색으로 하지 아니할 수 있다.

02. 급수장치

(1) 급수장치의 종류

급수장치를 필요로 하는 보일러에는 다음의 조건을 만족시키는 주펌프(인젝터를 포함한다. 이하 같다) 세트 및 보조펌프세트를 갖춘 급수장치가 있어야 한다. 다만, 전열 면적 12m² 이하의 보일러, 전열면적 14m² 이하의 가스용 온수보일러 및 전열면적 100m² 이하의 관류보일러에는 보조펌프를 생략할 수 있다.

9. ① 10. ① 11. ② 12. ④ 13. ④

··· 예·상·문·제·32

다음 중 보일러의 안전장치로 볼 수 없는 것은?

① 고저수위 경보장치
② 화염검출기
③ 급수펌프
④ 압력조절기

정답 ③

해설 급수펌프는 급수장치에 속한다.
- 안전장치의 종류 : 화염검출기, 안전밸브, 방출밸브, 가용전, 방폭문, 고저수위경보장치, 압력제한기, 압력조절기, 팽창탱크(온수보일러의 안전장치 역할을 한다.) 등

(2) 2개 이상의 보일러에 대한 급수장치

1개의 급수장치로 2개 이상의 보일러에 물을 공급할 경우 이들 보일러를 1개의 보일러로 간주하여 적용한다.

(3) 급수밸브와 체크밸브

급수관에는 보일러에 인접하여 급수밸브와 체크밸브를 설치하여야 한다. 다만, 최고사용압력 0.1MPa {1kgf/cm²} 미만의 보일러에서는 체크밸브를 생략할 수 있으며, 급수 가열기의 출구 또는 급수펌프의 출구에 스톱밸브 및 체크밸브가 있는 급수장치를 개별 보일러마다 설치한 경우에는 급수밸브 및 체크밸브를 생략할 수 있다.

(4) 급수밸브의 크기

급수밸브 및 체크밸브의 크기는 전열면적 10m² 이하의 호칭 15A 이상, 전열면적 10m²를 초과하는 호칭 20A 이상이어야 한다.

(5) 자동급수조절기

자동급수조절기를 설치할 때에는 필요에 따라 즉시 수동으로 변경할 수 있는 구조이어야 하며, 2개 이상의 보일러에 공통으로 사용하는 자동급수조절기를 설치하여서는 안 된다.

9. ① 10. ① 11. ② 12. ④ 13. ④

(6) 급수처리 등

용량 1t/h 이상의 증기보일러에는 수질관리를 위한 급수처리(이하 "수처리시설"라 한다)는 스케일 부착방지 및 제거를 위한(이하 "음향처리시설"이라 한다) 시설을 하여야 한다.

03 · 압력방출장치

(1) 안전밸브의 개수

증기보일러에는 2개 이상의 안전밸브를 설치하여야 한다. 다만, 전열면적 50m² 이하의 증기보일러에서는 1개 이상으로 한다.

(2) 안전밸브의 부착

안전밸브는 쉽게 검사할 수 있는 장소에 밸브축을 수직으로 하여 가능한 보일러의 동체 증기부에 직접 부착시켜야 하며, 안전밸브와 안전밸브가 부착된 보일러 동체 등의 사이에는 어떠한 차단밸브도 있어서는 안 된다.

··· 예·상·문·제·33

보일러에서 사용하는 안전밸브 구조의 일반사항에 대한 설명으로 틀린 것은?

① 설정압력이 3MPa를 초과하는 증기 또는 온도가 508K를 초과하는 유체에 사용하는 안전밸브에는 스프링이 분출하는 유체에 직접 노출되지 않도록 하여야 한다.
② 안전밸브는 그 일부가 파손하여도 충분한 분출량을 얻을 수 있는 것이어야 한다.
③ 안전밸브는 쉽게 조정이 가능하도록 잘 보이는 곳에 설치하고 봉인하지 않도록 한다.
④ 안전밸브의 부착부는 배기에 의한 반동력에 대한 충분한 강도가 있어야 한다.

정답 ③

해설 안전밸브는 필히 봉인이 되어 있어야 한다.

(3) 안전밸브 작동시험

안전밸브의 분출압력은 1개일 경우 최고사용압력 이하, 안전밸브가 2개 이상인 경우 1개는 최고사용압력 이하, 기타는 최고사용압력의 1.03배 이하일 것

(4) 안전밸브 및 압력방출장치의 크기

안전밸브 및 압력방출장치의 크기는 호칭지름 25A 이상으로 하여야 한다. 다만, 다음 보일러에서는 호칭지름 20A 이상으로 할 수 있다.
① 최고사용압력 0.1MPa{1kg$_f$/cm^2} 이하의 보일러
② 최고사용압력 0.5MPa{5kg$_f$/cm^2} 이하의 보일러로 동체의 안지름이 500mm 이하이며 동체의 길이가 1,000mm 이하의 것
③ 최고사용압력 0.5MPa{5kg$_f$/cm^2} 이하의 보일러로 전열면적 2m^2 이하의 것
④ 최대증발량 5t/h 이하의 관류보일러
⑤ 소용량강철제보일러, 소용량주철제보일러

(5) 과열기 부착보일러의 안전밸브

① 과열기에는 그 출구에 1개 이상의 안전밸브가 있어야 하며 그 분출용량은 과열기의 온도를 설계온도 이하로 유지하는데 필요한 양(보일러의 최대증발량의 15%를 초과하는 경우에는 15%) 이상이어야 한다.
② 과열기에 부착되는 안전밸브의 분출용량 및 수는 보일러 동체의 안전밸브의 분출용량 및 수에 포함시킬 수 있다. 이 경우 보일러의 동체에 부착하는 안전밸브는 보일러의 최대증발량의 75% 이상을 분출할 수 있는 것이어야 한다. 다만, 관류보일러의 경우에는 과열기 출구에 최대증발량에 상당하는 분출용량의 안전밸브를 설치할 수 있다.

(6) 재열기 또는 독립과열기의 안전밸브

재열기 또는 독립과열기에는 입구 및 출구에 각각 1개 이상의 안전밸브가 있어야 한다.

9. ① 10. ① 11. ② 12. ④ 13. ④

(7) 안전밸브의 종류 및 구조

① 안전밸브의 종류는 스프링안전밸브로 하며 스프링안전밸브의 구조는 KS B 6216(증기용 및 가스용 스프링 안전밸브)에 따라야 하며, 어떠한 경우에도 밸브시트나 본체에서 누설이 없어야 한다.
② 인화성 증기를 발생하는 열매체 보일러에서는 안전밸브를 밀폐식 구조로 하든가 또는 안전밸브로부터의 배기를 보일러실 밖의 안전한 장소에 방출시키도록 한다.

(8) 온수발생보일러(액상식 열매체 보일러 포함)의 방출밸브 또는 안전밸브의 크기

① 액상식 열매체 보일러 및 온도 393K{120℃} 이하의 온수발생보일러에는 방출밸브를 설치하여야 하며, 그 지름은 20mm 이상으로 한다.
② 온도 393K{120℃}를 초과하는 온수발생보일러에는 안전밸브를 설치하여야 하며, 그 크기는 호칭지름 20mm 이상으로 한다.

(9) 온수발생 보일러(액상식 열매체 보일러 포함) 방출관의 크기

[표 1] 방출관의 크기

전열 면적(m^2)	방출관의 안지름(mm)
10 미만	25 이상
10 이상 15 미만	30 이상
15 이상 20 미만	40 이상
20 이상	50 이상

04 • 수면계

1 수면계의 개수

(1) 증기보일러에는 2개(소용량 및 1종 관류보일러는 1개) 이상의 유리 수면계를 부착하여야 한다. 다만, 단관식 관류보일러는 제외한다.
(2) 최고사용압력 1MPa[10kg$_f$/cm^2] 이하로서 동체안지름이 750mm 미만인 경우에 있어서는

수면계 중 1개는 다른 종류의 수면측정장치로 할 수 있다.
(3) 2개 이상의 원격지시 수면계를 시설하는 경우에 한하여 유리수면계를 1개 이상으로 할 수 있다.

2. 수면계의 구조

평형반사식 유리수면계를 설치하고 상하에 밸브 또는 코크를 갖추어야 하며, 한눈에 그것의 개·폐 여부를 알 수 있는 구조이어야 한다.

·· 예·상·문·제·34

외분식 보일러의 특징 설명으로 거리가 먼 것은?

① 연소실 개조가 용이하다.
② 노내 온도가 높다.
③ 연료의 선택 범위가 넓다.
④ 복사열의 흡수가 많다.

정답 ④

해설 • 외분식 연소 장치의 특징
　　㉠ 연소실 크기가 자유로우며, 개조가 용이하다.
　　㉡ 완전연소가 가능하다.
　　㉢ 연소효율이 좋아 노내온노상승이 쉽다.
　　㉣ 노벽방사손실이 있다.(즉, 복사열의 흡수가 적다.)
　　㉤ 연료의 질에 크게 상관하지 않는다(저질 연료라도 연소 양호)

05 · 계측기

1 압력계

보일러에는 KS B 5305(부르동관 압력계)에 따른 압력계 또는 이와 동등 이상의 성능을 갖춘 압력계를 부착하여야 한다.

가. 압력계의 크기와 눈금

(1) 증기보일러에 부착하는 압력계 눈금판의 바깥지름은 100mm 이상으로 하고 그 부착높이에 따라 용이하게 지침이 보이도록 하여야 한다. 다만, 다음의 보일러에 부착하는 압력계에 대하여는 눈금판의 바깥지름을 60mm 이상으로 할 수 있다.
　(a) 최고사용압력 $0.5\text{MPa}[5\text{kgf}/\text{cm}^2]$ 이하이고, 동체의 안지름 500mm 이하 동체의 길이 1,000mm 이하인 보일러
　(b) 최고사용압력 $0.5\text{MPa}[5\text{kgf}/\text{cm}^2]$ 이하로서 전열면적 2m^2 이하인 보일러
　(c) 최대증발량 5t/h 이하인 관류보일러
　(d) 소용량 보일러
(2) 압력계의 최고눈금은 보일러의 최고사용압력의 3배 이하로 하되 1.5배보다 작아서는 안 된다.

나. 압력계의 부착

(1) 압력계와 연결된 증기관은 최고사용압력에 견디는 것으로서 그 크기는 황동관 또는 동관을 사용할 때는 안지름 6.5mm 이상, 강관을 사용할 때는 12.7mm 이상이어야 하며, 증기온도가 483K [210℃]를 초과할 때에는 황동관 또는 동관을 사용하여서는 안 된다.
(2) 압력계에는 물을 넣은 안지름 6.5mm 이상의 사이폰관 또는 동등한 작용을 하는 장치를 부착하여 증기가 직접 압력계에 들어가지 않도록 하여야 한다.
(3) 압력계의 코크는 그 핸들을 수직인 증기관과 동일 방향에 놓은 경우에 열려 있는 것이어야 하며 코크 대신에 밸브를 사용할 경우에는 한눈으로 개·폐 여부를 알 수가 있는 구조로 하여야 한다.
(4) 압력계와 연결된 증기관의 길이가 3m 이상이며 내부를 충분히 청소할 수 있는 경우에는 보일러의 가까이에 열린 상태에서 봉인된 코크 또는 밸브를 두어도 좋다.

2 온도계

(1) 급수 입구의 급수 온도계
(2) 버너 급유입구의 급유온도계. 다만, 예열을 필요로 하지 않는 것은 제외한다.
(3) 절탄기 또는 공기예열기가 설치된 경우에는 각 유체의 전후 온도를 측정할 수 있는 온도계. 다만, 포화증기의 경우에는 압력계로 대신할 수 있다.
(4) 보일러 본체 배기가스 온도계. 다만 (3)의 규정에 의한 온도계가 있는 경우에는 생략할 수 있다.
(5) 과열기 또는 재열기가 있는 경우에는 그 출구 온도계
(6) 유량계를 통과하는 온도를 측정할 수 있는 온도계

3 유량계

용량 1t/h 이상의 보일러에는 다음의 유량계를 설치하여야 한다.
(1) 기름용 보일러에는 연료의 사용량을 측정할 수 있는 KS B 5328(오일 미터) 또는 이와 동등 이상의 성능을 가진 유량계를 설치하여야 한다. 다만, 2t/h 미만의 보일러로써 온수발생보일러 및 난방전용 보일러에는 CO_2 측정장치로 대신할 수 있다.
(2) 가스용 보일러에는 가스사용량을 측정할 수 있는 유량계를 설치하여야 한다. 다만, 가스의 전체 사용량을 측정할 수 있는 유량계를 설치하였을 경우는 각각의 보일러마다 설치된 것으로 본다.
  (a) 유량계는 당해 도시가스 사용에 적합한 것이어야 한다.
  (b) 유량계는 화기(당해 시설 내에서 사용하는 자체화기를 제외한다)와 2m 이상의 우회거리를 유지하는 곳으로서 수시로 환기가 가능한 장소에 설치하여야 한다.
  (c) 유량계는 전기계량기 및 전기개폐기와의 거리는 60cm 이상, 굴뚝(단열조치를 하지 아니한 경우에 한한다)·전기점멸기 및 전기접속기와의 거리는 30cm 이상, 절연조치를 하지 아니한 전선과의 거리는 15cm 이상의 거리를 유지

하여야 한다.
(3) 각 유량계는 해당온도 및 압력 범위에서 사용할 수 있어야 하고 유량계 앞에 여과기가 있어야 한다.

4 자동 연료차단장치

(1) 최고사용압력 0.1MPa[1kg$_f$/cm^2]를 초과하는 증기보일러에는 다음 각 호의 저수위 안전장치를 설치해야 한다.
  (a) 보일러의 수위가 안전을 확보할 수 있는 최저수위(이하 "안전수위"라 한다)까지 내려가기 직전에 자동적으로 경보가 울리는 장치
  (b) 보일러의 수위가 안전수위까지 내려가는 즉시 연소실 내에 공급하는 연료를 자동적으로 차단하는 장치
(2) 열매체보일러 및 사용온도가 393K[120℃] 이상인 온수발생보일러에는 작동유체의 온도가 최고사용온도를 초과하지 않도록 온도·연소제어장치를 설치해야 한다.
(3) 최고사용압력이 0.1MPa[1kg$_f$/cm^2](수두압의 경우 10m)를 초과하는 주철제 온수보일러에는 온수온도가 388K[115℃]를 초과할 때에는 연료공급을 차단하거나 파이로트연소를 할 수 있는 장치를 설치하여야 한다.
(4) 관류보일러는 급수가 부족한 경우에 대비하기 위하여 자동적으로 연료의 공급을 차단하는 장치 또는 이에 대신하는 안전장치를 갖추어야 한다.
(5) 가스용 보일러에는 급수가 부족한 경우에 대비하기 위하여 자동적으로 연료의 공급을 차단하는 장치를 갖추어야 하며, 또한 수동으로 연료공급을 차단하는 밸브 등을 갖추어야 한다.
(6) 유류 및 가스용 보일러에는 압력차단 장치를 설치하여야 한다.
(7) 동체의 과열을 방지하기 위하여 온도를 감지하여 자동적으로 연료공급을 차단할 수 있는 온도상한스위치를 보일러 본체에서 1m 이내인 배기가스출구 또는 동체에 설치하여야 한다.

9. ① 10. ① 11. ② 12. ④ 13. ④

5 공기유량 자동조절기능

가스용 보일러 및 용량 5t/h(난방전용은 10t/h)이상인 유류보일러에는 공급연료량에 따라 연소용 공기를 자동조절하는 기능이 있어야 한다. 이때 보일러 용량이 MW(kcal/h)로 표시되었을 때에는 0.6978MW(600,000kcal/h)를 1t/h로 환산한다.

6 스톱밸브 및 분출밸브

1) 스톱밸브의 개수

(1) 증기의 각 분출구(안전밸브, 과열기의 분출구 및 재열기의 입구·출구를 제외한다)에는 스톱밸브를 갖추어야 한다.
(2) 맨홀을 가진 보일러가 공통의 주 증기관에 연결될 때에는 각 보일러와 주증기관을 연결하는 증기관에는 2개 이상의 스톱밸브를 설치하여야 하며, 이들 밸브 사이에는 충분히 큰 드레인밸브를 설치하여야 한다.

2) 스톱밸브

스톱밸브는 보일러의 최고사용압력 이상이어야 하며 적어도 0.7MPa[7kg$_f$/cm^2] 이상이어야 한다.

3) 분출밸브의 크기와 개수

(1) 보일러 아랫부분에는 분출관과 분출밸브 또는 분출코크를 설치해야 한다. 다만, 관류보일러에 대해서는 이를 적용하지 않는다.
(2) 분출밸브의 크기는 호칭지름 25mm 이상의 것이어야 한다. 다만, 전열면적이 10m^2 이하인 보일러에서는 호칭지름 20mm 이상으로 할 수 있다.
(3) 최고사용압력 0.7MPa[7kgf/cm^2] 이상의 보일러(이동식 보일러는 제외한다)의 분출관에는 분출밸브 2개 또는 분출밸브와 분출코크를 직렬로 갖추어야 한다. 이 경우에 적어도 1개의 분출밸브는 닫힌 밸브를 전개하는데 회전축을 적어도 5회전하는 것이어야 한다.

(4) 주철제의 분출밸브는 최고사용압력 1.3MPa[13kg$_f$/cm^2] 이하, 흑심가단 주철제의 것은 1.9MPa[19kg$_f$/cm^2] 이하의 보일러에 사용할 수 있다.

7 운전성능

1) 운전상태

보일러는 운전상태(정격부하 상태를 원칙으로 한다)에서 이상진동과 이상소음이 없고 각종 부품의 작동이 원활하여야 한다.

2) 배기가스 온도

(1) 유류용 및 가스용 보일러(열매체 보일러는 제외한다) 출구에서의 배기가스 온도는 주위 온도와의 차이가 정격용량에 따라 [표 2]와 같아야 한다. 이때 배기가스온도의 측정위치는 보일러 전열면의 최종출구로 하며 폐열회수장치가 있는 보일러는 그 출구로 한다.

[표 2] 배기가스 온도차

보일러 용량[t/h]	배기가스 온도차(K)[℃]
5 이하	300 이하
5 초과 20 이하	250 이하
20 초과	210 이하

① 보일러용량이 MW(kcal/h)로 표시되었을 때에는 0.697MW(600,000kcal/h)를 1t/h 환산한다.
② 주위 온도는 보일러에 최초로 투입되는 연소용 공기 투입위치의 주위 온도로 하며 위치가 실내일 경우는 실내온도, 실외일 경우는 외기온도로 한다.
(2) 열매체 보일러의 배기가스 온도는 출구열매체 온도와의 차이가 150K[℃] 이하이어야 한다.

3) 외벽의 온도

보일러의 외벽온도는 주위온도보다 30K[℃]를 초과하여서는 안된다.

8 저수위안전장치

(1) 저수위안전장치는 연료차단 전에 경보가 울려야 하며, 경보음은 70dB 이상이어야 한다.
(2) 온수발생보일러(액상식 열매체 보일러 포함)의 온도-연소제어장치는 최고사용온도 이내에서 연료가 차단되어야 한다.

06. 설치검사기준 및 계속 사용 검사 기준

1 설치검사기준

1. 검사의 준비

(1) 기기조종자는 입회하여야 한다.
(2) 보일러를 운전할 수 있도록 준비한다.
(3) 정전, 단수, 화재, 천재지변 등 부득이한 사정으로 검사를 실시할 수 없을 경우에는 재신청 없이 다시 검사를 하여야 한다.

2. 검사

(1) 수압시험 및 가스누설시험, 성능시험

가. 수압시험압력
① 강철제 보일러
(a) 보일러의 최고사용압력이 0.43MPa [4.3kg$_f$/cm^2] 이하일 때에는 그 최고사용압력의 2배의 압력으로 한다. 다만, 그 시험압력이 0.2MPa[2kg$_f$/cm^2]미만인 경우에는 0.2MPa[2kg$_f$/cm^2]로 한다.
(b) 보일러의 최고 사용압력이 0.43MPa [4.3kg$_f$/cm^2] 초과 1.5MPa{15kg$_f$/cm^2} 이하일 때에는 그 최고사용압력의 1.3배에 0.3MPa[3kg$_f$/cm^2]를 더한 압력으로 한다.
(c) 보일러의 최고사용압력이 1.5MPa[15kg$_f$/cm^2]를 초과할 때에는 그 최고사용압력의 1.5배의 압력으로 한다.

······ 예·상·문·제·35

강철제보일러의 최고사용압력이 0.43MPa를 초과 1.5MPa 이하일 때 수압시험 압력 기준으로 옳은 것은?

① 0.2MPa로 한다.
② 최고사용압력의 1.3배에 0.3MPa를 더한 압력으로 한다.
③ 최고사용압력의 1.5배로 한다.
④ 최고사용압력의 2배에 0.5MPa를 더한 압력으로 한다.

정답 ②

해설 • 강철제 보일러 수압시험
① 보일러의 최고사용압력이 0.43MPa 이하일 때에는 그 최고사용압력의 2배
② 보일러의 최고사용압력이 0.43MPa 초과 1.5MPa 이하일 때에는 그 최고사용압력의 1.3배에 0.3MPa를 더한 압력
③ 보일러의 최고사용압력이 1.5MPa를 초과할 때에는 그 최고사용압력의 1.5배

② 주철제보일러
(a) 보일러의 최고사용압력이 0.43MPa [15kg$_f$/cm^2] 이하일 때는 그 최고사용압력의 2배의 압력으로 한다. 다만, 시험압력이 0.2MPa[15kg$_f$/cm^2] 미만인 경우에는 0.2MPa[15kg$_f$/cm^2]로 한다.
(b) 보일러의 최고사용압력이 0.43MPa [15kg$_f$/cm^2]를 초과할 때는 그 최고사용압력의 1.3배에 0.3MPa[15kg$_f$/cm^2]을 더한 압력으로 한다.

.........................예·상·문·제·36

열사용기자재 검사기준에 따라 수압시험을 할 때 강철제보일러의 최고사용압력이 0.43MPa를 초과, 1.5MPa 이하인 보일러의 수압시험 압력은?

① 최고 사용압력의 2배 + 0.1MPa
② 최고 사용압력의 1.5배 + 0.2MPa
③ 최고 사용압력의 1.3배 + 0.3MPa
④ 최고 사용압력의 2.5배 + 0.5MPa

정답 ③

해설 최고 사용압력이 0.43MPa를 초과 1.5MPa 이하인 보일러의 수압시험 압력
• 최고 사용압력의 1.3배 + 0.3MPa의 압력으로 한다.

나. 수압시험 방법

(1) 공기를 빼고 물을 채운 후 천천히 압력을 가하여 규정된 시험 수압에 도달된 후 30분이 경과된 뒤에 검사를 실시하여 검사가 끝날때까지 그 상태를 유지한다.
(2) 시험수압은 규정된 압력의 6% 이상을 초과하지 않도록 모든 경우에 대한 적절한 제어를 마련하여야 한다.
(3) 수압시험 중 또는 시험 후에도 물이 얼지 않도록 하여야 한다.

.........................예·상·문·제·37

보일러 수압시험시의 시험수압은 규정된 압력의 몇 % 이상을 초과하지 않도록 해야 하는가?

① 3%   ② 4%
③ 5%   ④ 6%

정답 ④

해설 수압시험 시 시험수압은 규정된 압력의 6%를 초과하지 않도록 한다.

다. 가스누설시험 방법

(1) 내부 누설시험
차압누설감지기에 대하여 누설확인 작동시험 또는 자기압력기록계 등으로 누설유무를 확인한다. 자기압력기록계로 시험할 경우에는 밸브를 잠그고 압력발생기구를 사용하여 천천히 공기 또는 불활성 가스 등으로 최고사용압력의 1.1배 또는 840mmH₂O 중 높은 압력 이상으로 가압한 후 24분 이상 유지하여 압력의 변동을 측정한다.

(2) 외부 누설시험
보일러 운전 중에 비눗물시험 또는 가스누설검사기로 배관접속부위 및 밸브류 등의 누설유무를 확인한다.

라. 유류보일러로서 증기보일러 이외의 보일러(배기가스온도차)

유류보일러로서 증기보일러 이외의 보일러는 배기가스 중의 CO_2 용적이 중유의 경우 11.3% 이상, 경유 및 보일러 등유의 경우 9.5% 이상이어야 하며 출구에서의 배기가스온도와 주위온도와의 차는 [표 3]을 만족하여야 한다. 다만, 열매체보일러는 출구 열매유온도와 차가 150K[℃] 이하이어야 한다.

[표 3] 배기가스 온도차

보일러 용량[t/h]	배기가스 온도차(K)[℃]
5 이하	315 이하
5 초과 20 이하	275 이하
20 초과	235 이하

비고 1. 폐열회수장비가 있는 보일러는 그 출구에서 배기가스온도를 측정한다.
2. 보일러용량이 MW(kcal/h)로 표시되었을 때에는 0.6978 MW(600,000kcal/h)를 1t/h로 환산한다.
3. 주위온도는 보일러에 최초로 투입되는 연소용공기 투입 위치의 주위 온도로 하며, 투입 위치가 실내일 경우는 실내온도, 실외일 경우는 실외온도로 한다.

마. 보일러의 성능시험방법

(1) 증기건도는 다음에 따르되 실측이 가능한 경우 실측치에 따른다.
• 강철제 보일러 : 0.98
• 주철제 보일러 : 0.97

(2) 측정은 10분마다 실시한다.(60분 이상을 한다.)
(3) 수위는 최초 측정 시와 최종측정 시가 일치하여야 한다.
(4) 측정기록 및 계산양식은 검사기관에서 따로 정할 수 있으며, 이 계산에 필요한 증기의 물성치, 물의 비중, 연료별 이론공기량, 이론배기가스량, CO_2 최대치 및 중유의 용적 보정계수 등은 검사기관에서 지정한 것을 사용한다.

················· 예·상·문·제·38

보일러 열정산 시 증기의 건도는 몇 % 이상에서 시험함을 원칙으로 하는가?

① 96% ② 97%
③ 98% ④ 99%

정답 ③

해설 열정산 시 증기의 건도는 강철제 보일러 0.98(98%), 주철제 보일러 0.97(97%)로 한다.

07 에너지이용합리화법

1 목적

(1) 에너지의 수급안정을 기한다.
(2) 에너지의 합리적이고, 효율적인 이용 증진한다.
(3) 에너지 소비로 인한 환경피해를 줄인다.
(4) 국민경제의 건전한 발전에 이바지한다.

················· 예·상·문·제·39

에너지이용합리화법의 목적이 아닌 것은?

① 에너지의 수급안정을 기함
② 에너지의 합리적이고 비효율적인 이용을 증진함
③ 에너지소비로 인한 환경피해를 줄임
④ 지구온난화의 최소화에 이바지함

정답 ②

해설 • 에너지이용합리화법의 목적
① 에너지의 수급안정을 기함
② 에너지소비로 인한 환경 피해 최소화
③ 지구온난화의 최소화 이바지 함
④ 에너지정책 및 에너지 관련 계획의 수립·시행

2 정의

(1) **에너지** : 연료, 열, 전기
(2) **연료** : 원유, 석유제품, 천연가스(액화한 것 포함), 석탄, 석탄제품(코크스 포함), 기타 열을 발생하는 열원(핵연료「우라늄」제외). 다만, 제품의 원료로 사용되는 것은 제외(제트유 제외)
(3) **에너지사용시설** : 에너지를 사용하는 공장, 사업장, 기타의 시설과 에너지를 전환하여 사용하는 시설
(4) **에너지사용자** : 에너지사용시설의 소유자 또는 관리자
(5) **에너지사용 기자재** : 열사용 기자재와 기타의 에너지를 사용하는 기자재
(6) **열사용 기자재** : 연료 및 열을 사용하는 기기, 축열식 전기기기와 단열성 자재로서 지식경제부령이 정한 것
(7) **에너지공급설비** : 에너지를 생산·전환·수송·저장하기 위한 설비
(8) **에너지공급자** : 에너지를 생산·전환·수송·저장·수입·판매하는 사업자
(9) **온실가스** : 적외선 복사열을 흡수하거나 재방출하여 온실효과를 유발하는 대기 중의 가스상태의 물질로서 이산화탄소(CO_2)·메탄(CH_4)·아산화질소(N_2O)·수소불화탄소(HFCs)·과불화탄소(PFCs) 또는 육불화황(SF_6)을 말한다.

※ 저탄소 녹색성장 기본법령상 관리업체는 해당 연도 온실가스 배출량 및 에너지 소비량에 관한 명세서를 작성하고 이에 대한 검증기관이 검증결과를 부문별 관장기관에게 전자적 방식으로 다음 연도 3월 31일까지 제출

9. ① 10. ① 11. ② 12. ④ 13. ④

3 수급안정을 위한 조치 : 산업통상자원부장관

대통령령이 정하는 주요 에너지사용자와 에너지공급자에게 에너지저장시설을 보유하고 에너지를 저장하도록 의무를 부과한다.(위반 시 2년 이하 징역, 2천만 원 이하 벌금형)

4 에너지저장의무 부과대상자

에너지저장의무를 부과할 수 있는 대상자 (산업통상자원부장관)
① 전기사업법에 의한 전기사업자
② 석유사업법에 의한 석유정제업자 및 석유수출·입업자
③ 도시가스사업법에 의한 도시가스사업자
④ 석탄산업법에 의한 석탄가공업자
⑤ 집단에너지사업법에 의한 집단에너지사업자
⑥ 연간 2만 석유 환산톤 이상의 에너지를 사용하는 자

······ 예·상·문·제·40

에너지이용합리화법 시행령상 에너지 저장의무 부과대상자에 해당되는 자는?

① 연간 2만 석유환산톤 이상의 에너지를 사용하는 자
② 연간 1만 5천 석유환산톤 이상의 에너지를 사용하는 자
③ 연간 1만 석유환산톤 이상의 에너지를 사용하는 자
④ 연간 5천 석유환산톤 이상의 에너지를 사용하는 자

정답 ①

해설 연간 2만 석유환산톤 이상의 에너지를 사용하는 자는 에너지 저장의무 부과 대상자에 해당된다.

5 에너지수급안정을 위한 조치를 하고자 할 때에는 그 사유기간 및 대상자 등을 정하여 그 조치 예정일 7일 이전에 예고

6 에너지사용의 제한 또는 금지사항

(1) 에너지사용시설 및 에너지사용기자재에 사용할 에너지의 지정 및 사용에너지의 전환
(2) 위생접객업소 기타 에너지사용시설의 에너지 사용의 제한
(3) 차량 등 에너지사용기자재의 사용제한
(4) 에너지사용의 시기 및 방법의 제한
(5) 특정지역에 대한 에너지사용의 제한

7 기본계획

산업통상자원부장관이 매 5년마다 수립하며 기본계획은 다음과 같다.
(1) 에너지절약형 경제 구조로의 전환
(2) 에너지이용효율의 증대
(3) 에너지이용합리화를 위한 기술개발
(4) 에너지이용합리화를 위한 홍보 및 교육
(5) 에너지의 대체 계획
(6) 열사용기자재의 안전관리
(7) 에너지이용합리화를 위한 가격 예시제의 시행에 관한 사항
(8) 에너지의 이용을 통한 이산화탄소의 배출감소 대책
(9) 기타 에너지이용합리화의 추진에 필요한 사항

산업통상자원부장관은 대통령령에 의한 에너지 총조사를 통계법에 따라 3년마다 실시하며, 필요하다고 인정할 때에는 수시로 간이 조사를 실시할 수 있다.

······ 예·상·문·제·41

에너지이용합리화법 5년마다 수립해야 하는 기본계획 수립사항이 아닌 것은?

① 에너지절약형 경제구조의 전환
② 에너지 이용효율증대
③ 에너지 대체 계획
④ 에너지 사용 증대 계획

정답 ④

해설 에너지 이용효율증대 및 에너지의 대체 계획

8 에너지이용합리화 실시계획

관계행정기관의 장과 시·도지사는 실시계획을 매년 수립하여야 하며, 그 계획을 당해 연도 1월 31일까지, 그 시행결과를 다음 연도 2월말까지 각각 산업통상자원부장관에게 제출하여야 한다.

9 에너지이용합리화계획 협의

(1) 국가기관, 지방자치단체 또는 정부투자기관은 에너지수급에 미치게 될 영향의 분석, 에너지의 합리적인 사용 및 그 평가에 관한 계획을 수립하여 시설의 설치 전에 산업통상자원부장관에게 협의를 요청하여야 하는 사업
  1) 공공사업주관자 : 국가기관 · 지방자치단체 · 정부투자기관 · 정부출자기관 및 공공
     ① 연간 2,500[TOE] 이상의 연료 및 열을 사용하는 시설
     ② 연간 1,000만[Kwh] 이상의 전력을 사용하는 시설
  2) 민간사업주관자 : 공공사업주관자 이외의 자로서 공장 · 사업장 등에서 에너지를 사용하는 사업을 실시하거나 시설을 설치하고자 하는 자
     ① 연간 5,000[TOE] 이상의 연료 및 열을 사용하는 시설
     ② 연간 2,000만[Kwh] 이상의 전력을 사용하는 시설의 협의대상 사업

················· 예·상·문·제·42

에너지이용 합리화법에 따라 에너지사용계획을 수립하여 산업통상자원부장관에게 제출하여야 하는 민간사업주관자의 시설규모로 맞는 것은?

① 연간 2500 티오이 이상의 연료 및 열을 사용하는 시설
② 연간 5000 티오이 이상의 연료 및 열을 사용하는 시설
③ 연간 1천만 킬로와트 이상의 전력을 사용하는 시설
④ 연간 500만 킬로와트 이상의 전력을 사용하는 시설

9. ① 10. ① 11. ② 12. ④ 13. ④

정답 ②

해설
- 에너지사용계획 수립 – 산업통상자원부장관 제출
  1) 공공사업주관자 : 국가기관·지방자치단체 ·정부투자기관·정부출자기관 및 공공
     ① 연간 2,500[TOE] 이상의 연료 및 열을 사용하는 시설
     ② 연간 1,000만[Kwh] 이상의 전력을 사용하는 시설
  2) 민간사업주관자 : 공공사업주관자 이외의 자로서 공장 · 사업장 등에서 에너지를 사용하는 사업을 실시하거나 시설을 설치하고자 하는 자
     ① 연간 5,000[TOE] 이상의 연료 및 열을 사용하는 시설
     ② 연간 2,000만[Kwh] 이상의 전력을 사용하는 시설의 협의대상 사업

★ 에너지이용합리화 계획협의 대상자
  ① 도시개발사업
  ② 산업단지 개발사업
  ③ 에너지개발사업
  ④ 항만건설사업
  ⑤ 철도건설사업
  ⑥ 공항건설사업
  ⑦ 관광단지개발사업
  ⑧ 개발촉진지구개발사업 또는 지역종합개발사업

"산업통상자원부장관은 에너지사용계획의 협의 요청을 받은 날부터 40일 이내에 협의결과를 사업주관자에게 통보하여야 한다. 다만, 산업통상자원부장관은 필요하다고 인정할 때에는 20일의 범위 내에서 이를 연장할 수 있다."

★ 에너지사용 기준량
연료 및 열 전력의 연간사용량의 합계가 2,000 [TOE] 이상인 자

★ 에너지사용계획에 포함되어야 할 사항
  ① 사업의 개요
  ② 에너지수요예측 및 공급계획
  ③ 에너지의 소비로 인한 이산화탄소의 배출에 미치게 될 영향분석

SECTION 03 보일러설치·시공 기준 및 관계법규

④ 에너지이용의 합리화를 통한 이산화탄소의 배출 감소방안
⑤ 에너지이용효율 향상방안
⑥ 에너지사후관리계획
⑦ 기타 산업통상자원부장관이 정하는 사항

★에너지사용계획 수립 대행자의 지정 : 산업통상자원부장관

TIP
에너지다소비사업자에게 개선명령을 하는 경우는 에너지관리지도 결과 10% 이상의 에너지 효율 개선이 기대되고 효율개선을 위한 투자의 경제성이 인정되는 경우

················· 예·상·문·제·43

에너지이용합리화법에 따라 에너지다소비사업자에게 개선명령을 하는 경우는 에너지관리지도 결과 몇 % 이상의 에너지 효율개선이 기대되고 효율개선을 위한 투자의 경제성이 인정되는 경우인가?

① 5%   ② 10%   ③ 15%   ④ 20%

정답 ②

해설 에너지다소비사업자에게 개선명령을 하는 경우는 에너지관리지도 결과 10% 이상의 에너지 효율 개선이 기대되고 효율개선을 위한 투자의 경제성이 인정되는 경우

TIP
신·재생에너지 일반심사기준
① 신·재생에너지 설비의 제조 및 생산 능력의 적정성
② 신·재생에너지 설비의 품질 유지·관리능력의 적정성
③ 신·재생에너지 설비의 사후관리의 적정성

················· 예·상·문·제·44

신·재생에너지 설비인증 심사기준을 일반 심사기준과 설비 심사기준으로 나눌 때 다음 중 일반 심사 기준에 해당되지 않는 것은?

① 신·재생에너지 설비의 제조 및 생산능력의 적정성
② 신·재생에너지 설비의 품질유지·관리능력의 적정성
③ 신·재생에너지 설비의 에너지효율의 적정성
④ 신·재생에너지 설비의 시후관리의 적정성

정답 ③

해설 • 신·재생에너지 일반심사기준
① 신·재생에너지 설비의 제조 및 생산 능력의 적정성
② 신·재생에너지 설비의 품질 유지·관리 능력의 적정성
③ 신·재생에너지 설비의 사후관리의 적정성

TIP
신·재생에너지 설비의 인증 심사기준 항목
① 국제 또는 국내의 성능 및 규격에의 적합성
② 설비의 효율성
③ 설비의 내구성 등

················· 예·상·문·제·45

다음 ( ) 안의 A, B에 각각 들어갈 용어로 옳은 것은?

에너지이용 합리화법은 에너지의 수급을 안정시키고 에너지의 합리적이고 효율적인 이용을 증진하며 에너지소비로 인한 (A)을(를) 줄임으로써 국민경제의 건전한 발전 및 국민복지의 증진과 (B)의 최소화에 이바지함을 목적으로 한다.

① A : 환경파괴, B : 온실가스
② A : 자연파괴, B : 환경피해
③ A : 환경파괴, B : 지구온난화
④ A : 온실가스배출, B : 환경파괴

정답 ③

해설 에너지이용 합리화법은 에너지의 수급을 안정시키고 에너지의 합리적이고 효율적인 이용을 증진하며 에너지소비로 인한 환경피해를 줄임으로써 국민 경제의 건전한 발전 및 국민복지의 증진과 지구온난화의 최소화에 이바지함을 목적으로 한다.

TIP
신·재생에너지
① 태양에너지   ② 풍력에너지
③ 수력에너지   ④ 지열에너지
⑤ 수소에너지 등

9. ①　10. ①　11. ②　12. ④　13. ④

········· 예·상·문·제·46

신에너지 및 재생에너지 개발·이용·보급 촉진법에서 규정하는 신에너지 또는 재생에너지에 해당되지 않는 것은?

① 태양에너지　　② 풍력
③ 수소에너지　　④ 원자력에너지

정답 ④

해설 • 신·재생에너지
　① 태양에너지　② 풍력에너지
　③ 수력에너지　④ 지열에너지
　⑤ 수소에너지 등

TIP
에너지절약전문기업이란?
제3자로부터 위탁을 받아 에너지사용시설의 에너지절약을 위한 관리·용역 사업을 하는 자로서 산업통상자원부장관에게 등록을 한 자를 지칭하는 기업을 말한다.

★ **이행계획에 포함될 사항**
① 에너지사용계획의 조정 또는 보완의 조치내용
② 이행주체
③ 이행방법
④ 이행시기

★ **자발적 협약체결의기업 지원**
정부는 에너지사용자 또는 에너지공급자로서 에너지의 절약 및 합리적인 이용을 통한 온실가스의 배출을 줄이기 위한 목표와 그 이행방법 등에 관한 계획을 자발적으로 수립하여 이를 이행하기로 정부 또는 지방자치단체와 약속(자발적 협약)한 자가 에너지절약형 시설 기타 대통령령이 정하는 시설 등에 투자하는 경우에는 그에 필요한 지원을 할 수 있다.
"자발적 협약의 목표, 이행 방법의 기준 및 평가에 관하여 필요한 사항은 환경부장관과 협의하여 지식경제부령으로 정한다."

10 자발적 협약의 이행확인

에너지사용자가 수립하는 계획에 포함될 사항

① 기준 연도의 에너지 소비현황
② 에너지를 사용하여 만드는 제품·부가가치 등의 단위당 에너지이용 효율향상목표 또는 이산화탄소 배출감소목표 및 이행방법
③ 에너지관리체제 및 관리방법
④ 효율향상목표 등의 이행을 위한 투자계획
⑤ 기타 효율향상목표 등을 이행하기 위하여 필요한 사항

★ **온실가스배출 감축 실적의 등록 및 관리**
① 정부는 자발적 협약체결기업, 에너지절약전문기업 등이 에너지이용합리화를 통한 온실가스배출의 감축실적의 등록을 신청하는 경우 그 감축실적을 등록·관리하여야 한다.
② 신청, 등록·관리 등에 관하여 필요한 사항은 대통령령으로 정한다.

★ **효율관리기자재**
① 전기냉장고
② 전기냉방기(전기세탁기)
③ 자동차
④ 조명기기
⑤ 발전설비 등 에너지공급설비
⑥ 기타 산업통상자원부장관이 그 효율향상이 특히 필요하다고 인정하는 기자재 및 설비

········· 예·상·문·제·47

에너지이용 합리화법상 효율관리기자재에 해당하지 않는 것은?

① 전기냉장고　　② 전기냉방기
③ 자동차　　　　④ 범용선반

정답 ④

해설 • 효율관리기자재
① 전기냉장고
② 전기냉방기(전기세탁기)
③ 자동차
④ 조명기기
⑤ 발전설비 등 에너지공급설비
⑥ 기타 산업통상자원부장관이 그 효율향상이 특히 필요하다고 인정하는 기자재 및 설비

9. ①　10. ①　11. ②　12. ④　13. ④

★ 효율관리 기자재의 제조업자, 수입업자, 판매업자는 지식경제부령이 정하는 광고매체를 이용하여 광고하는 경우 소비효율 또는 사용량과 효율적 사용방법이 포함되도록 할 것

······················· 예·상·문·제·48

에너지이용 합리화법에 따라 산업통상자원부령으로 정하는 광고매체를 이용하여 효율관리기자재의 광고를 하는 경우에는 그 광고 내용에 에너지소비효율, 에너지소비효율등급을 포함시켜야 할 의무가 있는 자가 아닌 것은?

① 효율관리기자재 제조업자
② 효율관리기자재 광고업자
③ 효율관리기자재 수입업자
④ 효율관리기자재 판매업자

정답 ②

해설 효율관리기자재의 광고를 하는 경우 에너지소비효율, 에너지소비효율 등급을 포함시켜야 할 의무가 있는 자는 제조업자, 수입업자, 판매업자이다.

★ 소비효율 및 사용량 표시를 위반한 제조업자, 수입업자 또는 판매업자가 있는 경우 그 사실을 공표 : 시·도지사에게 위임

★ 효율관리기자재의 광고매체 : 정기간행물의 등록 등에 관한 법률규정에 의하여 등록한 정기간행물 중 광고의 규격 등을 고려하여 산업통상자원부장관이 정하는 것

★ 금융, 세제상의 지원
정부는 에너지이용합리화를 촉진하기 위하여 대통령령이 정하는 에너지절약형 시설투자 및 기자재의 제조, 설치, 시공 및 기타 합리화에 관한 사업에 대하여 금융세제상의 지원 또는 보조금의 지급 기타 필요한 행정상의 지원을 할 수 있다. (에너지원의 연구개발, 에너지이용합리화 기술개발, 기술용역, 기술지도 등)

11 위임 및 위탁사항

(1) 산업통상자원부장관이 시·도지사에게 위임한 사항

① 에너지사용신고의 접수
② 특정열사용기자재 설치, 시공 기록 및 배관도면 등 기록의 작성 및 보존에 대한 감독·확인
③ 시공업 등록의 말소 또는 시공업의 전부 또는 일부의 정지 요청
④ 열사용기자재의 제조업자·수입업자·판매업자·시공업자 및 검사 대상기기 설치자에 대한 보고의 명령 및 검사의 실시
⑤ 검사대상기기의 조종자 선임, 해임, 퇴직 신고 위반자의 과태료 부과·징수
⑥ 검사대상기기 설치, 증설, 개조, 개체, 설치 장소 변경자의 검사

(2) 산업통상자원부장관 또는 시·도지사가 공단 이사장에게 위탁한 사항

① 효율 관리 기자재에 대한 측정 결과 통보의 접수
② 에너지의 소비 효율 등급 기준 및 등급 표시
③ 검사대상 기기 검사
④ 에너지절약 전문 기업의 등록
⑤ 검사대상기기 검사증의 교부 및 검사의 연기
⑥ 검사대상기기 조종자의 선임·해임 또는 퇴직 신고

(3) 시·도지사의 권한을 시공업자 단체에 위탁사항

특정 열사용기자계의 설치, 시공 확인대상기기의 설치, 시공 확인

12 벌칙

(1) 2년 이하의 징역 또는 2천만원 이하의 벌금

1) 에너지저장시설의 보유 또는 저장 의무의 부과 시 정당한 이유 없이 이를 거부하거나 이행하지 아니한 자

2) 국내외 에너지사정의 변동에 따른 에너지수급계획의 조정·명령 등의 조치에 위반한 자

(2) 2천만원 이하의 벌금

효율 기준기자재의 생산 또는 판매 금지 명령에 위반한 자

(3) 1년 이하 징역 또는 천만원 이하의 벌금

1) 검사대상기기의 제조, 설치, 증설, 개조, 개체, 설치장소 변경 검사를 받지 아니한 자
2) 검사대상기기의 사용 정지 명령에 위반한 자

(4) 천만원 이하의 벌금

1) 검사대상기기 조종자를 선임하지 아니한 자
2) 소속공무원, 공단의 검사를 거부, 방해, 기피한 자

(5) 500만원 이하의 벌금

1) 효율관리 기자재의 에너지의 소비효율 또는 사용량 및 소비효율 등급 등을 표시하지 아니하거나 허위의 표시를 한 자
2) 효율관리 기자재에 대한 에너지의 소비효율, 사용량 및 소비효율 등급 등을 측정받지 아니한 제조업자, 수입업자
3) 에너지소비효율 또는 사용량의 측정방법 등의 광고 내용이 포함되지 아니한 광고를 한 자

(6) 양벌규정

법인의 대표자 또는 법인이나 개인의 대리인, 사용인, 기타 종업원이 그 법인 또는 개인의 업무에 관하여 행위자를 벌하는 외에 그 법인 또는 개인에 대하여도 각 해당 벌금형을 과한다.

(7) 과태료

1) 2,000만원 이하의 과태료
 에너지다소비업자가 에너지진단전문기관으로부터 에너지의 효율적인 사용여부진단을 받지 않을 때
2) 1,000만원 이하의 과태료
① 에너지사용 계획협의 제출. 협의 또는 변경협의를 요청하지 아니한 자
 (국가, 지방자치단체인 사업주관자는 제외)
② 에너지다소비사업자가 에너지손실요인의 개선 명령을 정당한 사유없이 이행하지 아니할 때
3) 300만원 이하의 과태료
① 에너지사용의 제한 또는 금지에 관한 조정·명령 기타 필요한 조치에 위반한 자
② 에너지사용계획의 검토에 필요한 조치의 요청을 정당한 이유없이 거부하거나 이행하지 아니한 공공사업주관자
③ 에너지사용계획의 검토자료의 제출요청을 정당한 이유없이 거부한 사업주관자
④ 에너지사용계획의 사후관리 이행여부에 대한점검 또는 실태파악을 정당한 이유없이 거부·방해 또는 기피한 사업주관자
⑤ 수요관리투자계획 및 시행결과를 제출하지 아니한 자
⑥ 수요관리투자계획을 수정·보완하여 시행하지 아니한 자
⑦ 에너지관리공단 또는 이와 유사한 명칭을 사용한 자
⑧ 교육을 받지 아니한 자

9. ① 10. ① 11. ② 12. ④ 13. ④

[시공업의 시설과 기술능력기준]

업 종	기술능력	업무내용
제1종 난방시공업	국가기술자격법에 의한 관련종목의 기술자격취득자 또는 전문대학 이상에서 공학계열학과를 졸업한 자 중 2인 이상	• 강철제 보일러 • 주철제 보일러 • 온수 보일러 • 구멍탄용 온수 보일러 • 축열식 전기 보일러 • 태양열집열기 • 1·2종압력용기의 실치와 이에 부대되는 배관·세관 공사 • 공사예정금액 1천만원 이하의 온돌 설치공사
제2종 난방시공업	제1종의 기술능력 자격자 중 1인 이상	• 태양열집열기 • 용량 5만[kcal/h] 이하의 온수 보일러 • 구멍탄용 온수 보일러의 설치 및 이에 부대되는 배관·세관공사 • 공사예정금액 1천만원 이하의 온돌 설치공사
제3종 난방시공업	국가기술자격법에 의한 세라믹기사·에너지관리기사·금속기사·기계분야기사·기계분야기능장 또는 금속분야기능장 이상의 기술자 중 1인 이상	• 요업요로 • 금속요로의 설치공사

※ 소형온수보일러의 적용범위
　　전열면적 14m² 이하이며, 최고사용압력이 0.35MPa 이하의 온수를 발생하는 보일러

[별표 6]

검특정 열사용기자재 및 설치·시공범위 (제17조 관련)

구 분	품목명	설치·시공범위
기 관	강철제 보일러 주철제 보일러 온수 보일러 구멍탄용 온수 보일러 축열식 전기 보일러 태양열 집열기	당해 기기의 설치·배관 및 세관
압력용기	1종 압력용기 2종 압력용기	당해 기기의 설치·배관 및 세관
요업요로	연속식 유리용융가마 불연속식 유리용융가마 유리용융도가니가마 터널 가마 도염식각가마 셔틀 가마 회전가마 석회용선가마	당해 기기의 설치를 위한 시공
금속요로	용선로 비철금속용융로 금속소둔로 철금속가열로 금속균열로	당해 기기의 설치를 위한 시공

9. ① 　10. ① 　11. ② 　12. ④ 　13. ④

[별표 7]

검사대상기기(제31조 관련)

구 분	검사대상기기명	적용범위
보일러	강철제 보일러 주철제 보일러	다음 각호의 1에 해당하는 것을 제외한다. 1. 최고사용압력이 0.1MPa 이하이고, 동체의 안지름이 300mm 이하이며, 길이가 600mm 이하인 것 2. 최고사용압력이 0.1MPa 이하이고, 전열면적이 $5m^2$ 이하인 것 3. 2종 관류 보일러 4. 온수를 발생시키는 보일러로서 대기 개방형인 것
	소형 온수 보일러	가스를 사용하는 것으로서 가스사용량이 17kg/h(도시가스는 232.6kW)를 초과하는 것
압력용기	1종압력용기 2종압력용기	별표 1의 규정에 의한 압력용기의 적용범위에 의한다.
요 로	철금속가열로	정격용량이 0.58MW를 초과하는 것

[별표 8]

검사의 종류 및 적용대상(제32조 관련)

검사의 종류		적용대상
제조 검사	용접검사	동체·경판 및 이와 유사한 부분을 용접으로 제조하는 경우의 검사
	구조검사	강판·관 또는 주물류를 용접·확대·조립·주조 등에 의하여 제조하는 경우의 검사
설치검사		신설한 경우의 검사(사용연료의 변경에 의하여 검사대상이 아닌 보일러가 검사대상으로 되는 경우의 검사를 포함한다)
개조검사		다음 각호의 1에 해당하는 경우의 검사 1. 증기 보일러를 온수 보일러로 개조하는 경우 2. 보일러 섹션의 증감에 의하여 용량을 변경하는 경우 3. 동체·돔·노통·연소실·경판·천정판·관판·관모음 또는 스테이의 변경으로서 산업통상자원부장관이 정하여 고시하는 수리의 경우 4. 연료 또는 연소방법을 변경하는 경우 5. 철금속가열로로서 산업통상자원부장관이 정하여 고시하는 경우의 수리
설치장소변경검사		설치장소를 변경한 경우의 검사. 다만, 이동식 검사대상기기를 제외한다.
계속 사용 검사	안전검사	설치검사·개조검사·설치장소 변경검사 또는 재사용검사 후 안전부문에 대한 유효기간을 연장하고자 하는 경우의 검사
	운전성능 검사	다음 각호의 1에 해당하는 기기에 대한 검사로서 설치검사 후 운전성능부문에 대한 유효기간을 연장하고자 하는 경우의 검사 1. 용량이 1t/h(난방용의 경우에는 5t/h) 이상인 강철제 보일러 및 주철제 보일러 2. 철금속가열로
	재사용검사	사용중지 후 재사용하고자 하는 경우의 검사

9. ①   10. ①   11. ②   12. ④   13. ④

[별표 9]
검사의 유효기간(제33조 제1항 관련)

검사의 종류		검 사 유 효 기 간
설치 검사		1. 보일러 : 1년. 다만, 운전성능부문의 경우에는 3년 1월로 한다. 2. 압력용기 및 철금속가열로 : 2년
개조 검사		1. 보일러 : 1년 2. 압력용기 및 철금속가열로 : 2년
설치장소변경검사		1. 보일러 : 1년 2. 압력용기 및 철금속가열로 : 2년
계속 사용 검사	안전검사	1. 보일러 : 1년 2. 압력용기 : 2년
	운전성능검사	1. 보일러 : 1년 2. 철금속가열로 : 2년
	재사용검사	1. 보일러 : 1년 2. 압력용기 및 철금속가열로 : 2년

[별표 11]
검사대상기기조종자의 자격 및 조종범위(제47조 제1항 관련)

조종 범위	조정자의 자격
보일러용량 30t/h 초과	에너지관리기능장, 에너지관리기사
보일러용량 10~30t/h	에너지관리산업기사, 에너지관리기능장, 에너지관리기사
보일러용량 10t/h 이하	에너지관리기능사, 에너지관리산업기사, 에너지관리기능장, 에너지관리기사

에너지이용합리화법에 따라 검사대상기기의 용량이 15t/h인 보일러일 경우 조종자의 자격 기준으로 가장 옳은 것은?

① 에너지관리기능장 자격 소지자만 가능하다.
② 에너지관리기능장, 에너지관리기사 자격 소지자만 가능하다.
③ 에너지관리기능장, 에너지관리기사, 에너지관리산업기사 자격 소지자만 가능하다.
④ 에너지관리기능장, 에너지관리기사, 에너지관리산업기사, 에너지관리기능사 자격 소지자만 가능하다.

정답 ③

해설 • 검사대상기기 용량별 자격 선임 기준
　　가) 용량 10t/h 이하 : 에너지관리기능사, 에너지관리기능장, 에너지관리산업기사, 에너지관리기사
　　나) 용량 10~30t/h : 에너지관리기능장, 에너지관리산업기사, 에너지관리기사
　　다) 용량 30t/h 초과 : 에너지관리기능장, 에너지관리기사

9. ①   10. ①   11. ②   12. ④   13. ④

PART 02 기출문제

2014년
제1회 1월 26일 시행
제2회 4월   6일 시행
제4회 7월 20일 시행
제5회 10월 12일 시행

2015년
제1회 1월 25일 시행
제2회 4월   4일 시행
제4회 7월 19일 시행
제5회 10월 10일 시행

2016년
제1회 1월 25일 시행
제2회 4월   4일 시행
제4회 7월 10일 시행

2014년 제1회 에너지관리기능사 필기

2014년 1월 26일 시행

01 절대온도 360K를 섭씨온도로 환산하면 약 몇 °C인가?

① 97℃ ② 87℃
③ 67℃ ④ 57℃

| 해설 | K=°C+273
∴ °C=K-273   °C=360-273=87℃

02 보일러의 제어장치 중 연소용 공기를 제어하는 설비는 자동제어에서 어디에 속하는가?

① F.W.C ② A.B.C
③ A.C.C ④ A.F.C

| 해설 | ① 자동연소제어(A.C.C : Automatic Combustion Control)
② 보일러자동제어(A.B.C : Automatic Boiler Control)
③ 증기온도제어(S.T.C : Steam Temperature Control)
④ 급수제어(F.W.C : Feed Water Control)

03 수관식 보일러에 대한 설명으로 틀린 것은?

① 고온, 고압에 적당하다.
② 용량에 비해 소요면적이 적으며 효율이 좋다.
③ 보유수량이 많아 파열 시 피해가 크고, 부하변동에 응하기 쉽다.
④ 급수의 순도가 나쁘면 스케일이 발생하기 쉽다.

| 해설 | 수관식 보일러의 특징
① 장점
  ㉠ 고온, 고압에 적당하다.
  ㉡ 효율이 대단히 높다.
  ㉢ 보유수량이 적어 파열 시 피해가 적다.
  ㉣ 외분식이여서 연소 상태도 양호하다.
② 단점
  ㉠ 급수처리가 까다롭다.
  ㉡ 보유수량이 적어 부하 변동에 응하기가 어렵다.
  ㉢ 구조가 복잡하여 청소, 검사, 수리에 불편하다.
  ㉣ 노벽으로의 방산손실이 많다.
  ㉤ 보유수량이 적어 부하 변동에 응하기가 어렵다.

04 기체연료의 발열량 단위로 옳은 것은?

① $kcal/m^3$ ② $kcal/cm^2$
③ $kcal/mm^2$ ④ $kcal/Nm^3$

| 해설 | 발열량 단위
① 기체($kcal/Nm^3$) ② 고체·액체($kcal/kg$)

05 제어계를 구성하는 요소 중 전송기의 종류에 해당되지 않는 것은?

① 전기식 전송기 ② 증기식 전송기
③ 유압식 전송기 ④ 공기압식 전송기

| 해설 | 신호전달방식(전송기의 종류)
① 전기식 전송기
② 유압식 전송기
③ 공기압식 전송기

| 정답 | 01. ② 02. ③ 03. ③ 04. ④ 05. ②

06 액체연료의 유압분무식 버너의 종류에 해당되지 않는 것은?

① 플런저형
② 외측 반환유형
③ 직접 분사형
④ 간접 분사형

| 해설 | 유압분무식 버너의 종류
① 비환류식 : 직접 분사형
② 환류식 : 외측 반환유형, 내측 반환유형
③ 플런저형

07 입형(직립) 보일러에 대한 설명으로 틀린 것은?

① 동체를 바로 세워 연소실을 그 하부에 둔 보일러이다.
② 전열면적을 넓게 할 수 있어 대용량에 적당하다.
③ 다관식은 전열면적을 보강하기 위하여 다수의 연관을 설치한 것이다.
④ 횡관식은 횡관의 설치로 전열면을 증가시킨다.

| 해설 | 입형(직립 : 코크란, 입형횡관, 입형연관) 보일러의 특징
① 설치장소를 작게 차지하고, 비교적 소용량에 적당하다.
② 다관식은 다수의 연관을 설치한 형태
③ 동체를 세워 연소실을 하부에 둔 형태
④ 효율이 비교적 낮고, 습증기 발생이 많다.
⑤ 횡관식은 횡관의 설치로 전열면을 증가시킨 것

08 공기예열기에 대한 설명으로 틀린 것은?

① 보일러의 열효율을 향상시킨다.
② 불완전 연소를 감소시킨다.
③ 배기가스의 열손실을 감소시킨다.
④ 통풍저항이 작아진다.

| 해설 | 공기예열기의 특징
① 열효율 향상
② 연소효율 증가
③ 열손실 감소
④ 통풍저항이 커진다.

09 보일러 1마력을 상당증발량으로 환산하면 약 얼마인가?

① 13.65kg/h
② 15.65kg/h
③ 18.65kg/h
④ 21.65kg/h

| 해설 | 보일러 1마력을 상당증발량으로 환산하면 15.65kg/h이다.

$$\therefore B-HP = \frac{상당증발량}{15.65}$$

10 다음 중 LPG의 주성분이 아닌 것은?

① 부탄
② 프로판
③ 프로필렌
④ 메탄

| 해설 | • 액화석유가스(LPG) 주성분 : 프로판, 부탄, 프로필렌
• 액화천연가스(LNG) 주성분 : 메탄

| 정답 | 06. ④ 07. ② 08. ④ 09. ② 10. ④

11 수면계의 기능시험의 시기에 대한 설명으로 틀린 것은?

① 가마울림 현상이 나타날 때
② 2개 수면계의 수위에 차이가 있을 때
③ 보일러를 가동하여 압력이 상승하기 시작했을 때
④ 프라이밍, 포밍 등이 생길 때

| 해설 | 수면계의 기능시험(점검) 시기
① 비수(플라이밍, 포밍) 발생 시
② 두 개의 수면계 수위가 서로 다를 때
③ 연락관에 이상이 발견된 때
④ 가동 전이나 가동하여 압력이 상승하기 시작했을 때
⑤ 수위가 보이지 않을 때
⑥ 수면계의 움직임이 둔하고, 수위가 의심스런 경우

12 특수보일러 중 간접가열 보일러에 해당되는 것은?

① 슈미트 보일러 ② 베녹스 보일러
③ 벤슨 보일러 ④ 코르니시 보일러

| 해설 | 간접가열 보일러 종류 : 슈미트, 레플러

13 오일 프리히터의 사용 목적이 아닌 것은?

① 연료의 점도를 높여 준다.
② 연료의 유동성을 증가시켜 준다.
③ 완전연소에 도움을 준다.
④ 분무상태를 양호하게 한다.

| 해설 | 오일 프리히터(중유가열기) 사용 목적
① 연료의 점도를 낮춘다.
② 연료의 유동성 증가
③ 분무상태를 양호
④ 완전연소용이

14 보일러의 안전 저수면에 대한 설명으로 적당한 것은?

① 보일러의 보안상, 운전 중에 보일러 전열면이 화염에 노출되는 최저 수면의 위치
② 보일러의 보안상, 운전 중에 급수하였을 때의 최초 수면의 위치
③ 보일러의 보안상, 운전 중에 유지해야 하는 일상적인 가동 시의 표준 수면의 위치
④ 보일러의 보안상, 운전 중에 유지해야 하는 보일러 드럼 내 최저 수면의 위치

| 해설 | 안전저수면 : 사용(운전) 중 유지해야 할 최저 수면

15 가스버너에 리프팅(Lifting)현상이 발생하는 경우는?

① 가스압이 너무 높은 경우
② 버너부식으로 염공이 커진 경우
③ 버너가 과열된 경우
④ 1차공기의 흡인이 많은 경우

| 해설 | • 리프팅(Lifting : 선화)
가스의 유출속도가 연소속도에 비해 크게 되었을 때 불꽃이 염공에 접하여 연소되지 않고 염공을 떠나 공중에서 연소되는 현상
• 리프팅(Lifting : 선화) 원인
① 염공이 작게 된 경우
② 공급압력이 너무 높을 때
③ 노즐의 구경이 작은 경우
④ 공기조절장치를 너무 많이 열었을 때

| 정답 | 11. ① 12. ① 13. ① 14. ④ 15. ①

16 보일러 급수처리의 목적으로 볼 수 없는 것은?

① 부식의 방지
② 보일러수의 농축 방지
③ 스케일생성 방지
④ 역화(back fire) 방지

| 해설 | 급수처리의 목적
① 부식 방지
② 보일러수의 농축방지
③ 스케일 생성 방지 등
※ 역화(back fire)는 연료계통에서 연소실에 미연소가스가 있을 때 발생되는 현상을 말한다.

17 보일러효율 시험방법에 관한 설명으로 틀린 것은?

① 급수온도는 절탄기가 있는 것은 절탄기 입구에서 측정한다.
② 배기가스의 온도는 전열면의 최종 출구에서 측정한다.
③ 포화증기의 압력은 보일러 출구의 압력으로 부르동관식 압력계로 측정한다.
④ 증기온도의 경우 과열기가 있을 때는 과열기 입구에서 측정한다.

| 해설 | 증기온도의 경우 과열기가 있을 때는 과열기의 출구에서 측정한다.

18 증기보일러에서 감압밸브 사용의 필요성에 대한 설명으로 가장 적합한 것은?

① 고압증기를 감압시키면 잠열이 감소하여 이용 열이 감소된다.
② 고압증기는 저압증기에 비해 관경을 크게 해야 하므로 배관설비비가 증가한다.
③ 감압을 하면 열교환 속도가 불규칙하나 열전달이 균일하여 생산성이 향상된다.
④ 감압을 하면 증기의 건도가 향상되어 생산성 향상과 에너지절감이 이루어진다.

| 해설 | 감압밸브의 설치(사용) 목적
① 고압의 증기를 저압(사용압)으로 감압 시
② 고압과 저압의 증기를 동시에 사용하고자 할 때
③ 증기량을 일정하게 공급받고자 할 때
또 감압을 하면 증기의 건도가 향상되어 생산성 향상과 에너지 절감이 이루어진다.

19 자연통풍에 대한 설명으로 가장 옳은 것은?

① 연소에 필요한 공기를 압입 송풍기에 의해 통풍하는 방식이다.
② 연돌로 인한 통풍방식이며 소형보일러에 적합하다.
③ 축류형 송풍기를 이용하여 연도에서 열가스를 배출하는 방식이다.
④ 송·배풍기를 보일러 전·후면에 부착하여 통풍하는 방식이다.

| 해설 | 자연통풍
연돌로 인한 배기가스와 외기의 비중차를 이용하는 통풍방식을 말한다.
즉, 연돌로 인한 통풍방식이며 소형 보일러에 적합하다.

20 육상용 보일러의 열정산은 원칙적으로 정격부하 이상에서 정상 상태로 적어도 몇 시간 이상의 운전결과에 따라 하는가? (단, 액체 또는 기체연료를 사용하는 소형보일러에서 인수·인도 당사자 간의 협정이 있는 경우는 제외)

① 0.5시간 ② 1시간
③ 1.5시간 ④ 2시간

| 해설 | 열정산은 원칙적으로 정격부하 이상에서 정상 상태로 적어도 2시간 이상의 운전결과에 따른다.

21 과열기를 연소가스 흐름 상태에 의해 분류할 때 해당되지 않는 것은?

① 복사형 ② 병류형
③ 향류형 ④ 혼류형

| 해설 | • 열가스 접촉에 의한 분류
　① 복사 과열기
　② 접촉(대류) 과열기
　③ 복사 접촉(대류) 과열기
• 열가스 흐름에 의한 분류
　① 병류형
　② 향류(대항류)형
　③ 혼류형

22 공기량이 지나치게 많을 때 나타나는 현상 중 틀린 것은?

① 연소실 온도가 떨어진다.
② 열효율이 저하한다.
③ 연료소비량이 증가한다.
④ 배기가스 온도가 높아진다.

| 해설 | 공기량이 지나치게 많을 경우
① 연소실 온도가 떨어진다.
② 연소효율이 저하된다.
③ 연료소비량이 증가한다.
④ 과잉공기로 인한 부식 등이 발생된다.

23 보일러 연소장치의 선정기준에 대한 설명으로 틀린 것은?

① 사용 연료의 종류와 형태를 고려한다.
② 연소 효율이 높은 장치를 선택한다.
③ 과잉공기를 많이 사용할 수 있는 장치를 선택한다.
④ 내구성 및 가격 등을 고려한다.

| 해설 | 연소장치의 선정기준
① 사용 연료의 종류와 형태를 고려한다.
② 연소효율이 높은 장치를 선택한다.
③ 내구성 및 가격 등을 고려한다.
④ 과잉공기를 적게 사용할 수 있는 장치를 선택한다.

24 열전달의 기본형식에 해당되지 않는 것은?

① 대류 ② 복사
③ 발산 ④ 전도

| 해설 | 열전달(열의 이동) 기본형식
① 전도 ② 대류 ③ 복사

25 보일러의 출열 항목에 속하지 않는 것은?

① 불완전 연소에 의한 열손실
② 연소 잔재물 중의 미연소분에 의한 열손실
③ 공기에 현열손실
④ 방산에 의한 손실열

| 해설 | • 입열항목
① 연료의 연소열 ② 연료의 현열
③ 공기의 현열 ④ 노내분입 증기열
• 출열항목
① 유효출열
② 손실열
　㉠ 배기가스에 의한 손실열
　㉡ 미연소가스에 의한 연소열
　㉢ 방산에 의한 손실열

| 정답 | 20. ④ 21. ① 22. ④ 23. ③ 24. ③ 25. ③

26 보일러의 압력이 8kgf/cm²이고, 안전밸브 입구 구멍의 단면적이 20cm²라면 안전밸브에 작용하는 힘은 얼마인가?

① 140kgf   ② 160kgf
③ 170kgf   ④ 180kgf

| 해설 | 작용하는 힘 = 8×20 = 160kgf

27 어떤 보일러의 5시간 동안 증발량이 5000kg이고, 그 때의 급수 엔탈피가 25kcal/kg, 증기엔탈피가 675kcal/kg이라면 상당 증발량은 약 몇 kg/h인가?

① 1106   ② 1206
③ 1304   ④ 1451

| 해설 | 상당증발량
$$= \frac{\text{매시간증발량} \times (\text{증기엔탈피} - \text{급수엔탈피})}{539}$$
$$= \frac{\frac{5000}{5} \times (675-25)}{539} = 1206 \text{kg/h}$$

28 보일러 동 내부 안전저수위보다 약간 높게 설치하여 유지분, 부유물 등을 제거하는 장치로서 연속분출장치에 해당되는 것은?

① 수면 분출장치   ② 수저 분출장치
③ 수중 분출장치   ④ 압력 분출장치

| 해설 | 연속(수면)분출장치 : 안전저수위보다 약간 높게 설치하여 유지분, 부유물 등을 제거하는 장치

29 1기압하에서 20°C의 물 10kg을 100°C의 증기로 변화시킬 때 필요한 열량은 얼마인가? (단, 물의 비열은 1kcal/kg·°C)

① 6190kcal   ② 6390kcal
③ 7380kcal   ④ 7480kcal

| 해설 |
① $Q = G \cdot C \cdot \Delta t$
    $= 10 \times 1 \times (100-20) = 800\text{kcal}$
② $Q_r = G \cdot r$
    $= 10 \times 539 = 5390\text{kcal}$
①+② $= 800 + 5390 = 6190\text{kcal}$

30 최고사용압력이 16kgf/cm²인 강철제 보일러의 수압 시험압력으로 맞는 것은?

① 8kgf/cm²   ② 16kgf/cm²
③ 24kgf/cm²   ④ 32kgf/cm²

| 해설 | 수압시험압력
최고사용압력이 15kg/cm² 이상일 때 최고사용압력의 1.5배로 실시한다.
=16×1.5=24kg/cm²
① 강철제 보일러
㉠ 최고사용압력이 0.43MPa{4.3kgf/cm²} 이하일 때에는 그 최고사용압력의 2배의 압력으로 한다.
㉡ 최고 사용압력이 0.43MPa{4.3kgf/cm²} 초과 1.5MPa{15kgf/cm²} 이하일 때에는 그 최고사용압력의 1.3배에 0.3MPa{3kgf/cm²}를 더한 압력으로 한다.
㉢ 최고사용압력이 1.5MPa{15kgf/cm²}를 초과할 때에는 그 최고사용압력의 1.5배의 압력으로 한다.

31 강관재 루프형 신축이음은 고압에 견디고 고장이 적어 고온·고압용 배관에 이용되는데 이 신축이음의 곡률반경은 관 지름의 몇 배 이상으로 하는 것이 좋은가?

① 2배   ② 3배
③ 4배   ④ 6배

| 해설 | 루프형(만곡관)신축 이음의 곡률반경은 관 지름의 6배 이상으로 한다.

| 정답 | 26. ②   27. ②   28. ①   29. ①   30. ③   31. ④

32 단관 중력 순환식 온수난방의 배관은 주관을 앞내림 기울기로 하여 공기가 모두 어느 곳으로 빠지게 하는가?

① 드레인 밸브
② 팽창 탱크
③ 에어벤트 밸브
④ 체크 밸브

| 해설 | 단관 중력 순환식 온수난방의 배관은 주관을 앞내림 기울기로 하여 공기가 모두 팽창탱크에서 빠지게 설치한다.

33 보일러에서 발생하는 고온 부식의 원인물질로 거리가 먼 것은?

① 나트륨　② 유황
③ 철　　　④ 바나듐

| 해설 | • 고온부식의 원인물질 : [나트륨(Na), 유황(S : Na_2SO_4), 바나듐(V : V_2O_5)]
• 저온부식 : [유황(S : H_2SO_4)]

34 두께가 13cm, 면적이 10m²인 벽이 있다. 벽 내부온도는 200℃, 외부의 온도가 20℃일 때 벽을 통한 전도되는 열량은 약 몇 kacl/h인가? (단, 열전도율은 0.02kcal/m·h·℃)

① 234.2　② 259.6
③ 276.9　④ 312.3

| 해설 |
$$Q = \frac{\lambda \cdot A \cdot \Delta t}{b} = \frac{0.02 \times 10 \times (200-20)}{0.13}$$
$$= 276.9 kcal/h$$

35 배관 지지 장치의 명칭과 용도가 잘못 연결된 것은?

① 파이프 슈 – 관의 수평부, 곡관부 지지
② 리지드 서포트 – 빔 등으로 만든 지지대
③ 롤러 서포트 – 방진을 위해 변위가 적은 곳에 사용
④ 행거 – 배관계의 중량을 위에서 달아 매는 장치

| 해설 | 롤러 서포트(roller support) : 관의 축 방향의 이동을 허용한 지지구이다.

36 다음 중 보일러에서 실화가 발생하는 원인으로 거리가 먼 것은?

① 버너의 팁이나 노즐이 카본이나 소손 등으로 막혀있다.
② 분사용 증기 또는 공기의 공급량이 연료량에 비해 과다 또는 과소하다.
③ 중유를 과열하여 중유가 유관 내나 가열기 내에서 가스화하여 중유의 흐름이 중단되었다.
④ 연료 속의 수분이나 공기가 거의 없다.

| 해설 | 연료 속의 수분이나 이물질 등은 실화의 원인이 된다.

37 포화온도 105℃인 증기난방 방열기의 상단 방열면적이 20m²일 경우 시간당 발생하는 응축수량은 약 kg/h인가? (단, 105℃ 증기의 증발잠열은 535.6kcal/kg 이다.)

① 10.37　② 20.57
③ 12.17　④ 24.27

| 해설 |
$$응축수량 = \frac{650 \times 20}{535.6} = 24.27 kg/h$$

| 정답 | 32. ② 33. ③ 34. ③ 35. ③ 36. ④ 37. ④

38 가동 보일러에 스케일과 부식물 제거를 위한 산세척 처리 순서로 올바른 것은?

① 전처리 → 수세 → 산액처리 → 수세 → 중화·방청처리
② 수세 → 산액처리 → 전처리 → 수세 → 중화·방청처리
③ 전처리 → 중화·방청처리 → 수세 → 산액처리 → 수세
④ 전처리 → 수세 → 중화·방청처리 → 수세 → 산액처리

| 해설 | 산세척 처리순서
전처리 → 수세 → 산액처리 → 수세 → 중화 및 방청처리

39 다음 중 난방부하의 단위로 옳은 것은?

① kcal/kg   ② kcal/h
③ kg/h   ④ kcal/m²·h

| 해설 | 난방부하(단위 : kcal/h)

40 보일러 수 처리에서 순환계통의 처리방법 중 용해 고형물 제거 방법이 아닌 것은?

① 약제 첨가법   ② 이온 교환법
③ 증류법   ④ 여과법

| 해설 | ① 용존가스의 제거
  ㉮ 탈기법   ㉯ 기폭법
② 현탁 고형물(불순물) 제거
  ㉮ 자연침강법
  ㉯ 여과법
  ㉰ 응집법
③ 용해 고형물 제거
  ㉮ 이온교환법
  ㉯ 증류법
  ㉰ 약제 첨가법

41 보일러 운전이 끝난 후의 조치사항으로 잘못된 것은?

① 유류 사용 보일러의 경우 연료 계통의 스톱밸브를 닫고 버너를 청소한다.
② 연소실 내의 잔류여열로 보일러 내부의 압력이 상승하는지 확인한다.
③ 압력계 지시압력과 수면계의 표준수위를 확인해둔다.
④ 예열용 연료를 노내에 약간 넣어 둔다.

| 해설 | 운전이 끝난 후에 노내(연소실내)에는 미연소가스(연료)가 없도록 포스트퍼지를 실시한다.

42 강관에 대한 용접이음의 장점으로 거리가 먼 것은?

① 열에 의한 잔류응력이 거의 발생하지 않는다.
② 접합부의 강도가 강하다.
③ 접합부의 누수의 염려가 없다.
④ 유체의 압력손실이 적다.

| 해설 | 접이음의 특징
① 접합부의 강도가 강하다.
② 누수의 염려가 적다.
③ 압력손실이 적다.
④ 잔류응력이 발생한다.

| 정답 | 38. ① 39. ② 40. ④ 41. ④ 42. ①

43 다음 보일러의 휴지보존법 중 단기보존법에 속하는 것은?

① 석회밀폐건조법　② 질소가스봉입법
③ 소다만수보존법　④ 가열건조법

| 해설 | 가열건조법 : 1~2주 정도의 단기간 보존의 경우에 사용된다.
　① 장기보존 : 건조보존법, 소다만수보존법
　② 단기보존 : 가열건조법, 보통만수법

44 보일러 본체나 수관, 연관 등에 발생하는 블리스터(blister)를 옳게 설명한 것은?

① 강판이나 관의 제조 시 두 장의 층을 형성하는 것
② 라미네이션된 강판이 열에 의해 혹처럼 부풀어 나오는 현상
③ 노통이 외부 압력에 의해 내부를 짓눌리는 현상
④ 리벳 조인트나 리벳 구멍 등의 응력이 집중하는 곳에 물리적 작용과 더불어 화학적 작용에 의해 발생하는 균열

| 해설 | 블리스터(blister) : 강판이 열에 의해 혹처럼 부풀어 오르면서 갈라지는 현상

45 보온재 선정 시 고려하여야 할 사항으로 틀린 것은?

① 안전사용 온도 범위에 적합해야 한다.
② 흡수성이 크고 가공이 용이해야 한다.
③ 물리적, 화학적 강도가 커야 한다.
④ 열전도율이 가능한 적어야 한다.

| 해설 | 보온재 선정 시 고려사항
　① 안전사용 온도 범위에 적합해야 한다.
　② 흡수성이 적고, 가공이 용이해야 한다.
　③ 물리적, 화학적 강도가 커야 한다.
　④ 열전도율이 적어야 한다.
　⑤ 독립성 다공질이고 비중이 작아야 한다.

46 무기질 보온재 중 하나로 안산암, 현무암에 석회석을 섞어 용융하여 섬유모양으로 만든 것은?

① 코르크　　　② 암면
③ 규조토　　　④ 유리섬유

| 해설 | 암면 : 안산암, 현무암에 석회석을 섞어 용융하여 섬유모양으로 만든 것

47 방열기의 구조에 관한 설명으로 옳지 않은 것은?

① 주요 구조 부분은 금속재료나 그 밖의 강도와 내구성을 가지는 적절한 재질의 것을 사용해야 한다.
② 엘리먼트 부분은 사용하는 온수 또는 증기의 온도 및 압력을 충분히 견디어 낼 수 있는 것으로 한다.
③ 온수를 사용하는 것에는 보온을 위해 엘리먼트 내에 공기를 빼는 구조가 없도록 한다.
④ 배관 접속부는 시공이 쉽고 점검이 용이해야 한다.

| 해설 | 엘리먼트(전열부) 내에 공기를 빼는 구조가 있어야 한다.

| 정답 | 43. ④　44. ②　45. ②　46. ②　47. ③

48 콘크리트 벽이나 바닥 등에 배관이 관통하는 곳에 관의 보호를 위하여 사용하는 것은?

① 슬리브 ② 보온재료
③ 행거 ④ 신축곡관

| 해설 | 콘크리트 벽이나 바닥 등에 배관이 관통하는 곳에 관의 보호를 위하여 슬리브를 사용한다.

49 보일러에서 수면계 기능시험을 해야 할 시기로 가장 거리가 먼 것은?

① 수위의 변화에 수면계가 빠르게 반응할 때
② 보일러를 가동하기 전
③ 2개의 수면계 수위가 서로 다를 때
④ 프라이밍, 포밍 등이 발생한 때

| 해설 | 수면계의 기능시험(점검)시기
① 비수(플라이밍, 포밍) 발생 시
② 두 개의 수면계 수위가 서로 다를 때
③ 연락관에 이상이 발견된 때
④ 가동 전이나 가동하여 압력이 상승하기 시작했을 때
⑤ 수위가 보이지 않을 때
⑥ 수면계의 움직임이 둔하고, 수위가 의심스런 경우

50 액상 열매체 보일러 시스템에서 사용하는 팽창탱크에 관한 설명으로 틀린 것은?

① 액상 열매체 보일러시스템에는 열매체유의 액팽창을 흡수하기 위한 팽창탱크가 필요하다.
② 열매체유 팽창탱크에는 액면계와 압력계가 부착되어야 한다.
③ 열매체유 팽창탱크의 설치장소는 통상 열매체유 보일러 시스템에서 가장 낮은 위치에 설치한다.
④ 열매체유의 노화방지를 위해 팽창탱크의 공간부에는 N_2 가스를 봉입한다.

| 해설 | 열매체유 팽창탱크의 설치장소는 통상 열매체유 보일러시스템보다 높은 위치에 설치한다.

51 일반 보일러(소용량 보일러 및 가스용 온수보일러 제외)에서 온도계를 설치할 필요가 없는 곳은?

① 절탄기가 있는 경우 절탄기 입구 및 출구
② 보일러 본체의 급수 입구
③ 버너 급유 입구(예열을 필요로 할 때)
④ 과열기가 있는 경우 과열기 입구

| 해설 | 온도계설치 위치
① 급수 입구의 급수 온도계
② 버너 급유입구의 급유온도계
③ 절탄기 또는 공기예열기가 설치된 경우에는 각 유체의 전후 온도계
④ 보일러 본체 배기가스온도계
⑤ 과열기 또는 재열기가 있는 경우에는 그 출구 온도계
⑥ 유량계를 통과하는 온도를 측정할 수 있는 온도계

52 배관용접 작업 시 안전사항 중 산소용기는 일반적으로 몇 ℃ 이하의 온도로 보관하여야 하는가?

① 100℃ 이하 ② 80℃ 이하
③ 60℃ 이하 ④ 40℃ 이하

| 해설 | 가스용기는 일반적으로 40℃ 이하로 보관하여야 한다.

| 정답 | 48. ① 49. ① 50. ③ 51. ④ 52. ④

53 수격작용을 방지하기 위한 조치로 거리가 먼 것은?

① 송기에 앞서서 관을 충분히 데운다.
② 송기할 때 주증기 밸브는 급히 열지 않고 천천히 연다.
③ 증기관은 증기가 흐르는 방향으로 경사가 지도록 한다.
④ 증기관에 드레인이 고이도록 중간을 낮게 배관한다.

| 해설 | 증기관 내에 드레인(응축수)이 고여 있을 때 수격작용이 발생하므로 설비 내에는 드레인이 고이지 않도록 해야 한다.

54 열사용기자재의 검사 및 검사면제에 관한 기준에 따라 급수장치를 필요로 하는 보일러에는 기준을 만족시키는 주펌프세트와 보조펌프 세트를 갖춘 급수장치가 있어야 하는데, 특정 조건에 따라 보조펌프 세트를 생략할 수 있다. 다음 중 보조펌프 세트를 생략할 수 없는 경우는?

① 전열면적이 10m²인 보일러
② 전열면적이 8m²인 가스용 온수보일러
③ 전열면적이 16m²인 가스용 온수보일러
④ 전열면적이 40m²인 관류보일러

| 해설 | 급수장치는 주펌프세트 및 보조펌프세트를 갖춘 급수장치 이어야 한다. 다만 다음의 경우에는 보조펌프를 생략할 수 있다.
① 전열면적 12m² 이하의 보일러
② 전열면적이 14m² 이하의 가스용 온수보일러
③ 전열면적 100m² 이하의 관류보일러

55 에너지 수급안정을 위하여 산업통상자원부장관이 필요한 조치를 취할 수 있는 사항이 아닌 것은?

① 에너지의 배급
② 산업별·주요공급자별 에너지 할당
③ 에너지의 비축과 저장
④ 에너지의 양도·양수의 제한 또는 금지

| 해설 | 에너지 수급안정조치 – 산업통상자원부장관
① 지역별, 주요 수급자별 에너지할당
② 에너지공급설비의 가동 및 조업
③ 에너지의 비축과 저장
④ 에너지의 도입·수출입 및 위탁가공
⑤ 에너지공급자 상호간의 에너지의 교환 또는 분배사용
⑥ 에너지의 유통시설과 그 사용 및 유통경로
⑦ 에너지의 배급
⑧ 에너지의 양도·양수의 제한 또는 금지
⑨ 에너지사용의 제한 또는 금지

56 에너지이용합리화법에서 정한 검사대상기기 조종자의 자격에서 에너지관리기능사가 조정할 수 있는 조종범위로서 옳지 않은 것은?

① 용량이 15t/h 이하인 보일러
② 온수발생 및 열매체를 가열하는 보일러로서 용량이 581.5킬로와트 이하인 것
③ 최고사용압력이 1MPa 이하이고, 전열면적이 10m² 이하인 증기보일러
④ 압력용기

| 해설 | 검사대상기기조종자의 자격 및 조종범위

조종자의 자격	조 종 범 위
에너지관리기능사	용량 10t/h 이하인 보일러
에너지관리기능사 및 인정검사대상기기조종자의 교육을 이수한 자	1. 증기 보일러로서 최고사용압력이 1MPa 이하이고, 전열면적이 10m² 이하인 것 2. 온수발생 또는 열매체를 가열하는 보일러로서 출력이 581.5KW (0.58MW) 이하인 것 3. 압력용기

| 정답 | 53. ④ 54. ③ 55. ② 56. ①

57 저탄소녹색성장 기본법에 의거 온실가스 감출 목표 등의 설정·관리 및 필요한 조치에 관한 사항을 관장하는 기관으로 옳은 것은?

① 농림축산식품부 : 건물·교통 분야
② 환경부 : 농업·축산 분야
③ 국토교통부 : 폐기물 분야
④ 산업통상자원부 : 산업·발전 분야

| 해설 | 저탄소녹색성장 기본법에 의거 온실가스 감축 목표 등의 설정·관리 및 필요한 조치에 관한 사항을 관장하는 기관(산업통상자원부장관 : 산업·발전 분야)

58 에너지법에 의거 지역에너지계획을 수립한 시·도지사는 이를 누구에게 제출하여야 하는가?

① 대통령
② 산업통상자원부장관
③ 국토교통부장관
④ 에너지관리공단 이사장

| 해설 | 지역에너지계획 수립한 시·도지사는 산업통상자원부장관에게 제출

59 신·재생에너지 정책심의회의 구성으로 맞는 것은?

① 위원장 1명을 포함한 10명 이내의 위원
② 위원장 1명을 포함한 20명 이내의 위원
③ 위원장 2명을 포함한 10명 이내의 위원
④ 위원장 2명을 포함한 20명 이내의 위원

| 해설 | 신·재생에너지 정책심의회의 구성 : 위원장 1명을 포함한 20명 이내의 위원

60 에너지이용합리화법상 검사대상기기조종자가 퇴직하는 경우 퇴직 이전에 다른 검사대상기기조종자를 선임하지 아니한 자에 대한 벌칙으로 맞는 것은?

① 1천만원 이하의 벌금
② 2천만원 이하의 벌금
③ 5백만원 이하의 벌금
④ 2년 이하의 징역

| 해설 | 검사대상기기조종자를 선임하지 아니한 자 : 1천만원 이하의 벌금

| 정답 | 57. ④ 58. ② 59. ② 60. ①

2014년 제2회 에너지관리기능사 필기

2014년 4월 6일 시행

01 어떤 보일러의 시간당 발생증기량을 G_a, 발생 증기의 엔탈피를 i_2, 급수 엔탈피를 i_1라 할 때, 다음 식으로 표시되는 값(G_e)는?

$$G_e = \frac{G_a(i_2 - i_1)}{539} (kg/h)$$

① 증발률　　② 보일러 마력
③ 연소 효율　④ 상당 증발량

| 해설 | 상당증발량
$= \dfrac{\text{매시간당증발량} \times (\text{증기엔탈피} - \text{급수엔탈피})}{539}$

02 보일러의 자동제어를 제어동작에 따라 구분할 때 연속동작에 해당되는 것은?

① 2위치동작　　② 다위치동작
③ 비례동작(P동작)　④ 부동제어동작

| 해설 | 1) 불연속동작
　　① 2위치동작
　　② 다위치동작
　　③ 불연속 속도동작
2) 연속동작
　　① 비례동작(P동작)
　　② 적분동작(I동작)
　　③ 미분동작(D동작)
3) 복합동작
　　① 비례적분동작(PI동작)
　　② 비례미분동작(PD동작)
　　③ 비례적분미분동작(PID동작)

03 정격압력이 12kg$_f$/cm^{2}일 때 보일러의 용량이 가장 큰 것은? (단, 급수온도는 10℃, 증기엔탈피는 663.8kcal/kg이다.)

① 실제 증발량 1200kg/h
② 상당 증발량 1500kg/h
③ 정격 출력 800000kcal/h
④ 보일러 100 마력(B-HP)

| 해설 | ① = 1200×(663.8-10) = 784560kcal/h
② = 1500×539 = 808500kcal/h
③ = 800000kcal/h
④ = 8435×100 = 843500kcal/h

04 프라이밍의 발생 원인으로 거리가 먼 것은 무엇인가?

① 보일러 수위가 낮을 때
② 보일러수가 농축되어 있을 때
③ 송기 시 증기밸브를 급개할 때
④ 증발능력에 비하여 보일러수의 표면적이 작을 때

| 해설 | • 프라이밍 발생원인
① 고수위 시
② 보일러수 농축 시
③ 주 증기밸브
④ 급개 시

| 정답 | 01. ④　02. ③　3. ④　4. ①

05 보일러의 부하율에 대한 설명으로 적합한 것은?

① 보일러의 최대증발량에 대한 실제증발량의 비율
② 증기발생량을 연료소비량으로 나눈 값
③ 보일러에서 증기가 흡수한 총열량을 급수량으로 나눈 값
④ 보일러 전열면적 1m²에서 시간당 발생되는 증기열량

| 해설 | 부하율 = $\dfrac{\text{실제증발량}}{\text{최대연속증발량}}$

06 보일러의 급수장치에서 인젝터의 특징으로 옳지 않은 것은?

① 구조가 간단하고 소형이다.
② 급수량의 조절이 가능하고 급수효율이 높다.
③ 증기와 물이 혼합하여 급수가 예열된다.
④ 인젝터가 과열되면 급수가 곤란하다.

| 해설 | 인젝터 자체만으로는 급수조절이 어려우며, 효율도 낮다.

07 물의 임계압력에서의 잠열은 몇 kcal/kg인가?

① 539   ② 100
③ 0   ④ 639

| 해설 | 임계압력(225.6kg/cm²),
임계온도(374.15℃),
잠열(0kcal/kg)

08 유류 연소 시의 일반적인 공기비는 얼마인가?

① 0.95 ~ 1.1   ② 1.6 ~ 1.8
③ 1.2 ~ 1.4   ④ 1.8 ~ 2.0

| 해설 | 공기비(기체연료 : 1.1~1.3, 액체연료 : 1.2~1.4, 미분탄 : 1.2~1.3, 고체연료 : 1.4~2.0)

09 다음과 같은 특징을 가지고 있는 통풍방식은?

- 연도의 끝이나 연돌하부에 송풍기를 설치한다.
- 연도 내의 압력은 대기압보다 낮게 유지된다.
- 매연이나 부식성이 강한 배기가스가 통과하므로 송풍기의 고장이 자주 발생한다.

① 자연통풍   ② 압입통풍
③ 흡입통풍   ④ 평형통풍

| 해설 | ① 압입통풍(정압) : 연소실 입구측에 송풍기를 설치하여 통풍하는 방식으로 연소실 내의 압력은 대기압보다 높다.
② 흡입통풍(부압) : 연도측(연돌하부)에 송풍기를 설치하여 통풍하는 방식으로 연소실 내의 압력은 대기압보다 낮다.
③ 평형통풍 : 연소실 입구와 연도측에 송풍기를 설치하여 통풍하는 방식으로 연소실 내의 압력은 정압과 부압이 동시에 걸린다.

10 보일러의 열손실이 아닌 것은 무엇인가?

① 방열손실   ② 배기가스열손실
③ 미연소손실   ④ 응축수손실

| 해설 | 출열항목
① 유효출열(증기의 보유열량)
② 열손실(배기가스에 의한 열손실, 미연소가스에 의한 손실열, 방열에 의한 손실열)

| 정답 | 5. ① 6. ② 7. ③ 8. ③ 9. ③ 10. ④

11 상당증발량이 6000kg/h, 연료 소비량이 400 kg/h인 보일러의 효율은 약 몇 % 인가? (단, 연료의 저위발열량은 9700kcal/kg이다.)

① 81.3%   ② 83.4%
③ 85.8%   ④ 79.2%

| 해설 | $= \dfrac{6000 \times 539}{9700 \times 400} \times 100 = 83.4\%$

12 다음 중 탄화수소비가 가장 큰 액체연료는?

① 휘발유   ② 등유
③ 경유   ④ 중유

| 해설 | • 탄화수소비=C/H이므로 탄소의 함량이 많을수록 크다.
(중유 > 경유 > 등유 > 휘발유)

13 무게 80kgf인 물체를 수직으로 5m까지 끌어올리기 위한 일을 열량으로 환산하면 약 몇 kcal인가?

① 0.94kcal   ② 0.094kcal
③ 40kcal   ④ 400kcal

| 해설 | 일의 열당량
$= \dfrac{1}{427}\text{kcal/kgm} = \dfrac{1}{427} \times 80 \times 5$
$= 0.94 kcal$

14 중유의 연소 상태를 개선하기 위한 첨가제의 종류가 아닌 것은?

① 연소촉진제   ② 회분개질제
③ 탈수제   ④ 슬러지 생성제

| 해설 | 중유 첨가제의 종류
① 연소촉진제   ② 회분개질제
③ 슬러지분산제 ④ 탈수제

15 보일러의 폐열회수장치에 대한 설명 중 가장 거리가 먼 것은 무엇인가?

① 공기예열기는 배기가스와 연소용 공기를 열교환하여 연소용 공기를 가열하기 위한 것이다.
② 절탄기는 배기가스의 여열을 이용하여 급수를 예열하는 급수예열기를 말한다.
③ 공기예열기의 형식은 전열방법에 따라 전도식과 재생식, 히트파이프식으로 분류한다.
④ 급수예열기는 설치하지 않아도 되지만 공기예열기는 반드시 설치하여야 한다.

| 해설 | • 급수예열기와 공기예열기를 설치하므로 효율이 증가된다.

16 수관식 보일러의 특징에 관한 설명으로 틀린 것은 무엇인가?

① 구조상 고압 대용량에 적합하다.
② 전열면적을 크게 할 수 있으므로 일반적으로 효율이 높다.
③ 급수 및 보일러수 처리에 주의가 필요하다.
④ 전열면적당 보유수량이 많아 기동에서 소요 증기가 발생할 때까지의 시간이 길다.

| 해설 | • 수관보일러는 전열면적에 비해 보유수량이 적어 파열시 피해가 적고, 증발량이 빠르고, 효율이 높다.

| 정답 | 11. ② 12. ④ 13. ① 14. ④ 15. ④ 16. ④

17 화염검출기 기능불량과 대책을 연결한 것으로 잘못된 것은 무엇인가?

① 집광렌즈 오염 – 분리 후 청소
② 증폭기 노후 – 교체
③ 동력선의 영향 – 검출회로와 동력선 분리
④ 점화전극의 고전압이 프레임 로드에 흐를 때 – 전극과 불꽃 사이를 넓게 분리

| 해설 | • 전극과 불꽃 사이는 적당한 견격으로 유지해야 한다.

18 유압분무식 오일버너의 특징에 관한 설명으로 틀린 것은 무엇인가?

① 대용량 버너의 제작이 가능하다.
② 무화 매체가 필요 없다.
③ 유량조절 범위가 넓다.
④ 기름의 점도가 크면 무화가 곤란하다.

| 해설 | • 유압분무식 버너 유량조절 범위는 환류식(1:3), 비환류식(1:2), 즉 다른 종류의 버너에 비해 유량조절 범위가 좁다.

19 노통 연관식 보일러의 특징으로 가장 거리가 먼 것은 무엇인가?

① 내분식이므로 열손실이 적다.
② 수관식 보일러에 비해 보유수량이 적어 파열 시 피해가 작다.
③ 원통형 보일러 중에서 효율이 가장 높다.
④ 원통형 보일러 중에서 구조가 복잡한 편이다.

| 해설 | 원통보일러는 전열면적에 비해 보유수량이 많아 파열 시 피해가 크다.

20 액체연료에서의 무화의 목적으로 틀린 것은 무엇인가?

① 연료와 연소용 공기와의 혼합을 고르게 하기 위해
② 연료 단위 중량당 표면적을 작게 하기 위해
③ 연소 효율을 높이기 위해
④ 연소실 열발생률을 높게 하기 위해

| 해설 | 무화의 목적
① 단위중량당 표면적을 넓게
② 공기와 연료 혼합을 좋게
③ 연소효율 증가

21 매연분출장치에서 보일러의 고온부인 과열기나 수관부용으로 고온의 열가스 통로에 사용할 때만 사용되는 매연분출 장치는?

① 정치 회전형
② 롱레트랙터블형
③ 쇼트레트랙터블형
④ 이동 회전형

| 해설 | 종류
① 고온 전열면 블로워 – 롱트렉터블형
② 연소 노벽 블로워 – 숏트렉터블형
③ 전열면 블로워 – 건타입형
④ 저온전열면 블로워 – 로터리형
⑤ 공기예열기 블로워 – 롱트렉터블형, 트래벌링 프레임형

| 정답 | 17. ④ 18. ③ 19. ② 20. ② 21. ②

22 보일러의 자동제어에서 연소제어 시 조작량과 제어량의 관계가 옳은 것은 무엇인가?

① 공기량 – 수위
② 급수량 – 증기온도
③ 연료량 – 증기압
④ 전열량 – 노내압

| 해설 | 제어량과 조절량과의 관계

종류	제어량	조작량
증기온도제어(S.T.C)	증기온도	전열량
급수제어(F.W.C)	보일러수위	급수량
자동연소제어(A.C.C)	증기압력	연료량, 공기량
	노내압력	연소 가스량

23 다음 보일러 중 수관식 보일러에 해는 것은 무엇인가?

① 타쿠마 보일러
② 카네크롤 보일러
③ 스코치 보일러
④ 하우덴 존슨 보일러

| 해설 | 타쿠마(수관식), 카네크롤(특수열매체식), 스코치, 하우덴 존슨(노통연관식)

24 보일러 화염검출장치의 보수나 점검에 대한 설명 중 틀린 것은 무엇인가?

① 프레임아이 장치의 주위온도는 50℃ 이상이 되지 않게 한다.
② 광전관식은 유리나 렌즈를 매주 1회 이상 청소하고 감도 유지에 유의한다.
③ 프레임로드는 검출부가 불꽃에 직접 접하므로 소손에 유의하고 자주 청소해 준다.
④ 프레임아이는 불꽃의 직사광이 들어가면 오동작 하므로 불꽃의 중심을 향하지 않도록 설치한다.

| 해설 | 프레임아이는 불꽃이 중심을 향하도록 해야 한다.

25 열용량에 대한 설명으로 옳은 것은?

① 열용량의 단위는 kcal/g · ℃이다.
② 어떤 물질 1g의 온도를 1℃ 올리는데 소요되는 열량이다.
③ 어떤 물질의 비열에 그 물질의 질량을 곱한 값이다.
④ 열용량은 물질의 질량에 관계없이 항상 일정하다.

| 해설 | 열용량(kcal/℃) : 어떤 물질을 1℃ 높이는데 필요한 열량으로 비열에 물질의 질량을 곱한 값이다.

| 정답 | 22. ③ 23. ① 24. ④ 25. ③

26 일반적으로 보일러 동(드럼) 내부에는 물을 어느 정도로 채워야 하는가?

① $\frac{1}{4} \sim \frac{1}{3}$ ② $\frac{1}{6} \sim \frac{1}{5}$

③ $\frac{1}{4} \sim \frac{2}{5}$ ④ $\frac{2}{3} \sim \frac{4}{5}$

| 해설 | 보일러 수위는 동내용적의 2/3~4/5 정도로 한다.

27 주철제 보일러의 특징 설명으로 옳지 않은 것은 무엇인가?

① 내열·내식성이 우수하다.
② 쪽수의 증감에 따라 용량조절이 용이하다.
③ 재질이 주철이므로 충격에 강하다.
④ 고압 및 대용량에 부적당하다.

| 해설 | 주철제 보일러는 충격에 약한 결점이 있다.

28 다음 중 잠열에 해당되는 것은?

① 기화열   ② 생성열
③ 중화열   ④ 반응열

| 해설 | 잠열(기화(증발)잠열, 융해잠열)

29 집진장치 중 집진효율은 높고, 압력손실이 낮은 형식은 무엇인가?

① 전기식 집진장치   ② 중력식 집진장치
③ 원심력식 집진장치 ④ 세정식 집진장치

| 해설 | 전기식(코트렐) : 집진효율이 가장 높고, 압력손실도 적다.

30 보일러 연소실 내에서 가스 폭발을 일으킨 원인으로 가장 적절한 것은 무엇인가?

① 프리퍼지 부족으로 미연소 가스가 충만되어 있었다.
② 연도 쪽의 댐퍼가 열려 있었다.
③ 연소용 공기를 다량으로 주입하였다.
④ 연료의 공급이 부족하였다.

| 해설 | 역화(연소실 내 가스폭발)의 원인
① 연소실 내 미연소가스가 충만되어 있을 때
② 노내환기 불충분 시
③ 착화가 늦어졌을 때
④ 가동 중 실화 시 등

31 증기보일러의 캐리오버(carry over)의 발생 원인과 가장 거리가 먼 것은 무엇인가?

① 보일러 부하가 급격하게 증대할 경우
② 증발부 면적이 불충분할 경우
③ 증기정지 밸브를 급격히 열었을 경우
④ 부유 고형물 및 용해 고형물이 존재하지 않을 경우

| 해설 | 부유 고형물, 용해 고형물 등이 있을 시 기수공발(carry over)이 발생된다.

| 정답 | 26. ④ 27. ③ 28. ① 29. ① 30. ① 31. ④

32 보일러의 점화조작 시 주의사항에 대한 설명으로 잘못된 것은?

① 유압이 낮으면 점화 및 분사가 불량하고 유압이 높으면 그을음이 축적되기 쉽다.
② 연료의 예열온도가 낮으면 무화불량, 화염의 편류, 그을음, 분진이 발생하기 쉽다.
③ 연료가스의 유출속도가 너무 빠르면 역화가 일어나고, 너무 늦으면 실화가 발생하기 쉽다.
④ 프리퍼지 시간이 너무 길면 연소실의 냉각을 초래하고, 너무 짧으면 역화를 일으키기 쉽다.

| 해설 | 역화는 연소속도에 비해 유출속도가 너무 느릴 때 발생한다.

33 보일러 건조보존 시에 사용되는 건조제가 아닌 것은 무엇인가?

① 암모니아   ② 생석회
③ 실리카겔   ④ 염화칼슘

| 해설 | 흡습제 종류 : 생석회, 실리카겔, 염화칼슘, 활성 알루미나 등

34 이동 및 회전을 방지하기 위해 지지점 위치에 완전히 고정하는 지지금속으로, 열팽창 신축에 의한 영향이 다른 부분에 미치지 않도록 배관을 분리하여 설치·고정해야 하는 리스트레인트의 종류는?

① 앵커   ② 리지드 행거
③ 파이프 슈   ④ 브레이스

| 해설 | 리스트레인트 : 열팽창에 의한 배관의 이동을 구속 또는 제한하는 장치
① 앵커(anchor) : 리지드 서포트의 일종으로 관의 이동 및 회전을 방지하기 위해 지지점에 완전히 고정하는 장치
② 스톱(stop) : 배관의 일정한 방향과 회전만 구속하고 다른 방향은 자유롭게 이동하게 하는 장치
③ 가이드(guide) : 배관의 곡관부분이나 신축 조인트 부분에 설치하는 것으로 회전을 제한하거나 축방향의 이동을 허용하며 직각 방향으로 구속하는 장치

35 보일러 동체가 국부적으로 과열되는 경우는 무엇인가?

① 고수위로 운전하는 경우
② 보일러 동 내면에 스케일이 형성된 경우
③ 안전밸브의 기능이 불량한 경우
④ 주증기 밸브의 개폐 동작이 불량한 경우

| 해설 | 과열의 원인
① 저수위(이상감수) 시
② 관수의 농축으로 순환이 불량할 때
③ 전열면에 스케일이 형성된 경우

36 복사난방의 특징에 관한 설명으로 옳지 않은 것은 무엇인가?

① 쾌감도가 좋다.
② 고장 발견이 용이하고 시설비가 싸다.
③ 실내공간의 이용률이 높다.
④ 동일 방열량에 대한 열손실이 적다.

| 해설 | • 복사난방의 특징
① 장점
  ㉮ 온도분포가 균일하다.
  ㉯ 실내 공간의 이용율이 높다.
  ㉰ 쾌감도가 좋다.
  ㉱ 열손실이 적다.
② 단점
  ㉮ 예열이 길어 부하에 대응하기 어렵다.
  ㉯ 설비비가 많이 든다.
  ㉰ 고장수리, 점검이 어렵다.
  ㉱ 표면부(모르타르층)의 균열 발생이 쉽다.

37 다음 중 보일러 용수관리에서 경도(hardness)와 관련되는 항목으로 가장 적합한 것은 무엇인가?

① Hg, SVI
② BOD, COD
③ DO, Na
④ Ca, Mg

| 해설 | **경도**(Hardness) : 수중의 칼슘(Ca), 마그네슘(Mg)의 염류에 기인된다.

38 보일러에서 열효율의 향상 대책으로 틀린 것은 무엇인가?

① 열손실을 최대한 억제한다.
② 운전조건을 양호하게 한다.
③ 연소실 내의 온도를 낮춘다.
④ 연소장치에 맞는 연료를 사용한다.

| 해설 | 열효율 향상 대책으로 연소효율을 높이려면 연소실 내의 온도를 높게 한다.

39 보일러의 증기관 중 반드시 보온을 해야 하는 곳은?

① 난방하고 있는 실내에 노출된 배관
② 방열기 주위 배관
③ 주증기 공급관
④ 관말 증기트랩장치의 냉각레그

| 해설 | 주증기 공급관은 열손실 방지를 위해 필히 보온 처리한다.

40 강철제 증기보일러의 최고사용압력이 2MPa일 때 수압시험압력은?

① 2MPa
② 2.5MPa
③ 3MPa
④ 4MPa

| 해설 | 최고사용압력이 1.5 Mpa 이상은 최고사용압력의 1.5배로 수압시험을 행한다.
= 2×1.5 = 3Mpa

41 난방부하의 발생요인 중 맞지 않는 것은 무엇인가?

① 벽체(외벽, 바닥, 지붕 등)를 통한 손실열량
② 극간풍에 의한 손실열량
③ 외기(환기공기)의 도입에 의한 손실열량
④ 실내조명, 전열 기구 등에서 발산되는 열부하

| 해설 | 난방부하 발생원인
① 벽체(외벽, 바닥, 지붕 등)를 통한 손실열량
② 극간 풍에 의한 손실열량
③ 외기(환기공기)의 도입에 의한 손실열량
※ 실내조명, 전열 기구 등에서 발산되는 열부하는 난방부하 발생요인과 관계없다.

42 보일러의 수압시험을 하는 주된 목적은 무엇인가?

① 제한 압력을 결정하기 위하여
② 열효율을 측정하기 위하여
③ 균열의 여부를 알기 위하여
④ 설계의 양부를 알기 위하여

| 해설 | 수압시험은 이음부의 누수 및 균열 여부를 위해 행한다.

| 정답 | 37. ④ 38. ③ 39. ③ 40. ③ 41. ④ 42. ③

43 규산칼슘 보온재의 안전사용 최고온도(°C)는?

① 300
② 450
③ 650
④ 850

| 해설 | 규산칼슘(안전사용온도 650°C)

44 보일러 운전 중 저수위로 인하여 보일러가 과열된 경우의 조치법으로 거리가 먼 것은 무엇인가?

① 연료공급을 중지한다.
② 연소용 공기 공급을 중단하고 댐퍼를 전개한다.
③ 보일러가 자연냉각하는 것을 기다려 원인을 파악한다.
④ 부동 팽창을 방지하기 위해 즉시 급수를 한다.

| 해설 | 예열된 상태에서 즉시 급수를 하면 부동 팽창이 발생된다.

45 보일러 운전 중 2일 1회 이상 실행하거나 상태를 점검해야 하는 것으로 가장 거리가 먼 사항은 무엇인가?

① 안전밸브 작동상태
② 보일러수 분출 작업
③ 여과기 상태
④ 저수위 안전장치 작동상태

| 해설 | 여과기 상태는 운전 중에 점검을 해서는 안 된다.

46 강관 배관에서 유체의 흐름방향을 바꾸는 데 사용되는 이음쇠는?

① 부싱
② 리턴밴드
③ 리듀서
④ 소켓

| 해설 | • 리턴밴드는 유체의 흐름방향을 바꿀 때 사용한다.
• 부싱, 리듀서, 소켓은 유체가 직선으로 흐를 때 사용

47 수면계의 점검순서 중 가장 먼저 해야 하는 사항으로 적당한 것은 무엇인가?

① 드레인 콕을 닫고 물콕을 연다.
② 물콕을 열어 통수관을 확인한다.
③ 물 및 증기콕을 닫고 드레인 콕을 연다.
④ 물콕을 닫고 증기콕을 열어 통기관을 확인한다.

| 해설 | 수면계 점검순서
① 물 밸브(콕)를 닫는다.
② 증기 밸브(콕)를 닫는다.
③ 드레인 밸브(콕)를 열어 물을 빼낸다.
④ 물 밸브(콕)를 열고 확인 후 잠근다.
⑤ 증기 밸브(콕)를 연다.
⑥ 드레인 밸브(콕)를 닫고 물 밸브를 연다.

48 팽창탱크 내의 물이 넘쳐흐를 때를 대비하여 팽창탱크에 설치하는 관은?

① 배수관
② 환수관
③ 오버플로관
④ 팽창관

| 해설 | 오버플로관 : 팽창탱크 내의 물이 넘쳐흐를 때를 대비하여 팽창탱크에 설치하는 관

| 정답 | 43. ③ 44. ④ 45. ③ 46. ② 47. ③ 48. ③

49 배관 중간이나 밸브, 펌프, 열교환기 등의 접속을 위해 사용되는 이음쇠로서 분해, 조립이 필요한 경우에 사용되는 것은?

① 벤드
② 리듀셔
③ 플랜지
④ 슬리브

| 해설 | 플랜지 : 배관 중간이나 밸브, 펌프, 열교환기 등의 접속을 위해 사용되는 이음쇠로서 분해, 조립이 필요한 경우에 사용된다.

50 흑체로부터의 복사 전열량은 절대온도의 몇 승에 비례하는가?

① 2승
② 3승
③ 4승
④ 5승

| 해설 | 흑체로부터 복사 전열량은 절대온도의 4승에 비례한다.

51 환수관의 배관방식에 의한 분류 중 환수주관을 보일러의 표준수위보다 낮게 배관하여 환수하는 방식은 어떤 배관방식인가?

① 건식환수
② 중력환수
③ 기계환수
④ 습식환수

| 해설 | • 습식환수방식 : 환수관의 배관방식에 의한 분류 중 환수주관을 보일러의 표준수위보다 낮게 배관하여 환수하는 방식
• 건식환수방식 : 환수관의 배관방식에 의한 분류 중 환수주관을 보일러의 증기부에 배관하여 환수하는 방식

52 세관작업 시 규산염은 염산에 잘 녹지 않으므로 용해촉진제를 사용하는데 다음 중 어느 것을 사용하는가?

① H_2SO_4
② HF
③ NH_3
④ Na_2SO_4

| 해설 | 경질스케일(규산염, 황산염)은 염산에 잘 녹지 않으므로 용해촉진제로 HF(불화수소산)를 사용한다.

53 주철제 보일러의 최고사용압력이 0.30MPa인 경우 수압시험압력은?

① 0.15MPa
② 0.30MPa
③ 0.43MPa
④ 0.60MPa

| 해설 | =0.3×2=0.6Mpa
• 최고사용압력 0.43Mpa 이하 : 최고사용압력의 2배
• 최고사용압력 0.43Mpa 이상 : 최고사용압력의 1.3배 + 0.3Mpa

54 강관 용접접합의 특징에 대한 설명으로 틀린 것은 무엇인가?

① 관내 유체의 저항 손실이 적다.
② 접합부의 강도가 강하다.
③ 보온피복 시공이 어렵다.
④ 누수의 염려가 적다.

| 해설 | ① 관내 유체의 저항 손실이 적다.
② 접합부의 강도가 강하다.
③ 보온피복 시공이 용이하다.
④ 누수의 염려가 적다.

| 정답 | 49. ③ 50. ③ 51. ④ 52. ② 53. ④ 54. ③

55 에너지이용합리화법상 열사용기자재가 아닌 것은 무엇인가?

① 강철제보일러
② 구멍탄용 온수보일러
③ 전기순간온수기
④ 2종 압력용기

| 해설 | 특정열사용기자재
① 기관(보일러류, 태양열집열기)
② 압력용기(1종, 2종)
③ 요로(금속, 요업)

56 저탄소 녹색성장 기본법상 온실가스에 해당하지 않는 것은?

① 이산화탄소　② 메탄
③ 수소　　　　④ 육불화황

| 해설 | 온실가스
이산화탄소(CO_2), 메탄(CH_4), 아산화질소(N_2O), 수소불화탄소(HFCs), 과불화탄소(PFCs) 또는 육불화황(SF_6)

57 에너지법상 에너지 공급설비에 포함되지 않는 것은?

① 에너지 수입설비
② 에너지 전환설비
③ 에너지 수송설비
④ 에너지 생산설비

| 해설 | 에너지공급설비 : 에너지를 생산·전환·수송·저장하기 위하여 설치하는 설비

58 온실가스 감축 목표의 설정·관리 및 필요한 조치에 관하여 총괄·조정기능을 수행하는 자는?

① 환경부장관
② 산업통상자원부장관
③ 국토교통부장관
④ 농림축산식품부장관

| 해설 | 온실가스 감축 목표의 설정·관리 및 필요한 조치에 관하여 총괄·조정기능을 수행하는 자 : 환경부장관

59 자원을 절약하고, 효율적으로 이용하며 폐기물의 발생을 줄이는 등 자원순환산업을 육성·지원하기 위한 다양한 시책에 포함되지 않는 것은?

① 자원의 수급 및 관리
② 유해하거나 재제조·재활용이 어려운 물질의 사용억제
③ 에너지자원으로 이용되는 목재, 식물, 농산물 등 바이오매스의 수집·활용
④ 친환경 생산체제로의 전환을 위한 기술지원

| 해설 | ① 자원의 수급 및 관리
② 유해하거나 재제조·재활용이 어려운 물질의 사용억제
③ 에너지자원으로 이용되는 목재, 식물, 농산물 등 바이오매스의 수집·활용 등

60 온실가스감축, 에너지 절약 및 에너지 이용효율 목표를 통보받은 관리업체가 규정의 사항을 포함한 다음 연도 이행계획을 전자적 방식으로 언제까지 부문별 관장기관에게 제출하여야 하는가?

① 매년 3월 31일까지
② 매년 6월 30일까지
③ 매년 9월 30일까지
④ 매년 12월 31일까지

| 해설 | 온실가스감축, 에너지 절약 및 에너지 이용효율 목표를 통보받은 관리업체가 규정의 사항을 포함한 다음 연도 이행계획을 전자적 방식으로 매년 12월 31일까지 부문별 관장기관에게 제출

2014년 제4회 에너지관리기능사 필기

2014년 7월 20일 시행

01 보일러 증기 발생량이 5t/h, 발생 증기 엔탈피는 650kcal/kg, 급수 온도는 20℃, 연료 사용량 400kg/h, 연료의 저위 발열량이 9750kcal/kg 일 때 보일러 효율은 약 몇 %인가?

① 78.8%　② 80.8%
③ 82.4%　④ 84.2%

| 해설 |
보일러효율
$= \dfrac{5000 \times (650 - 20)}{9750 \times 400} \times 100 = 80.8\%$

02 보일러 급수배관에서 급수의 역류를 방지하기 위하여 설치하는 밸브는 어떤 것인가?

① 체크 밸브　② 슬루스 밸브
③ 글로브 밸브　④ 앵글 밸브

| 해설 | 체크 밸브(역류방지밸브) : 유체의 역류를 방지하기 위해 설치

03 열의 일당량 값으로 옳은 것은 무엇인가?

① 427kg·m/kcal
② 327kg·m/kcal
③ 273kg·m/kcal
④ 472kg·m/kcal

| 해설 | • 열의 일당량 = 427kg·m/kcal
• 일의 열당량 = $\dfrac{1}{427}$ kcal/kg·m

04 보일러 효율이 85%, 실제증발량이 5t/h이고 발생증기의 엔탈피 656kcal/kg, 급수 엔탈피는 56kcal/kg, 연료의 저위발열량 9750kcal/kg일 때 연료 소비량은 약 몇 kg/h인가?

① 316　② 362
③ 389　④ 405

| 해설 |
연료소비량
$= \dfrac{5000 \times (656 - 56)}{0.85 \times 9750} = 362 \text{kg/h}$

05 보일러 중에서 관류 보일러에 속하는 것은 무엇인가?

① 코크란 보일러　② 코르니시 보일러
③ 스코치 보일러　④ 슐처 보일러

| 해설 | • 코크란 보일러 : 입형 보일러
• 코르니시 보일러 : 노통 보일러
• 스코치 보일러 : 노통 연관 보일러
• 슐처 보일러 : 관류 보일러

06 급유량계 앞에 설치하는 여과기의 종류가 아닌 것은 무엇인가?

① U형　② V형
③ S형　④ Y형

| 해설 | 여과기(스트레이너) : 유체 속의 이물질 제거를 위해 설치하며, 종류에는 U형, V형, Y형의 3종류가 있다.

| 정답 | 1. ② 2. ① 3. ① 4. ② 5. ④ 6. ③

07 보일러 시스템에서 공기예열기 설치 사용 시 특징으로 틀린 것은 무엇인가?

① 연소효율을 높일 수 있다.
② 저온부식이 방지된다.
③ 예열공기의 공급으로 불완전 연소가 감소된다.
④ 노내의 연소속도를 빠르게 할 수 있다.

| 해설 | 공기예열기 설치 시 특징
① 연소효율을 높일 수 있다.
② 저온부식이 발생된다.
③ 예열공기의 공급으로 불완전 연소가 감소된다.
④ 노내의 연소속도를 빠르게 할 수 있다.

08 보일러 연료로 사용되는 LNG의 성분 중 함유량이 가장 많은 것은 무엇인가?

① CH_4
② C_2H_6
③ C_3H_8
④ C_4H_{10}

| 해설 | • LNG(액화천연가스)의 주성분 : CH_4
• LPG(액화석유가스)의 주성분 : C_3H_8, C_4H_{10}

09 긴 관의 한 끝에서 펌프로 압송된 급수가 관을 지나는 동안 차례로 가열, 증발, 과열된 다음 과열 증기가 되어 나가는 형식의 보일러로 맞는 것은?

① 노통보일러
② 관류보일러
③ 연관보일러
④ 입형보일러

| 해설 | 관류보일러 : 하나의 관계에서 급수 펌프로 공급된 관수가 예열(가열), 증발, 과열(과열증기)이 동시에 일어나는 형식으로 초임계 압력 보일러

10 급유장치에서 보일러 가동 중 연소의 소화, 압력초과 등 이상 현상 발생 시 긴급히 연료를 차단하는 것은 무엇인가?

① 압력조절 스위치
② 압력제한 스위치
③ 감압 밸브
④ 전자 밸브

| 해설 | 연료차단 밸브(전자 밸브)
점화 또는 운전 중 불착화, 프리퍼지, 저수위, 압력초과 등의 경우 화염검출기, 댐퍼나 송풍기, 저수위 경보기, 압력차단 스위치 등과 연결되어 응급 시 연료를 차단하는 밸브로 안전장치의 일종이다.

11 보일러의 자동제어 신호전달 방식 중 전달거리가 가장 긴 것으로 맞는 것은?

① 전기식
② 유압식
③ 공기식
④ 수압식

| 해설 | • 자동제어 신호 전달 방식 중 전달거리가 긴 순서
① 전기식 → ② 유압식 → ③ 공기식

12 다음 연료 중 표면 연소하는 것은 무엇인가?

① 목탄
② 중유
③ 석탄
④ LPG

| 해설 | 표면연소 : 연소 초기에 화염이 없이 연소가 되는 현상으로 목탄, 코크스 등의 연소가 이에 속한다.

| 정답 | 7. ② 8. ① 9. ② 10. ④ 11. ① 12. ①

13 일반적으로 효율이 가장 좋은 보일러는 무엇인가?

① 코르니시 보일러 ② 입형 보일러
③ 연관 보일러   ④ 수관 보일러

| 해설 | 수관 보일러의 장점
① 고온, 고압에 적당하다.
② 보유수량에 비해 전열면적이 넓어 증발시간이 빠르고, 효율이 대단히 높다.
③ 일종의 외분식이며, 보유수량이 적어 파열 시 피해가 적다.

14 플로트 트랩은 어떤 종류의 트랩에 속하는가?

① 디스크 트랩   ② 기계적 트랩
③ 온도조절 트랩   ④ 열역학적 트랩

| 해설 | • **기계적 트랩** : 버킷(상향,하향)식, 플로트식(다량트랩)
• **온도조절 트랩** : 벨로스식(열동식), 바이메탈식
• **열역학적 트랩** : 오리피스식, 디스크식

15 수면계의 기능시험 시기로 틀린 것은 무엇인가?

① 보일러를 가동하기 전
② 수위의 움직임이 활발할 때
③ 보일러를 가동하여 압력이 상승하기 시작했을 때
④ 2개 수면계의 수위에 차이를 발견했을 때

| 해설 | 수면계 점검 시기
① 비수·포밍 발생 시
② 2개의 수면계 수위가 서로 다를 때
③ 수면계의 움직임이 둔하고, 수위가 의심스런 경우
④ 운전(가동)전이나 송기 전 압력이 상승하기 시작했을 때
⑤ 수위가 보이지 않을 때

16 연료를 연소시키는데 필요한 실제공기량과 이론공기량의 비 즉, 공기비를 m이라 할 때 다음 식이 뜻하는 것은 무엇인가?

$$(m-1)100\%$$

① 과잉 공기율   ② 과소 공기율
③ 이론 공기율   ④ 실제 공기율

| 해설 | 과잉 공기율 $= (m-1) \times 100\%$

17 원통형 및 수관식 보일러의 구조에 대한 설명 중 틀린 것은 무엇인가?

① 노통 접합부는 아담슨 조인트(Adamson joint)로 연결하여 열에 의한 신축을 흡수한다.
② 코르니시 보일러는 노통을 편심으로 설치하여 보일러수의 순환이 잘 되도록 한다.
③ 겔러웨이관은 전열면을 증대하고 강도를 보강한다.
④ 강수관의 내부는 열가스가 통과하여 보일러수 순환을 증진한다.

| 해설 | **강수관** : 상부 증기드럼에 찬 물이 하부 수드럼으로 내려오는 관으로 열가스와 접촉이 없어야 한다.

| 정답 | 13. ④ 14. ② 15. ② 16. ① 17. ④

18 공기예열기 설치 시 이점으로 옳지 않은 것은 무엇인가?

① 예열공기의 공급으로 불완전 연소가 감소한다.
② 배기가스의 열손실이 증가된다.
③ 저질 연료도 연소가 가능하다.
④ 보일러 열효율이 증가한다.

| 해설 | • 공기예열기 설치 시 장점
  • 배기가스 열손실을 줄일 수 있다.
  • 연소효율·전열효율이 높아진다.
  • 저질 연료 연소가 용이하다.

19 보일러 연소실 내의 미연소가스 폭발에 대비하여 설치하는 안전장치는 무엇인가?

① 가용전   ② 방출밸브
③ 안전밸브   ④ 방폭문

| 해설 | **방폭문** : 보일러 후부 또는 측부에 설치하여 연소실 내의 미연소가스 폭발로 인한 보일러의 파손을 방지하기 위한 안전장치

20 물질의 온도 변화에 소요되는 열 즉, 물질의 온도를 상승시키는 에너지로 사용되는 열은 무엇인가?

① 잠열   ② 증발열
③ 융해열   ④ 현열

| 해설 | • **현열** : 상변화 없이 온도만 변화되는 것
  • **잠열** : 온도변화 없이 상만 변화되는 것

21 보일러에 과열기를 설치하여 과열증기를 사용하는 경우의 설명으로 잘못된 것은 무엇인가?

① 과열증기란 포화증기의 온도와 압력을 높인 것이다.
② 과열증기는 포화증기보다 보유 열량이 많다.
③ 과열증기를 사용하면 배관부의 마찰저항 및 부식을 감소시킬 수 있다.
④ 과열증기를 사용하면 보일러의 열효율을 증대시킬 수 있다.

| 해설 | 과열증기란 압력변화 없이 온도만 상승시킨 것

22 자동제어의 신호전달방법 중 신호전송 시 시간지연이 있으며 전송거리가 100~150m 정도인 신호전달방식은?

① 전기식   ② 유압식
③ 기계식   ④ 공기식

| 해설 | 공기식의 특징
  ① 신호전달거리가 100~150[m] 정도이다.
  ② 온도제어 등에 적합하고 위험이 적다.
  ③ 내열성이 우수하나 압축성이므로 신호전달에 지연이 된다.

23 가압수식 집진장치의 종류에 속하는 것은 무엇인가?

① 백필터   ② 세정탑
③ 코트렐   ④ 배풀식

| 해설 | • 건식 : 백필터식(여과식), 원심력식, 중력식, 전기식
  • 습식(세정식) : 가압수식(벤튜리 제트, 사이클론 스크레버식, 충전탑), 회전식, 유수식

| 정답 | 18. ② 19. ④ 20. ④ 21. ① 22. ④ 23. ②

24 보일러 중 노통연관식 보일러는 무엇인가?

① 코르니시 보일러
② 랭커셔 보일러
③ 스코치 보일러
④ 다쿠마 보일러

| 해설 | • 코르니시, 랭커셔 : 노통 보일러
• 스코치 : 노통연관 보일러
• 다쿠마 : 수관식 보일러(자연순환식)

25 분사관을 이용해 선단에 노즐을 설치하여 청소하는 것으로 주로 고온의 전열면에 사용하는 수트블로워(soot blower)의 형식으로 맞는 것은?

① 롱레트랙터블(long retractable)형
② 로터리(rotary)형
③ 건(gun)형
④ 에어히터클리너(air heater cleaner)형

| 해설 | ① 고온 전열면 블로워 - 롱트렉터블형
② 연소 노벽 블로워 - 숏트렉터블형
③ 전열면 블로워 - 건타입형
④ 저온전열면 블로워 - 로터리형
⑤ 공기예열기 블로워 - 롱트렉터블형, 트래벌링 프레임형

26 용적식 유량계에 속하지 않는 것은?

① 로타리형 유량계
② 피토우관식 유량계
③ 루트형 유량계
④ 오벌기어형 유량계

| 해설 | • 피토우관식 : 유속식 유량계

27 연소의 속도에 미치는 인자에 속하지 않는 것은?

① 반응물질의 온도 ② 산소의 온도
③ 촉매물질   ④ 연료의 발열량

| 해설 | 연소(반응)속도의 요인
① 온도   ② 압력
③ 농도   ④ 촉매
⑤ 햇빛   ⑥ 물질입자의 크기

28 액체연료 중 경질유에 주로 사용하는 기화연소 방식의 종류에 해당하지 않는 것은 무엇인가?

① 포트식   ② 심지식
③ 증발식   ④ 무화식

| 해설 | • 경질유 : 기화연소방식
• 중질유 : 무화연소방식

29 서로 다른 두 종류의 금속판을 하나로 합쳐 온도 차이에 따라 팽창정도가 다른 점을 이용한 온도계는 어느 것인가?

① 바이메탈 온도계 ② 압력식 온도계
③ 전기저항 온도계 ④ 열전대 온도계

| 해설 | • 바이메탈식 : 두 종의 서로 다른 금속의 열팽창력을 이용하여 온도 측정
• 열전대 온도계 : 두 개의 서로 다른 금속선을 양단에 연결하여 양단접점에 온도차를 주어 열기전력이 발생하는(제백 효과) 원리를 이용한 것
• 전기저항 온도계 : 금속의 도체 및 반도체의 온도상승에 의해 전기저항이 증가하여 변화하는 현상을 이용한 것
• 압력식 온도계 : 일정한 용적의 용기 내에 봉입된 유체의 압력이 온도에 의해 변화하는 현상을 이용하는 방식

30 냉동용 배관 결합 방식에 따른 도시방법 중 용접식을 나타내는 것은 어느 것인가?

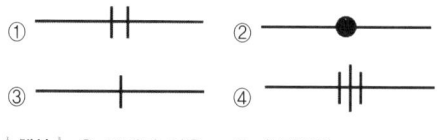

| 해설 | ① 플랜지 이음 ② 용접이음
③ 나사이음 ④ 유니온

31 방열기 설치 시 벽면과의 간격으로 가장 적합한 것은 어느 것인가?

① 50mm ② 80mm
③ 100mm ④ 150mm

| 해설 | 방열기와 벽면과의 간격 : 약 50~60mm

32 보일러 설치·시공기준상 가스용 보일러의 경우 연료배관 외부에 표시하여야 하는 사항이 아닌 것은 무엇인가? (단, 배관은 지상에 노출된 경우임)

① 사용 가스명 ② 최고 사용압력
③ 가스흐름 방향 ④ 최저 사용온도

| 해설 | 가스배관 외부에 표시사항
① 사용 가스명
② 최고사용 압력
③ 가스흐름 방향

33 관을 아래에서 지지하면서 신축을 자유롭게 하는 지지물은 무엇인가?

① 스프링 행거 ② 롤러 서포트
③ 콘스탄트 행거 ④ 리스트레인트

| 해설 | 서포트(support)
배관의 하중을 밑에서 떠받쳐 지지해주는 장치
① 파이프 슈(pipe shoe) : 관에 직접 접속하는 지지구로 수평배관과 수직배관의 연결부에 사용된다.
② 리지드 서포트(rigid support) : H빔(beam)이나 I빔으로 받침을 만들어 지지한다.
③ 스프링 서포트(spring support) : 스프링의 탄성에 의해 상하 이동을 허용한 것이다.
④ 롤러 서포트(roller support) : 관의 축 방향의 이동을 허용한다. 즉 신축을 자유롭게 하는 지지구이다.

34 실내의 온도분포가 가장 균등한 난방방식은 무엇인가?

① 온풍 난방 ② 방열기 난방
③ 복사 난방 ④ 온돌 난방

| 해설 | 복사 난방 : 실내의 온도분포가 가장 균등한 난방방식

35 곡률 반지름 $R=100$mm인 20A 관을 90°로 구부릴 때 중심곡선의 적당한 길이는 약 몇 mm인가?

① 147 ② 157
③ 167 ④ 177

| 해설 | 곡선부의 길이 $= \pi D \times \dfrac{각도}{360}$
D : 곡률 지름
$3.14 \times 200 \times \dfrac{90}{360} = 157$mm

| 정답 | 30. ② 31. ① 32. ④ 33. ② 34. ③ 35. ②

36 유류연소 수동보일러의 운전정지 내용으로 잘못된 것은 무엇인가?

① 운전정지 직전에 유류예열기의 전원을 차단하고 유류 예열기의 온도를 낮춘다.
② 연소실내, 연도를 환기시키고 댐퍼를 닫는다.
③ 보일러 수위를 정상수위보다 조금 낮추고 버너의 운전을 정지한다.
④ 연소실에서 버너를 분리하여 청소하고 기름이 누설되는지 점검한다.

| 해설 | 운전정지 시에는 정상 수위보다 약간 높게 유지한 후 운전을 정지한다.

37 증기 트랩의 종류가 아닌 것은 무엇인가?

① 그리스 트랩 ② 열동식 트랩
③ 버켓식 트랩 ④ 플로트 트랩

| 해설 | 그리스 트랩은 주로 배수용으로 사용된다.

38 배관의 단열공사를 실시하는 목적에서 가장 거리가 먼 것은 무엇인가?

① 열에 대한 경제성을 높인다.
② 온도조절과 열량을 낮춘다.
③ 온도변화를 제한한다.
④ 화상 및 화재방지를 한다.

| 해설 | ① 열에 대한 경제성을 높인다.
② 온도변화를 제한한다.
③ 화상 및 화재방지를 한다.

39 보일러의 운전정지 시 가장 뒤에 조작하는 작업은 어느 것인가?

① 연료의 공급을 정지시킨다.
② 연소용 공기의 공급을 정지시킨다.
③ 댐퍼를 닫는다.
④ 급수펌프를 정지시킨다.

| 해설 | • 보일러 운전 정지순서
① 연료공급을 정지 → ② 연소용 공기공급 정지 → ③ 급수를 한 후 증기압력을 저하시키고 급수밸브 닫음 → ④ 댐퍼를 닫는다.

40 보일러의 외부 부식발생원인과 가장 거리가 먼 것은 무엇인가?

① 빗물, 지하수 등에 의한 습기나 수분에 의한 작용
② 보일러수 등의 누출로 인한 습기나 수분에 의한 작용
③ 연소가스 속의 부식성 가스(아황산가스 등)에 의한 작용
④ 급수 중에 유지류, 산류, 탄산가스, 산소, 염류 등의 불순물 함유에 의한 작용

| 해설 | • 내부 부식 : 급수 중에 유지류, 산류, 탄산가스, 산소, 염류 등의 불순물 함유에 의한 작용에 의한 부식

| 정답 | 36. ③ 37. ① 38. ② 39. ③ 40. ④

41 강판 제조 시 강괴 속에 함유되어 있는 가스체 등에 의해 강판이 두 장의 층을 형성하는 결함은 무엇인가?

① 라미네이션 ② 크랙
③ 블리스터   ④ 심 리프트

| 해설 | • **라미네이션** : 강판이 두장의 층으로 분리되는 결함
• **블리스터** : 강판의 표면부가 화염의 접촉에 의해 부풀어 오르면서 갈라지는 현상

42 보일러 급수의 pH로 가장 적합한 것은 어느 것인가?

① 4~6   ② 7~9
③ 9~11   ④ 11~13

| 해설 | • 급수의 pH : 약 7~9
• 보일러수 pH : 약 10.5~11.8

43 증기난방과 비교한 온수난방의 특징에 대한 설명으로 틀린 것은 무엇인가?

① 예열시간이 길다.
② 건물 높이에 제한을 받지 않는다.
③ 난방부하 변동에 따른 온도조절이 용이하다.
④ 실내 쾌감도가 높다.

| 해설 | 온수난방의 특징
① 예열시간이 길다.
② 건물 높이에 제한을 받는다.
③ 온도조절이 용이하다.
④ 실내 쾌감도가 높다.

44 가스절단 조건에 대한 설명 중 틀린 것은 무엇인가?

① 금속 산화물의 용융온도가 모재의 용융온도보다 낮을 것
② 모재의 연소온도가 그 용융점보다 낮을 것
③ 모재의 성분 중 산화를 방해하는 원소가 많을 것
④ 금속 산화물 유동성이 좋으며, 모재로부터 이탈될 수 있을 것

| 해설 | 가스절단 시 모재의 성분 중 산화를 방해하는 원소는 적어야 한다.

45 보일러 외처리 방법 중 탈기법에서 제거되는 것으로 맞는 것은?

① 황화수소   ② 수소
③ 망간   ④ 산소

| 해설 | ① 용존가스의 제거
㉮ 탈기법 : 용존산소 및 탄산가스를 제거
㉯ 기폭법 : 탄산가스체나 철, 망간 등을 제거
② 현탁 고형물(불순물) 제거
㉮ 자연침강법 ㉯ 여과법 ㉰ 응집법
③ 용해 고형물 제거
㉮ 이온교환법 ㉯ 증류법 ㉰ 약제 첨가법

| 정답 | 41. ① 42. ② 43. ② 44. ③ 45. ④

46 난방부하 계산 시 사용되는 용어에 대한 설명 중 틀린 것은 무엇인가?

① 열전도 : 인접한 물체 사이의 열의 이동 현상
② 열관류 : 열이 한 유체에서 벽을 통하여 다른 유체로 전달되는 현상
③ 난방부하 : 방열기 표준 상태에서 $1m^2$ 당 단위시간이 방출하는 열량
④ 정격용량 : 보일러 최대 부하상태에서 단위 시간당 총 발생되는 열량

| 해설 | • 난방부하(kcal/h) : 한 시간당 난방에 필요한 열량

47 증기 보일러의 관류밸브에서 보일러와 압력릴리프 밸브와의 사이에 체크밸브를 설치할 경우 압력릴리프 밸브는 몇 개 이상 설치하는가?

① 1개   ② 2개
③ 3개   ④ 4개

| 해설 | 보일러와 압력릴리프 밸브와의 사이에 체크밸브를 설치할 경우 압력릴리프 밸브는 2개 이상 설치한다.

48 증기보일러에서 송기를 개시할 때 증기밸브를 급히 열면 발생할 수 있는 현상으로 가장 적당한 것은 무엇인가?

① 캐비테이션 현상   ② 수격작용
③ 역화   ④ 수면계의 파손

| 해설 | 송기를 개시할 때 증기밸브를 급개하면 비수현상 또는 관내의 응축수로 인하여 수격작용이 발생한다.

49 고체 내부에서의 열의 이동 현상으로 물질은 움직이지 않고 열만 이동하는 현상을 무엇이라 하는가?

① 전도   ② 전달
③ 대류   ④ 복사

| 해설 | • 전도 : 고체 간 열의 이동 현상
• 대류 : 비중차(밀도차)에 의한 열의 이동 현상
• 복사(방사) : 중간 매질 없이 열이 이동하는 현상

50 난방부하가 15000kcal/h이고, 주철제 증기 방열기로 난방한다면 방열기 소요 방열면적은 약 몇 m^2인가? (단, 방열기의 방열량은 표준 방열량으로 한다.)

① 16   ② 18
③ 20   ④ 23

| 해설 |
$$면적 = \frac{15000}{650} = 23m^2$$

51 강관의 스케줄 번호가 나타내는 것은 무엇인가?

① 관의 중심   ② 관의 두께
③ 관의 외경   ④ 관의 내경

| 해설 | • 스케줄 번호 : 관의 두께 표시법

| 정답 | 46. ③ 47. ② 48. ② 49. ① 50. ④ 51. ②

52 신축이음쇠 종류 중 고온, 고압에 적당하며, 신축에 따른 자체응력이 생기는 결점이 있는 신축이음쇠는 무엇인가?

① 루프형(loop type)
② 스위블형(swivel type)
③ 벨로스형(bellows type)
④ 슬리브형(sleeve type)

| 해설 | **루프형(loop type)** : 가장 고온, 고압에 사용되나 자체응력이 발생되는 결점이 있다.

53 가연가스와 미연가스가 노내에 발생하는 경우가 아닌 것은 무엇인가?

① 심한 불완전연소가 되는 경우
② 점화조작에 실패한 경우
③ 소정의 안전 저연소율보다 부하를 높여서 연소시킨 경우
④ 연소정지 중에 연료가 노내에 스며든 경우

| 해설 | **미연소가스의 발생원인**
① 불완전연소가 되는 경우
② 점화 조작 실패 시
③ 연소정지 중에 연료가 노내에 스며든 경우
④ 저질연료 및 연소장치 불량

54 가정용 온수보일러 등에 설치하는 팽창탱크의 주된 설치 목적은 무엇인지 고르시오.

① 허용압력초과에 따른 안전장치
② 배관 중의 맥동을 방지
③ 배관 중의 이물질 제거
④ 온수순환의 원활

| 해설 | **팽창 탱크 설치목적**
① 체적팽창, 이상팽창압력을 흡수한다.
② 관내 온수온도와 압력을 일정하게 유지한다.
③ 보충수 공급
④ 관수배출을 하지 않아 열손실 방지

55 저탄소 녹색성장 기본법상 녹색성장 위원회는 위원장 2명을 포함한 몇 명 이내의 위원으로 구성하는가?

① 25 ② 30
③ 45 ④ 50

| 해설 | 녹색성장 위원회의 위원장 2명, 위원은 약 50명 이내로 구성됨

56 열사용기자재 관리규칙에서 용접검사가 면제될 수 있는 보일러의 대상 범위로 틀린 것은 무엇인가?

① 강철제 보일러 중 전열면적이 $5m^2$ 이하이고, 최고사용압력이 0.35MPa 이하인 것
② 주철제 보일러
③ 제2종 관류보일러
④ 온수보일러 중 전열면적이 $18m^2$ 이하이고, 최고사용압력이 0.35MPa 이하인 것

| 해설 | **검사대상기기 중 용접검사 대상 면제 범위**
① 강철제 보일러 중 전열면적이 $5m^2$ 이하이고, 최고사용 압력이 0.35MPa 이하인 것
② 주철제 보일러
③ 1종 관류보일러
④ 온수보일러 중 전열면적이 $18m^2$ 이하이고, 최고사용 압력이 0.35MPa 이하인 것

57 에너지절약 전문기업의 등록은 누구에게 하도록 위탁되어 있는가?

① 지식경제부장관
② 에너지관리공단 이사장
③ 시공업자단체의 장
④ 시·도지사

| 해설 | 에너지절약 전문기업의 등록 : 에너지관리공단 이사장

| 정답 | 52. ① 53. ③ 54. ① 55. ④ 56. ③ 57. ②

58 신·재생에너지 설비의 설치를 전문으로 하려는 자는 자본금·기술인력 등의 신고기준 및 절차에 따라 누구에게 신고를 하여야 하는가?

① 국토해양부장관
② 환경부장관
③ 고용노동부장관
④ 산업통상자원부장관

| 해설 | 신·재생에너지 설비의 설치를 전문으로 하려는 자는 자본금·기술인력 등의 신고기준 및 절차에 따라 산업자원부장관에게 신고

59 에너지법에서 사용하는 "에너지"의 정의를 가장 올바르게 나타낸 것은?

① "에너지"라 함은 석유·가스 등 열을 발생하는 열원을 말한다.
② "에너지"라 함은 제품의 원료로 사용되는 것을 말한다.
③ "에너지"라 함은 태양, 조파, 수력과 같이 일을 만들어낼 수 있는 힘이나 능력을 말한다.
④ "에너지"라 함은 연료·열 및 전기를 말한다.

| 해설 | 에너지라 함은 연료·열 및 전기를 말한다.

60 에너지법상 지역에너지계획은 몇 년마다 몇 년 이상을 계획기간으로 수립·시행하는가?

① 2년마다 2년 이상
② 5년마다 5년 이상
③ 7년마다 7년 이상
④ 10년마다 10년 이상

| 해설 | 에너지법상 지역에너지 계획은 5년마다 5년 이상을 계획기간으로 수립·시행한다.

| 정답 | 58. ④ 59. ④ 60. ②

2014년 제5회 에너지관리기능사 필기

2014년 10월 12일 시행

01 보일러 제어에서 자동연소제어에 해당하는 약호는?

① A.C.C   ② A.B.C
③ S.T.C   ④ F.W.C

| 해설 | ① A.C.C : 자동연소제어
② A.B.C : 자동보일러제어
③ S.T.C : 증기온도 자동제어
④ F.W.C : 급수자동제어

02 보일러의 수위 제어에 영향을 미치는 요인 중에서 보일러 수위제어시스템으로 제어할 수 없는 것은?

① 급수온도   ② 급수량
③ 수위검출   ④ 증기량검출

| 해설 | 수위제어시스템으로는 급수량, 수위검출, 증기량 검출을 할 수 있다. 즉, 수위제어방식 중 3요소식은 수위, 증기량, 급수량을 이용하여 수위를 제어한다.

03 보일러에서 기체연료의 연소방식으로 가장 적당한 것은?

① 화격자연소   ② 확산연소
③ 증발연소   ④ 분해연소

| 해설 | ① 고체연료(분해연소, 표면연소 등)
② 액체연료(증발연소 등)
③ 기체연료(확산연소, 예혼합연소 등)

04 수관식 보일러의 특징에 대한 설명으로 틀린 것은?

① 전열면적이 커서 증기의 발생이 빠르다.
② 구조가 간단하여 청소, 검사, 수리 등이 용이하다.
③ 철저한 급수처리가 요구된다.
④ 보일러수의 순환이 빠르고 효율이 좋다.

| 해설 | 수관식 보일러의 특징
① 보일러수의 순환이 빠르고 효율이 높다.
② 전열면적이 커서 증기의 발생이 빠르다.
③ 보유수량이 적어 파열시 피해가 적다.
④ 급수처리가 까다롭다.
⑤ 구조가 복잡하여 청소, 검사가 어렵다.

05 연관식 보일러의 특징으로 틀린 것은?

① 동일 용량인 노통 보일러에 비해 설치면적이 적다.
② 전열면적이 커서 증기발생이 빠르다.
③ 외분식은 연료선택 범위가 좁다.
④ 양질의 급수가 필요하다.

| 해설 | • 외분식 연소 장치의 특징
① 연소실 크기의 제한을 받지 않는다.
② 완전연소가 가능하다.
③ 연소효율이 좋아 노(연소실) 내 온도상승이 쉽다.
④ 노벽방사손실이 있다.
⑤ 연료의 질에 크게 상관하지 않는다.(저질 연료라도 연소 양호)

| 정답 | 1. ①   2. ①   3. ②   4. ②   5. ③

06 랭커셔 보일러는 어디에 속하는가?

① 관류 보일러 ② 연관 보일러
③ 수관 보일러 ④ 노통 보일러

| 해설 | 노통 보일러(코르니시, 랭커셔)

07 고체연료와 비교하여 액체연료 사용 시의 장점을 잘못 설명한 것은?

① 인화의 위험성이 없으며 역화가 발생하지 않는다.
② 그을음이 적게 발생하고 연소효율도 높다.
③ 품질이 비교적 균일하며 발열량이 크다.
④ 저장 중 변질이 적다.

| 해설 | 액체연료의 특징
① 인화의 위험성이 크고 역화의 우려가 있다.
② 그을음이 적게 발생하고 연소효율도 높다.
③ 품질이 비교적 균일하며 발열량도 크다.
④ 저장 중 변질이 적다.

08 보일러 기관 작동을 저지시키는 인터록 제어에 속하지 않는 것은?

① 저수위 인터록 ② 저압력 인터록
③ 저연소 인터록 ④ 프리퍼지 인터록

| 해설 | • 인터록 제어 : 운전 조작상태에서 조건이 불충분하다거나 다음의 진행에 미루어 불합리한 동작으로 변화하게 될 때 동작을 다음 단계에 도달되기 전에 기관을 정지시키는 제어방식
① 초과압력 인터록
② 저수위 인터록
③ 저연소 인터록
④ 프리퍼지 인터록
⑤ 불착화 인터록

09 액체연료 연소에서 무화의 목적이 아닌 것은?

① 단위 중량당 표면적을 크게 한다.
② 연소효율을 향상시킨다.
③ 주위 공기와 혼합을 좋게 한다.
④ 연소실의 열부하를 낮게 한다.

| 해설 | 무화의 목적
① 단위 중량당 표면적을 넓게 한다.
② 공기와 연료의 혼합을 좋게 한다.
③ 연소효율을 향상시킨다.

10 최근 난방 또는 급탕용으로 사용되는 진공 온수 보일러에 대한 설명 중 틀린 것은?

① 열매수의 온도는 운전 시 100℃ 이하이다.
② 운전 시 열매수의 급수는 불필요하다.
③ 본체의 안전장치로서 용해전, 온도퓨즈, 안전밸브 등을 구비한다.
④ 추기장치는 내부에서 발생하는 비응축가스 등을 외부로 배출시킨다.

| 해설 | 진공온수 보일러의 특징
① 열매수의 온도는 운전 시 100℃ 이하이다.
② 운전 시 열매수의 급수는 불필요하다.
③ 추기장치는 내부에서 발생하는 비응축가스 등을 외부로 배출시켜 진공을 잡아준다.
④ 진공온수보일러는 팽창, 파열 등이 발생하지 않으므로 안전밸브를 설치하지 않는다.

| 정답 | 6. ④ 7. ① 8. ② 9. ④ 10. ③

11 수트 블로워(soot blower) 사용 시 주의 사항으로 거리가 먼 것은?

① 한 곳으로 집중하여 사용하지 말 것
② 분출기 내의 응축수를 배출시킨 후 사용할 것
③ 보일러 가동을 정지 후 사용할 것
④ 연도 내 배풍기를 사용하여 유인통풍을 증가시킬 것

| 해설 | 수트 블로워(soot blower)의 특징
① 부하가 적거나(50[%] 이하) 소화 후 사용하지 말 것
② 연도 내 배풍기를 사용 유인통풍을 증가시킬 것
③ 분출기 내의 응축수를 배출시킨 후 사용할 것
④ 한 곳으로 집중적으로 사용함으로 전열면에 무리를 가하지 말 것

12 노통 보일러에서 아담슨 조인트를 하는 목적은?

① 노통 제작을 쉽게 하기 위해서
② 재료를 절감하기 위해서
③ 열에 의한 신축을 조절하기 위해서
④ 물 순환을 촉진하기 위해서

| 해설 | 아담슨 조인트 : 열에 의한 신축을 조절하여 경판의 그루빙(도랑 모양의 부식)현상을 방지하기 위함

13 다음 중 압력계의 종류가 아닌 것은?

① 부르동관식 압력계
② 벨로즈식 압력계
③ 유니버설 압력계
④ 다이어프램 압력계

| 해설 | 탄성식 압력계 : 부르동관식, 벨로즈식, 다이어프램식

14 증기압력이 높아질 때 감소되는 것은?

① 포화 온도
② 증발 잠열
③ 포화수 엔탈피
④ 포화증기 엔탈피

| 해설 | 증기압력이 높아지면 증발잠열은 감소한다. 즉, 임계압력 상태에서 증발잠열은 0이다.

15 프로판(C_3H_8) 1kg이 완전연소하는 경우 필요한 이론 산소량은 약 몇 Nm^3인가?

① 3.47
② 2.55
③ 1.25
④ 1.50

| 해설 | $C_3H_8 + 5O_2 \rightarrow 3CO_2 + 4H_2O$
44kg : $5 \times 22.4 Nm^3$
1kg : x
∴ $\frac{5 \times 22.4}{44} = 2.545 Nm^3$

| 정답 | 11. ③ 12. ③ 13. ③ 14. ② 15. ②

16 스팀 헤더(steam header)에 관한 설명으로 틀린 것은?

① 보일러 주증기관과 증기관 사이에 설치한다.
② 송기 및 정지가 편리하다.
③ 불필요한 장소에 송기하기 때문에 열손실은 증가한다.
④ 증기의 과부족을 일부 해소할 수 있다.

| 해설 | 스팀헤더(steam header) : 일종의 분배기로서 필요개소에 증기를 공급하므로 열손실을 줄여 준다.

17 오일 버너의 화염이 불안정한 원인과 가장 무관한 것은?

① 분무 유압이 비교적 높을 경우
② 연료 중에 슬러지 등의 협잡물이 들어 있는 경우
③ 무화용 공기량이 적절치 않을 경우
④ 연소용 공기의 과다로 노내 온도가 저하될 경우

| 해설 | 오일 버너의 화염의 불안정 원인
① 연료 중에 슬러지 등의 협잡물이 들어 있을 경우
② 무화용 공기량이 적절치 않을 경우
③ 연소용 공기의 과다로 노내 온도가 저하될 경우
④ 유압식 버너의 경우 분무유압은 약 5~10kg/cm² 으로 비교적 높다.

18 5000W의 전열기로서 2kg의 물을 18℃로부터 100℃까지 가열하는 데 소요되는 시간은 얼마인가?

① 약 10분   ② 약 16분
③ 약 20분   ④ 약 23분

| 해설 |
$$\frac{GC\Delta t}{860 \times kw} = \frac{2 \times 1 \times (100-18)}{860 \times 0.5} \times 60$$
분
≒ 23

19 연소가스와 대기의 온도가 각각 250℃, 30℃이고 연돌의 높이가 50m일 때 이론 통풍력은 약 얼마인가? (단, 연소가스와 대기의 비중량은 각각 1.35kg/Nm³, 1.25kg/Nm³이다.)

① 21.08mmAq   ② 23.12mmAq
③ 25.02mmAq   ④ 27.36mmAq

| 해설 |
$$50 \times \left(\frac{273 \times 1.25}{273+30} - \frac{273 \times 1.35}{273+250}\right)$$
$$= 21.08 \text{mmAq}$$

20 사이클론 집진기의 집진율을 증가시키기 위한 방법으로 틀린 것은?

① 사이클론의 내면을 거칠게 처리한다.
② 블로 다운방식을 사용한다.
③ 사이클론 입구의 속도를 크게 한다.
④ 분진박스와 모양은 적당한 크기와 형상으로 한다.

| 해설 | 사이클론의 내면을 거칠게 처리되면 원심력이 약해져 집진율이 감소한다.

21 보일러의 여열을 이용하여 증기보일러의 효율을 높이기 위한 부속장치로 맞는 것은?

① 버너, 댐퍼, 송풍기
② 절탄기, 공기예열기, 과열기
③ 수면계, 압력계, 안전밸브
④ 인젝터, 저수위 경보장치, 집진장치

| 해설 | 연소가스의 여열(잔열)을 이용하여 증기보일러의 효율을 높이기 위한 장치
① 과열기   ② 재열기
③ 절탄기   ④ 공기예열기

22 보일러에서 발생하는 증기를 이용하여 급수하는 장치는?

① 슬러지(sludge)
② 인젝터(injector)
③ 콕(cock)
④ 트랩(trap)

| 해설 | 인젝터 : 증기를 이용한 급수보조 장치

23 다음 중 특수보일러에 속하는 것은?

① 벤슨 보일러
② 슐처 보일러
③ 소형관류 보일러
④ 슈미트 보일러

| 해설 | 특수 보일러인 간접가열보일러 : 슈미트, 레플러 보일러

24 보일러 연소실이나 연도에서 화염의 유무를 검출하는 장치가 아닌 것은?

① 스테빌라이저   ② 플레임 로드
③ 플레임 아이   ④ 스택 스위치

| 해설 | 화염검출기의 종류
① 플레임 아이   ② 플레임 로드
③ 스택 스위치

25 건포화증기의 엔탈피와 포화수의 엔탈피의 차는?

① 비열   ② 잠열
③ 현열   ④ 액체열

| 해설 | **잠열** : 온도변화 없이 상태만 변화되는 것 즉, 건포화증기 엔탈피와 포화수 엔탈피 차를 말한다.

26 열전도에 적용되는 퓨리에의 법칙 설명 중 틀린 것은?

① 두 면 사이에 흐르는 열량은 물체의 단면적에 비례한다.
② 두 면 사이에 흐르는 열량은 두 면 사이의 온도차에 비례한다.
③ 두 면 사이에 흐르는 열량은 시간에 비례한다.
④ 두 면 사이에 흐르는 열량은 두 면 사이의 거리에 비례한다.

| 해설 |
$$Q = \frac{\lambda \times A \times \Delta t}{b}$$

퓨리에의 법칙에서 열량은 열전도율, 면적, 온도차와는 비례하고 두께와는 반비례한다.

| 정답 | 21. ②   22. ②   23. ④   24. ①   25. ②   26. ④

27 보일러에서 실제 증발량(kg/h)을 연료 소모량 (kg/h)으로 나눈 값은?

① 증발 배수 ② 전열면 증발량
③ 연소실 열부하 ④ 상당 증발량

| 해설 | 증발배수 = $\dfrac{\text{실제증발량}}{\text{연료사용량}}$

28 보일러 과열 원인으로 적당하지 않은 것은?

① 보일러 수의 순환이 좋은 경우
② 보일러 내에 스케일이 부착된 경우
③ 보일러 내에 유지분이 부착된 경우
④ 국부적으로 심하게 복사열을 받는 경우

| 해설 | 과열의 원인
　　　① 관수의 순환 불량 시
　　　② 전열면에 스케일 생성 시
　　　③ 저수위 시(이상감수 시)
　　　④ 전열면에 유지분 등 이물질 부착 시
　　　⑤ 국부적으로 열이 전달될 때

29 고압, 중압 보일러 급수용 및 고양정 급수용으로 쓰이는 것으로 임펠러와 안내날개가 있는 펌프는?

① 볼류트 펌프
② 터빈 펌프
③ 워싱턴 펌프
④ 웨어 펌프

| 해설 | **터빈펌프** : 안내깃이 있으며, 고양정용이다.

30 증기보일러에 설치하는 유리수면계는 2개 이상이어야 하는데 1개만 설치해도 되는 경우는?

① 소형관류보일러
② 최고사용압력 2MPa 미만의 보일러
③ 동체 안지름 800mm 미만의 보일러
④ 1개 이상의 원격지시 수면계를 설치한 보일러

| 해설 | 유리수면계를 1개만 설치해도 되는 경우
　　　① 소형관류보일러
　　　② 최고사용압력이 1Mpa 미만의 보일러
　　　③ 동체 안지름이 750mm 미만의 보일러
　　　④ 2개 이상의 원격지시 수면계를 설치한 보일러

31 보일러의 열효율 향상과 관계가 없는 것은?

① 공기예열기를 설치하여 연소용 공기를 예열한다.
② 절탄기를 설치하여 급수를 예열한다.
③ 가능한 한 과잉공기를 줄인다.
④ 급수펌프로는 원심펌프를 사용한다.

| 해설 | 보일러 열효율 향상과 원심펌프를 사용하는 것과는 관계가 없다.

32 온수난방 배관 시공법의 설명으로 잘못된 것은?

① 온수난방은 보통 1/250 이상의 끝올림 구배를 주는 것이 이상적이다.
② 수평 배관에서 관경을 바꿀 때는 편심 레듀셔를 사용하는 것이 좋다.
③ 지관이 주관 아래로 분기될 때는 45° 이상 끝내림 구배로 배관한다.
④ 팽창탱크에 이르는 팽창관에는 조정용 밸브를 단다.

| 해설 | 팽창관에는 밸브 및 체크밸브 등을 설치해서는 안 된다.

| 정답 | 27. ① 28. ① 29. ② 30. ① 31. ④ 32. ④

33 보일러 내부에 아연판을 매다는 가장 큰 이유는?

① 기수공발을 방지하기 위하여
② 보일러 판의 부식을 방지하기 위하여
③ 스케일 생성을 방지하기 위하여
④ 프라이밍을 방지하기 위하여

| 해설 | 보일러 판의 부식을 방지하기 위하여 아연판을 매단다.(전기방식법)

34 배관의 높이를 관의 중심을 기준으로 표시한 기호는?

① TOP
② GL
③ BOP
④ EL

| 해설 | TOP : 관의 윗면을 기준으로 표시
GL : 지면을 기준으로 표시
BOP : 관의 밑면을 기준으로 표시
EL : 관의 중심을 기준으로 표시

35 증기난방의 분류에서 응축수 환수방식에 해당하는 것은?

① 고압식
② 상향 공급식
③ 기계 환수식
④ 단관식

| 해설 | 응축수 환수방식
① 중력 환수식
② 기계 환수식
③ 진공 환수식

36 보일러에서 분출 사고 시 긴급조치 사항으로 틀린 것은?

① 연도 댐퍼를 전개한다.
② 연소를 정지시킨다.
③ 압입 통풍을 가동시킨다.
④ 급수를 계속하여 수위의 저하를 막고 보일러의 수위 유지에 노력한다.

| 해설 | 보일러에서 분출 사고 시 긴급조치 사항으로 압입 통풍기를 가동시키는 것과는 관련이 없다.

37 보일러 수트 블로워를 사용하여 그을음 제거 작업을 하는 경우의 주의사항 설명으로 가장 옳은 것은?

① 가급적 부하가 높을 때 실시한다.
② 보일러를 소화한 직후에 실시한다.
③ 흡출 통풍을 감소시킨 후 실시한다.
④ 작업 전에 분출기 내부의 드레인을 충분히 제거한다.

| 해설 | 수트 블로워(soot blower)의 특징
① 부하가 적거나(50[%] 이하) 소화 후 사용하지 말 것
② 연도 내 배풍기를 사용 유인통풍을 증가시킬 것
③ 분출기 내의 응축수를 배출시킨 후 사용할 것
④ 한 곳으로 집중적으로 사용함으로 전열면에 무리를 가하지 말 것

38 어떤 거실의 난방부하가 5000kcal/h이고, 주철제 온수방열기로 난방할 때 필요한 방열기 쪽수는? (단, 방열기 1쪽당 방열 면적은 0.26m² 이고, 방열량은 표준방열량으로 한다.)

① 11쪽
② 21쪽
③ 30쪽
④ 43쪽

| 해설 |
$$방열기쪽수 = \frac{5000}{450 \times 0.26} = 43쪽$$

| 정답 | 33. ② 34. ④ 35. ③ 36. ③ 37. ④ 38. ④

39 가정용 온수보일러 등에 설치하는 팽창탱크의 주된 기능은?

① 배관 중의 이물질 제거
② 온수 순환의 맥동방지
③ 열효율의 증대
④ 온수의 가열에 따른 체적팽창 흡수

| 해설 | **팽창 탱크 설치목적**
① 체적팽창, 이상팽창압력을 흡수
② 관내 온수온도와 압력을 일정하게 유지
③ 보충수 공급
④ 관수배출을 하지 않아 열손실 방지

40 호칭지름 20A인 강관을 그림과 같이 배관할 때 엘보 사이의 파이프의 절단 길이는? (단, 20A 엘보의 끝단에서 중심까지 거리는 32mm이고, 파이프의 물림 길이는 13mm이다.)

① 210mm   ② 212mm
③ 214mm   ④ 216mm

| 해설 | $250 - 2 \times (32 - 13) = 212$mm

41 보일러 급수성분 중 포밍과 관련이 가장 큰 것은?

① pH   ② 경도 성분
③ 용존 산소   ④ 유지 성분

| 해설 | **포밍 현상(물거품 현상)** : 보일러수 중에 유지류, 부유물질이 혼입 시 수면 위에 물거품이 발생되는 현상

42 보온재 중 흔히 스티로폼이라고도 하며, 체적의 97~98%가 기공으로 되어 있어 열차단 능력이 우수하고, 내수성도 뛰어난 보온재는?

① 폴리스티렌 폼   ② 경질 우레탄 폼
③ 코르크   ④ 글라스울

| 해설 | **폴리스티렌 폼** : 흔히 스티로폼이라고 하며 체적의 97~98%가 기공으로 되어 있어 열 차단 능력이 우수하고 내수성이 뛰어나다.

43 유리솜 또는 암면의 용도와 관계 없는 것은?

① 보온재   ② 보냉재
③ 단열재   ④ 방습재

| 해설 | 유리솜, 암면의 용도는 보온재, 보냉재, 단열재 등으로 사용되나 방습재로는 사용할 수 없다.

44 진공환수식 증기난방에서 리프트 피팅이란?

① 저압환수관이 진공펌프의 흡입구보다 낮은 위치에 있을 때 적용되는 이음방법이다.
② 방열기보다 낮은 곳에 환수주관이 설치된 경우 적용되는 이음방법이다.
③ 진공펌프가 환수주관과 같은 위치에 있을 때 적용되는 이음방법이다.
④ 방열기와 환수주관의 위치가 같을 때 적용되는 이음방법이다.

| 해설 | **리프트 피팅** : 저압환수관이 진공펌프의 흡입구보다 낮은 위치에 있을 때 적용되는 이음방법으로 리프트 피팅은 통상 1.5m 정도로 한다.

| 정답 | 39. ④ 40. ② 41. ④ 42. ① 43. ④ 44. ①

45 단관 중력 환수식 온수난방에서 방열기 입구 반대편 상부에 부착하는 밸브는?

① 방열기 밸브 ② 온도조절 밸브
③ 공기빼기 밸브 ④ 배니 밸브

| 해설 | 단관 중력 환수식 온수난방에서 방열기 입구 반대편 상부에는 공기빼기 밸브를 부착한다.

46 보일러에서 역화의 발생 원인이 아닌 것은?

① 점화 시 착화가 지연되었을 경우
② 연료보다 공기를 먼저 공급한 경우
③ 연료 밸브를 과대하게 급히 열었을 경우
④ 프리퍼지가 부족한 경우

| 해설 | • 역화의 발생 원인
　① 점화가 늦어진 경우
　② 가동 중 실패 시
　③ 공기보다 연료를 먼저 노내에 진입 시
　④ 통풍(프리 퍼지, 포스트 퍼지)이 불량한 경우
　⑤ 연소실 내에 미연소가스가 차 있을 때

47 보일러 내면의 산세정 시 염산을 사용하는 경우 세정액의 처리온도와 처리시간으로 가장 적합한 것은?

① 60±5℃, 1~2시간
② 60±5℃, 4~6시간
③ 90±5℃, 1~2시간
④ 90±5℃, 4~6시간

| 해설 | 염산 세정 시 처리온도는 60±5℃, 처리 시간은 4~6시간 정도이다.

48 다른 보온재에 비하여 단열 효과가 낮으며 500℃ 이하의 파이프, 탱크, 노벽 등에 사용하는 것은?

① 규조토 ② 암면
③ 글라스울 ④ 펠트

| 해설 | 규조토 : 단열 효과가 낮으며 500℃ 이하의 파이프, 탱크, 노벽 등에 주로 사용된다.

49 보일러 수(水) 중의 경도 성분을 슬러지로 만들기 위하여 사용하는 청관제는?

① 가성취하 억제제
② 연화제
③ 슬러지 조정제
④ 탈산소제

| 해설 | 연화제 : 보일러수 속에 첨가하여 수중의 경도 성분과 반응시킴으로써 불용성의 물질, 소위 슬러지로 바꾸어 침전시켜 배출시킴

50 방열기의 표준 방열량에 대한 설명으로 틀린 것은?

① 증기의 경우, 게이지 압력 1kg/cm², 온도 80℃로 공급하는 것이다.
② 증기 공급 시의 표준 방열량은 650kcal/m²·h이다.
③ 실내 온도는 증기일 경우 21℃, 온수일 경우 18℃ 정도이다.
④ 온수 공급 시의 표준 방열량은 450kcal/m²·h이다.

| 해설 |

구분	표준발열량 [kcal/m²·h]	방열기내 평균온도 [℃]
증기	650	102
온수	450	80

| 정답 | 45. ③　46. ②　47. ②　48. ①　49. ②　50. ①

51 건물을 구성하는 구조체 즉 바닥, 벽 등에 난방용 코일을 묻고 열매체를 통과시켜 난방을 하는 것은?

① 대류난방　　② 복사난방
③ 간접난방　　④ 전도난방

| 해설 | 복사난방 : 바닥, 벽, 천장의 패널(난빙코일)에서 발생되는 복사열을 이용하여 난방하는 방식

52 점화전 댐퍼를 열고 노내와 연도에 체류하고 있는 가연성 가스를 송풍기로 취출시키는 작업은?

① 분출　　② 송풍
③ 프리퍼지　　④ 포스트퍼지

| 해설 | 프리퍼지 : 점화전 댐퍼를 열고 노내와 연도에 체류하고 있는 미연소가스를 송풍기로 배출시키는 작업

53 보일러 유리 수면계의 유리파손 원인과 무관한 것은?

① 유리관 상하 콕의 중심이 일치하지 않을 때
② 유리가 알칼리 부식 등에 의해 노화되었을 때
③ 유리관 상하 콕의 너트를 너무 조였을 때
④ 증기의 압력을 갑자기 올렸을 때

| 해설 | 유리수면계 파손 원인
　　① 무리한 너트의 조임
　　② 외부에서 충격을 가할 때
　　③ 급열·급냉 및 부식 등 노화가 발생된 경우
　　④ 상하부의 축이 이완되었을 때

54 지역난방의 특징을 설명한 것 중 틀린 것은?

① 설비가 길어지므로 배관 손실이 있다.
② 초기 시설 투자비가 높다.
③ 개개 건물의 공간을 많이 차지한다.
④ 대기오염의 방지를 효과적으로 할 수 있다.

| 해설 | 지역난방의 특징
　　① 설비가 길어지므로 배관을 통한 손실이 있다.
　　② 초기 시설 투자비가 높다.
　　③ 개개 건물의 공간 이용률이 높다.
　　④ 대기오염의 방지를 효과적으로 할 수 있다.

55 에너지이용합리화법상의 목표 에너지원 단위를 가장 옳게 설명한 것은?

① 에너지를 사용하여 만드는 제품의 단위당 폐연료사용량
② 에너지를 사용하여 만드는 제품의 연간 폐열사용량
③ 에너지를 사용하여 만드는 제품의 단위당 에너지사용 목표량
④ 에너지를 사용하여 만드는 제품의 연간 폐열에너지사용 목표량

| 해설 | 목표원 단위 : 에너지를 사용하여 만드는 제품의 단위당 에너지사용 목표량

56 다음은 저탄소 녹색성장 기본법에 명시된 용어의 뜻이다. (   ) 안에 알맞은 것은?

> 온실가스란 (①), 메탄, 아산화질소, 수소불화탄소, 과불화탄소, 육불화황 및 그 밖에 대통령령으로 정하는 것으로 (②) 복사열을 흡수하거나 재방출하여 온실효과를 유발하는 대기 중의 가스 상태의 물질을 말한다.

① ① 일산화탄소, ② 자외선
② ① 일산화탄소, ② 적외선
③ ① 이산화탄소, ② 자외선
④ ① 이산화탄소, ② 적외선

| 해설 | 온실가스란 이산화탄소, 메탄, 아산화질소, 수소불화탄소, 과불화탄소, 육불화황 및 대통령령으로 정하는 것으로 적외선 복사열을 흡수하거나 재방출하여 온실효과를 유발하는 대기 중의 가스 상태의 물질을 말한다.

57 에너지이용합리화법상 에너지의 최저소비효율기준에 미달하는 효율관리기자재의 생산 또는 판매금지 명령을 위반한 자에 대한 벌칙 기준은?

① 1년 이하의 징역 또는 1천만원 이하의 벌금
② 1천만원 이하의 벌금
③ 2년 이하의 징역 또는 2천만원 이하의 벌금
④ 2천만원 이하의 벌금

| 해설 | 에너지의 최저소비효율기준에 미달하는 효율관리기자재의 생산 또는 판매금지 명령을 위반한 자에 대한 벌칙 : 2천만원 이하의 벌금

58 특정열사용기자재 중 산업통상자원부령으로 정하는 검사대상기기의 계속사용검사 신청서는 검사유효기간 만료 며칠 전까지 제출해야 하는가?

① 10일 전까지   ② 15일 전까지
③ 20일 전까지   ④ 30일 전까지

| 해설 | 검사대상기기의 계속사용검사 신청서는 검사유효기간 만료 10일 전까지 제출한다.

59 화석연료에 대한 의존도를 낮추고 청정에너지의 사용 및 보급을 확대하여 녹색기술 연구개발, 탄소흡수원 확충 등을 통하여 온실가스를 적정수준 이하로 줄이는 것에 대한 정의로 옳은 것은?

① 녹색성장   ② 저탄소
③ 기후변화   ④ 자원순환

| 해설 | 저탄소 : 화석연료에 대한 의존도를 낮추고 청정에너지의 사용 및 보급을 확대하여 녹색기술 연구개발, 탄소 흡수원 확충 등을 통하여 온실가스를 적정수준 이하로 줄이는 것

60 특정열사용기자재 중 산업통상자원부령으로 정하는 검사대상기기를 폐기한 경우에는 폐기한 날부터 며칠 이내에 폐기신고서를 제출해야 하는가?

① 7일 이내   ② 10일 이내
③ 15일 이내   ④ 30일 이내

| 해설 | 검사대상기기의 폐기신고 : 폐기한 날로부터 15일 이내

| 정답 | 56. ④ 57. ④ 58. ① 59. ② 60. ③

2015년 제1회 에너지관리기능사 필기

2015년 1월 25일 시행

01 증기 또는 온수 보일러로써 여러 개의 섹션(PART)을 조합하여 제작하는 보일러는?

① 열매체 보일러 ② 강철제 보일러
③ 관류 보일러   ④ 주철제 보일러

| 해설 | 주철제보일러 : 소형 난방용으로 사용되며, 여러 개의 섹션을 조합하여 제작한다.

02 연소용 공기를 노의 앞에서 불어 넣으므로 공기가 차고 깨끗하며 송풍기의 고장이 적고 점검수리가 용이한 보일러의 강제통풍 방식은?

① 압입통풍   ② 자연통풍
③ 흡입통풍   ④ 수직통풍

| 해설 | 압입통풍(정압, +) : 연소실(노) 입구에 송풍기를 설치하여 통풍시키는 방식

03 액면계 중 직접식 액면계에 속하는 것은?

① 방사선식   ② 압력식
③ 초음파식   ④ 유리관식

| 해설 | • 직접식 액면계 : 유리관식, 부자식
• 간접식 액면계 : 압력식, 방사선식, 초음파식

04 보일러 자동제어 신호전달 방식 중 공기압 신호전송의 특징에 대한 설명으로 틀린 것은?

① 배관이 용이하고 보존이 비교적 쉽다.
② 내열성이 우수하나 압축성이므로 신호전달에 지연이 된다.
③ 신호전달 거리가 100~500m 정도이다.
④ 온도제어 등에 부적합하고 위험이 크다.

| 해설 | 전달방식에 의한 특징 비교

전달방식	장점	단점
공기식	① 배관이 용이 ② 위험성이 없다. ③ 보존이 비교적 용이	① 신호의 전달 지연이 있다. ② 조작 지연이 있다. ③ 희망특성을 살리기 어렵다.
유압식	① 조작속도가 크다. ② 조작력이 강대 ③ 희망특성의 것을 만드는 것이 용이	① 기름이 넘치면 더럽다. ② 인화의 위험이 있다. ③ 수기압 정도의 유압원이 필요
전기식	① 배선의 용이 ② 신호의 전달지연이 없다. ③ 신호의 복잡한 취급이 용이	① 조작속도가 빠른 비례조작부를 만드는 것이 곤란하다. ② 보존에 기술이 요한다.

05 보일러 자동제어의 급수제어(F.W.C)에서 조작량은?

① 공기량   ② 연료량
③ 전열량   ④ 급수량

| 해설 | 급수제어(F.W.C) 조작량 : 급수량

| 정답 | 1. ④ 2. ① 3. ④ 4. ④ 5. ④

06 연료유 탱크에 가열장치를 설치한 경우에 대한 설명으로 틀린 것은?

① 열원에는 증기, 온수, 전기 등을 사용한다.
② 전열식 가열장치에 있어서는 직접식 또는 저항밀봉 피복식의 구조로 한다.
③ 온수, 증기 등의 열매체가 동절기에 동결할 우려가 있는 경우에는 동결을 방지하는 조치를 취해야 한다.
④ 연료유 탱크의 기름 취출구 등에 온도계를 설치하여야 한다.

| 해설 | 전기식 중유예열기는 간접식과 저항밀봉 피복관식이 있다. 간접식은 가열매체를 가열하고 이 가열매체를 연료유를 가열하는 방식으로 저항밀봉 피복식보다 안정성은 있으나 예열시간이 필요한 것이 결점이다.

07 분진가스를 방해판 등에 충돌시키거나 급격한 방향전환 등에 의해 매연을 분리 포집하는 집진 방법은?

① 중력식 ② 여과식
③ 관성력식 ④ 유수식

| 해설 | 관성력식 : 분진가스를 방해판 등에 충돌시키거나 급격한 방향전환 등에 의해 매연을 분리 포집하는 방법

08 보일러 연료 중에서 고체연료를 원소 분석하였을 때 일반적인 주성분은? (단, 중량 %를 기준으로 한 주성분을 구한다.)

① 탄소 ② 산소
③ 수소 ④ 질소

| 해설 | 고체 연료의 주성분은 탄소(C)이다.

09 보일러에 사용되는 열교환기 중 배기가스의 폐열을 이용하는 교환기가 아닌 것은?

① 절탄기 ② 공기예열기
③ 방열기 ④ 과열기

| 해설 | 배기가스의 폐열을 이용하는 교환기(폐열회수장치)
① 과열기 ② 재열기
③ 절탄기 ④ 공기예열기

10 보일러 본체에서 수부가 클 경우의 설명으로 틀린 것은?

① 부하 변동에 대한 압력 변화가 크다.
② 증기 발생시간이 길어진다.
③ 열효율이 낮아진다.
④ 보유 수량이 많으므로 파열 시 피해가 크다.

| 해설 | 수부가 크면 부하변동에 응하기가 쉽다. 즉, 압력변화가 적다.

11 액체 연료 연소장치에서 보염 장치(공기조절장치)의 구성 요소가 아닌 것은?

① 바람상자 ② 보염기
③ 버너 팁 ④ 버너타일

| 해설 | 보염장치 종류 : 윈드박스(바람상자), 보염기, 버너타일, 콤버스터

12 증기난방시공에서 관말 증기 트랩 장치의 냉각 래그(cooling leg) 길이는 일반적으로 몇 m 이상으로 해주어야 하는가?

① 0.7m
② 1.0m
③ 1.5m
④ 2.5m

| 해설 | 건식환수방식에서 냉각관(cooling leg)의 길이는 일반적으로 1.5m 이상으로 한다.

13 드럼 없이 초임계압력하에서 증기를 발생시키는 강제순환 보일러는?

① 특수 열매체 보일러
② 2중 증발 보일러
③ 연관 보일러
④ 관류 보일러

| 해설 | 관류보일러: 드럼이 없이 초임계압력 하에서 증기를 발생시키는 강제순환 보일러

14 증발량 3500kgf/h인 보일러의 증기 엔탈피가 640kcal/kg이고, 급수의 온도는 20℃이다. 이 보일러의 상당 증발량은 얼마인가?

① 약 3786kgf/h
② 약 4156kgf/h
③ 약 2760kgf/h
④ 약 4026kgf/h

| 해설 | $\dfrac{3500 \times (640-20)}{539} = 4026 \text{kg}_f/\text{h}$

15 보일러의 상당증발량을 옳게 설명한 것은?

① 일정 온도의 보일러수가 최종의 증발상태에서 증기가 되었을 때의 중량
② 시간당 증발된 보일러수의 중량
③ 보일러에서 단위시간에 발생하는 증기 또는 온수의 보유열량
④ 시간당 실제증발량이 흡수한 전열량을 온도 100℃의 포화수를 100℃의 증기로 바꿀 때의 열량으로 나눈 값

| 해설 | 상당증발량 : 시간당 실제증발량이 흡수한 전열량을 온도 100℃의 포화수를 100℃의 증기로 바꿀 때의 열량으로 나눈 값

16 수관식 보일러의 일반적인 특징에 관한 설명으로 틀린 것은?

① 구조상 고압 대용량에 적합하다.
② 전열면적을 크게 할 수 있으므로 일반적으로 열효율이 좋다.
③ 부하변동에 따른 압력이나 수위의 변동이 적으므로 제어가 편리하다.
④ 급수 및 보일러수 처리에 주의가 필요하며 특히 고압보일러에서는 엄격한 수질 관리가 필요하다.

| 해설 | • 수관보일러의 특징
　[장점]
　　㉠ 고온, 고압에 적당하다.
　　㉡ 효율이 대단히 높다.
　　㉢ 보유수량이 적어 파열 시 피해가 적다.
　　㉣ 외분식이여서 연료의 질에 장애를 받지 않으며 연소 상태도 양호하다.
　[단점]
　　㉠ 급수처리가 까다롭다.
　　㉡ 보유수량이 적어 부하 변동에 응하기가 어렵다.
　　㉢ 구조가 복잡하여 청소, 검사, 수리에 불편하다.

| 정답 | 12. ③　13. ④　14. ④　15. ④　16. ③

17 증기의 압력을 높일 때 변하는 현상으로 틀린 것은?

① 현열이 증대한다.
② 증발 잠열이 증대한다.
③ 증기의 비체적이 증대한다.
④ 포화수 온도가 높아진다.

| 해설 | 증기의 압력이 높아지면 증발잠열은 감소한다.

18 증기보일러의 압력계 부착에 대한 설명으로 틀린 것은?

① 압력계와 연결된 관의 크기는 강관을 사용할 때에는 안지름이 6.5mm 이상이어야 한다.
② 압력계는 눈금판의 눈금이 잘 보이는 위치에 부착하고 얼지 않도록 하여야 한다.
③ 압력계는 사이폰관 또는 동등한 작용을 하는 장치가 부착되어야 한다.
④ 압력계의 콕크는 그 핸들을 수직인 관과 동일방향에 놓은 경우에 열려 있는 것이어야 한다.

| 해설 | 사이폰관(증기관)은 6.5mm 이상으로 하며, 동관은 6.5mm 이상, 강관은 12.7mm 이상으로 한다.

19 분출밸브의 최고사용압력은 보일러 최고사용압력의 몇 배 이상이어야 하는가?

① 0.5배   ② 1.0배
③ 1.25배   ④ 2.0배

| 해설 | 분출밸브의 최고사용압력은 보일러 최고사용압력의 1.25배 이상이어야 한다.

20 게이지 압력이 1.57MPa이고 대기압이 0.103 MPa일 때 절대압력은 몇 MPa인가?

① 1.467   ② 1.673
③ 1.783   ④ 2.008

| 해설 | 절대압력=대기압+게이지압력
=1.57+0.103=1.675MPa

21 상용 보일러의 점화 전 준비사항과 관련이 없는 것은?

① 압력계 지침의 위치를 점검한다.
② 분출밸브 및 분출콕크를 조작해서 그 기능이 정상인지 확인한다.
③ 연소장치에서 연료배관, 연료펌프 등의 개폐상태를 확인한다.
④ 연료의 발열량을 확인하고, 성분을 점검한다.

| 해설 | 상용 보일러의 경우 점화전에 압력계, 수면계, 연료배관, 연료펌프, 분출밸브 등의 기능 등을 점검하여 안전한 운전을 하여야 하나 연료의 발열량을 확인하고, 성분을 분석 등은 관련이 없다.

22 경납땜의 종류가 아닌 것은?

① 황동납   ② 인동납
③ 은납   ④ 주석-납

| 해설 | ① 연납땜(soft soldering, soldering) : 용융온도 450℃ 이하의 납을 사용한 납땜으로 그 주성분은 주석(tin)과 납(lead)이다.
② 경납땜(hard soldering, brazing) : 용융온도가 450℃ 이상의 땜납재를 사용해 납땜하는 것으로 땜납재에는 은납, 황동납, 알루미늄납, 인동납, 니켈납 등이 있으나 사용하는 땜납재의 조성에 따라 은경납땜(silver brazing), 동경납땜(copper brazing) 등으로 나눈다.

| 정답 | 17. ② 18. ① 19. ③ 20. ② 21. ④ 22. ④

23 보일러 점화 전 자동제어장치의 점검에 대한 설명이 아닌 것은?

① 수위를 올리고 내려서 수위검출기 기능을 시험하고, 설정된 수위 상한 및 하한에서 정확하게 급수펌프가 기동, 정지하는지 확인한다.
② 저수탱크 내의 저수량을 점검하고 충분한 수량인 것을 확인한다.
③ 저수위경보기가 정상작동하는 것을 확인한다.
④ 인터록계통의 제한기는 이상 없는지 확인한다.

| 해설 | • 점화 전 자동제어장치의 점검
　① 수위를 올리고 내려서 수위검출기 기능을 시험하고, 설정된 수위 상한 및 하한에서 정확하게 급수펌프가 기동, 정지하는지 확인한다.
　② 저수위경보기가 정상작동하는 것을 확인한다.
　③ 인터록계통의 제한기는 이상 없는지 확인한다.

24 보일러수 중에 함유된 산소에 의해서 생기는 부식의 형태는?

① 점식　　② 가성취화
③ 그루빙　④ 전면부식

| 해설 | 강판에 생긴 점상(點狀)의 부식(腐蝕)이며 피팅(pitting)이라고도 한다. 그 발생원인은 여러 가지가 있지만 물에 녹아있는 산소, 또는 탄산가스에 기인하는 일이 많다.

25 땅속 또는 지상에 배관하여 압력상태 또는 무압력 상태에서 물의 수송 등에 주로 사용되는 덕 타일 주철관을 무엇이라 부르는가?

① 회주철관
② 구상흑연 주철관
③ 모르타르 주철관
④ 사형 주철관

| 해설 | 구상흑연 주철관을 덕 타일 주철관이라 한다.

26 보일러 운전정지의 순서를 바르게 나열한 것은?

가. 댐퍼를 닫는다.
나. 공기의 공급을 정지한다.
다. 급수 후 급수펌프를 정지한다.
라. 연료의 공급을 정지한다.

① 가 → 나 → 다 → 라
② 가 → 라 → 나 → 다
③ 라 → 가 → 나 → 다
④ 라 → 나 → 다 → 가

| 해설 | • 보일러 운전정지 순서
　① 연료의 공급을 정지한다.
　② 공기의 공급을 정지한다.
　③ 급수 후 급수펌프를 정지한다.
　④ 댐퍼를 닫는다.

| 정답 | 23. ② 24. ① 25. ② 26. ④

27 보일러 점화 시 역화가 발생하는 경우와 가장 거리가 먼 것은?

① 댐퍼를 너무 조인 경우나 흡입통풍이 부족할 경우
② 적정공기비로 점화한 경우
③ 공기보다 먼저 연료를 공급했을 경우
④ 점화할 때 착화가 늦어졌을 경우

| 해설 | 역화의 발생원인
① 연소실 내에 미연소가스가 충만 시(노내환기 불충분 시)
② 공기보다 연료를 먼저 노내에 진입 시
③ 착화가 늦어 졌을 때
④ 가동 중 실화 시

28 다음 보온재 중 안전사용온도가 가장 높은 것은?

① 펠트
② 암면
③ 글라스울
④ 세라믹 화이버

| 해설 | 펠트(130℃), 암면(600℃), 글라스울(350℃), 세라믹 화이버(1300℃)

29 보일러의 계속사용검사기준에서 사용 중 검사에 대한 설명으로 거리가 먼 것은?

① 보일러 지지대의 균열, 내려앉음, 지지부재의 변형 또는 파손 등 보일러의 설치상태에 이상이 없어야 한다.
② 보일러와 접속된 배관, 밸브 등 각종 이음부에는 누기, 누수가 없어야 한다.
③ 연소실 내부가 충분히 청소된 상태이어야 하고, 축로의 변형 및 이탈이 없어야 한다.
④ 보일러 동체는 보온 및 케이싱이 분해되어 있어야 하며, 손상이 약간 있는 것은 사용해도 관계가 없다.

| 해설 | 보일러 동체는 보온 및 케이싱 등이 손상이 없어야 한다.

30 어떤 건물의 소요 난방부하가 45000kcal/h이다. 주철제 방열기로 증기난방을 한다면 약 몇 쪽(PART)의 방열기를 설치해야 하는가? (단, 표준방열량으로 계산하며, 주철제 방열기의 쪽당 방열면적은 $0.24m^2$이다.)

① 156쪽
② 254쪽
③ 289쪽
④ 315쪽

| 해설 |
$$\frac{45000}{650 \times 0.24} = 289쪽$$

31 매시간 1500kg의 연료를 연소시켜서 시간당 11000kg의 증기를 발생시키는 보일러의 효율은 약 몇 %인가? (단, 연료의 발열량은 6000kcal/kg, 발생증기의 엔탈피는 742kcal/kg, 급수의 엔탈피는 20kcal/kg이다.)

① 88%
② 80%
③ 78%
④ 70%

| 해설 |
$$\frac{11000 \times (742-20)}{6000 \times 1500} \times 100 = 88\%$$

| 정답 | 27. ② 28. ④ 29. ④ 30. ③ 31. ①

32 육용 보일러 열 정산의 조건과 관련된 설명 중 틀린 것은?

① 전기 에너지는 1kW당 860kcal/h로 환산한다.
② 보일러 효율 산정 방식은 입출열법과 열손실법으로 실시한다.
③ 열정산 시험 시의 연료 단위량은 액체 및 고체연료의 경우 1kg에 대하여 열정산을 한다.
④ 보일러의 열정산은 원칙적으로 정격 부하 이하에서 정상 상태로 3시간 이상의 운전 결과에 따라 한다.

| 해설 | 열정산 : 정격부하 상태에서 2시간 이상의 운전 결과에 따라 한다.

33 가스용 보일러의 연소방식 중에서 연료와 공기를 각각 연소실에 공급하여 연소실에서 연료와 공기가 혼합되면서 연소하는 방식은?

① 확산 연소식
② 예혼합 연소식
③ 복열혼합 연소식
④ 부분예혼합 연소식

| 해설 | • 확산 연소방식 : 연료와 공기를 각각 연소실에 공급하여 연소하는 방식
• 예혼합 연소방식 : 연료와 공기를 버너 내에서 예혼합하여 분사 연소하는 방식

34 안전밸브의 종류가 아닌 것은?

① 레버 안전밸브 ② 추 안전밸브
③ 스프링 안전밸브 ④ 핀 안전밸브

| 해설 | 안전밸브의 종류
① 스프링식
② 중추식
③ 지렛대식

35 보일러 급수예열기를 사용할 때의 장점을 설명한 것으로 틀린 것은?

① 보일러의 증발능력이 향상된다.
② 급수 중 불순물의 일부가 제거된다.
③ 증기의 건도가 향상된다.
④ 급수와 보일러수와의 온도 차이가 적어 열응력 발생을 방지한다.

| 해설 | 증기의 건도 향상을 위해서는 기수분리기, 비수방지관 등을 설치한다.

36 다음 중 수관식 보일러에 속하는 것은?

① 기관차 보일러
② 코르니쉬 보일러
③ 다쿠마 보일러
④ 랑카샤 보일러

| 해설 | • 기관차 보일러 : 연관 보일러
• 코르니쉬, 랑카샤 보일러 : 노통보일러

37 물의 임계압력은 약 몇 kgf/cm^{2}인가?

① 175.23 ② 225.65
③ 374.15 ④ 539.75

| 해설 | • 임계압력 : 225.65kgf/cm^2
• 임계온도 : 374.15℃

| 정답 | 32. ④ 33. ① 34. ④ 35. ③ 36. ③ 37. ②

38 액화석유가스(LPG)의 특징에 대한 설명 중 틀린 것은?

① 유황분이 없으며 유독성분도 없다.
② 공기보다 비중이 무거워 누설 시 낮은 곳에 고여 인화 및 폭발성이 크다.
③ 연소 시 액화천연가스(LNG)보다 소량의 공기로 연소한다.
④ 발열량이 크고 저장이 용이하다.

| 해설 | 액화석유가스(LPG)는 연소 시 다량의 공기가 필요하다.

39 보일러 피드백제어에서 동작신호를 받아 규정된 동작을 하기 위해 조작신호를 만들어 조작부에 보내는 부분은?

① 조절부 ② 제어부
③ 비교부 ④ 검출부

| 해설 | 조절부 : 동작신호를 받아 규정된 동작을 하기 위해 조작신호를 만들어 조작부에 보내는 부분

40 보일러에서 발생한 증기 또는 온수를 건물의 각 실내에 설치된 방열기에 보내어 난방하는 방식은?

① 복사난방법 ② 간접난방법
③ 온풍난방법 ④ 직접난방법

| 해설 | ① 직접난방 : 난방개소에 방열기를 설치하여 난방하는 형식
② 간접난방 : 공조기를 설치하여 난방하는 형식
③ 복사난방 : 바닥, 벽, 천장에 패널을 설치하여 난방하는 형식

41 보일러에서 라미네이션(lamination)이란?

① 보일러 본체나 수관 등이 사용 중에 내부에서 2장의 층을 형성한 것
② 보일러 강판이 화염에 닿아 불룩 튀어 나온 것
③ 보일러 동에 작용하는 응력의 불균일로 동의 일부가 함몰된 것
④ 보일러 강판이 화염에 접촉하여 점식된 것

| 해설 | • 라미네이션(Lamination) : 보일러 강판이나 관의 두께 속에 두 장의 층을 형성하고 있는 상태
• 블리스터(Blister) : 화염과 접촉하여 높은 열을 받아 부풀어 오르거나 표면이 타서 갈라지게 되는 상태

42 보일러 설치·시공기준상 가스용 보일러의 연료 배관 시 배관의 이음부와 전기계량기 및 전기개폐기와의 유지 거리는 얼마인가? (단, 용접 이음매는 제외한다.)

① 15cm 이상 ② 30cm 이상
③ 45cm 이상 ④ 60cm 이상

| 해설 | 연료배관의 이음부와 전기계량기 및 전기개폐기와의 유지거리 : 60cm 이상

43 증기난방방식을 응축수환수법에 의해 분류하였을 때 해당되지 않는 것은?

① 중력환수식 ② 고압환수식
③ 기계환수식 ④ 진공환수식

| 해설 | 응축수 환수방식
① 중력환수식 ② 기계환수식
③ 진공환수식

| 정답 | 38. ③ 39. ① 40. ④ 41. ① 42. ④ 43. ②

44 보일러 과열의 요인 중 하나인 저수위의 발생 원인으로 거리가 먼 것은?

① 분출밸브의 이상으로 보일러수가 누설
② 급수장치가 증발능력에 비해 과소한 경우
③ 증기 토출량이 과소한 경우
④ 수면계의 막힘이나 고장

| 해설 | 저수위 사고 원인
① 분출밸브의 이상으로 보일러수가 누설된 경우
② 급수장치가 증발능력에 비해 과소한 경우
③ 수면계의 막힘이나 고장 시

45 에너지이용합리화법상 에너지를 사용하여 만드는 제품의 단위당 에너지사용목표량 또는 건축물의 단위면적당 에너지사용목표량을 정하여 고시하는 자는?

① 산업통상자원부장관
② 에너지관리공단 이사장
③ 시·도지사
④ 고용노동부장관

| 해설 | 에너지이용합리화법상 에너지를 사용하여 만드는 제품의 단위당 에너지사용목표량 또는 건축물의 단위면적당 에너지사용목표량을 정하여 고지하는 자 : 산업통상자원부장관

46 에너지다소비사업자가 매년 1월 31일까지 신고해야 할 사항에 포함되지 않는 것은?

① 전년도의 분기별 에너지사용량·제품생산량
② 해당 연도의 분기별 에너지사용예정량·제품생산예정량
③ 에너지사용기자재의 현황
④ 전년도의 분기별 에너지 절감량

| 해설 | 에너지다소비사업자가 매년 1월 31일까지 시·도지사에게 신고해야 할 사항
① 전년도의 에너지사용량·제품생산량
② 해당 연도의 에너지사용예정량·제품생산예정량
③ 에너지사용기자재의 현황
④ 전년도의 에너지이용 합리화 실적 및 해당 연도의 계획

47 정부는 국가전략을 효율적·체계적으로 이행하기 위하여 몇 년마다 저탄소 녹색성장 국가전략 5개년 계획을 수립하는가?

① 2년
② 3년
③ 4년
④ 5년

| 해설 | 정부는 국가전략을 효율적·체계적으로 이행하기 위하여 5년마다 저탄소 녹색성장 국가전략 5개년 계획을 수립한다.

48 에너지이용 합리화법상 대기전력경고표지를 하지 아니한 자에 대한 벌칙은?

① 2년 이하의 징역 또는 2천만원 이하의 벌금
② 1년 이하의 징역 또는 1천만원 이하의 벌금
③ 5백만원 이하의 벌금
④ 1천만원 이하의 벌금

| 해설 | 대기전력경고표지를 하지 아니한 자 : 5백만원 이하의 벌금

49 신에너지 및 재생에너지 개발·이용·보급 촉진법에 따라 건축물인증기관으로부터 건축물인증을 받지 아니하고 건축물인증의 표시 또는 이와 유사한 표시를 하거나 건축물인증을 받은 것으로 홍보한 자에 대해 부과하는 과태료 기준으로 맞는 것은?

① 5백만원 이하의 과태료 부과
② 1천만원 이하의 과태료 부과
③ 2천만원 이하의 과태료 부과
④ 3천만원 이하의 과태료 부과

| 해설 | 건축물인증기관으로부터 건축물인증을 받지 아니하고 건축물인증의 표시 또는 이와 유사한 표시를 하거나 건축 인증을 받은 것으로 홍보한 자 : 1천만원 이하의 과태료

50 에너지이용합리화법에서 정한 검사에 합격되지 아니한 검사대상기기를 사용한 자에 대한 벌칙은?

① 1년 이하의 징역 또는 1천만원 이하의 벌금
② 2년 이하의 징역 또는 2천만원 이하의 벌금
③ 3년 이하의 징역 또는 3천만원 이하의 벌금
④ 4년 이하의 징역 또는 4천만원 이하의 벌금

| 해설 | 검사에 합격되지 아니한 검사대상기기를 사용한 자 : 1년 이하의 징역 또는 1천만원 이하의 벌금

51 주철제 방열기를 설치할 때 벽과의 간격은 약 몇 mm 정도로 하는 것이 좋은가?

① 10~30   ② 50~60
③ 70~80   ④ 90~100

| 해설 | 주철제 방열기는 벽에서 약 50~60mm 이격하여 설치한다.

52 벨로즈형 신축이음쇠에 대한 설명으로 틀린 것은?

① 설치 공간을 넓게 차지하지 않는다.
② 고온, 고압 배관의 옥내배관에 적당하다.
③ 일명 팩레스(packless) 신축 이음쇠라고도 한다.
④ 벨로즈는 부식되지 않는 스테인리스, 청동 제품 등을 사용한다.

| 해설 | 벨로즈형 신축이음쇠는 고온, 고압에 사용하지 못한다. 고온, 고압용으로 주로 만곡관(루프형)을 설치한다.

53 배관의 이동 및 회전을 방지하기 위해 지지점 위치에 완전히 고정시키는 장치는?

① 앵커   ② 서포트
③ 브레이스 ④ 행거

| 해설 | 앵커 : 배관의 이동 및 회전을 방지하기 위해 지지점 위치에 완전히 고정시키는 장치

54 보일러수 속에 유지류, 부유물 등의 농도가 높아지면 드럼수면에 거품이 발생하고, 또한 거품이 증가하여 드럼의 증기실에 확대되는 현상은?

① 포밍   ② 프라이밍
③ 워터 해머링 ④ 프리퍼지

| 해설 | • 포밍 : 보일수에 유지류, 부유물 등의 농도가 높아지면 수면에 거품이 발생하는 현상

| 정답 | 49. ② 50. ① 51. ② 52. ② 53. ① 54. ①

55 동관 끝을 원형으로 정형하기 위해 사용하는 공구는?

① 사이징 툴 ② 익스펜더
③ 리머   ④ 튜브벤더

| 해설 | 사이징툴 : 동관 끝을 원형으로 정형하기 위해 사용되는 공구

56 보일러 산세정의 순서로 옳은 것은?

① 전처리 → 산액처리 → 수세 → 중화방청 → 수세
② 전처리 → 수세 → 산액처리 → 수세 → 중화방청
③ 산액처리 → 수세 → 전처리 → 중화방청 → 수세
④ 산액처리 → 전처리 → 수세 → 중화방청 → 수세

| 해설 | 산세정 순서
① 전처리 → ② 수세 → ③ 산액처리 → ④ 수세 → ⑤ 중화방청

57 방열기 내 온수의 평균온도 80℃, 실내온도 18℃, 방열계수 7.2kcal/m²·h·℃인 경우 방열기 방열량은 얼마인가?

① 346.4kcal/m²·h   ② 446.4kcal/m²·h
③ 519kcal/m²·h   ④ 560kcal/m²·h

| 해설 | 7.2×(80-18)=446.4kcal/m²h

58 온수난방 배관 시공법에 대한 설명 중 틀린 것은?

① 배관구배는 일반적으로 1/250 이상으로 한다.
② 배관 중에 공기가 모이지 않게 배관한다.
③ 온수관의 수평배관에서 관경을 바꿀 때는 편심이음쇠를 사용한다.
④ 지관이 주관 아래로 분기될 때는 90° 이상으로 끝올림 구배로 한다.

| 해설 | 지관이 주관 아래로 분기될 때는 90° 이상으로 끝 내림구배로 한다.

59 단열재를 사용하여 얻을 수 있는 효과에 해당하지 않는 것은?

① 축열용량이 작아진다.
② 열전도율이 작아진다.
③ 노 내의 온도분포가 균일하게 된다.
④ 스폴링 현상을 증가시킨다.

| 해설 | 스폴링 : 내화재료(耐火材料)가 고열 상태에서 급랭하였을 때 생기는 표면이 거칠어지고 박리되는 현상을 말한다. 즉, 단열재는 스폴링 현상이 일어나지 않도록 해야 한다.

| 정답 | 55. ① 56. ② 57. ② 58. ④ 59. ④

60 보일러 사고의 원인 중 취급상의 원인이 아닌 것은?

① 부속장치 미비
② 최고 사용압력의 초과
③ 저수위로 인한 보일러의 과열
④ 습기나 연소가스 속의 부식성 가스로 인한 외부부식

| 해설 | 보일러 사고의 원인별 구분
- **제작상의 원인**
  ① 재료불량   ② 구조 및 설계불량
  ③ 강도불량   ④ 용접불량
  ⑤ 부속장치 미비 등
- **취급상의 원인**
  ① 압력초과   ② 저수위
  ③ 과열   ④ 역화
  ⑤ 부식 등

| 정답 | 60. ①

2015년 제2회 에너지관리기능사 필기

2015년 4월 4일 시행

01 연도에서 폐열회수장치의 설치순서가 옳은 것은?

① 재열기 → 절탄기 → 공기예열기 → 과열기
② 과열기 → 재열기 → 절탄기 → 공기예열기
③ 공기예열기 → 과열기 → 절탄기 → 재열기
④ 절탄기 → 과열기 → 공기예열기 → 재열기

| 해설 | 폐열회수장치의 설치순서
과열기 → 재열기 → 절탄기 → 공기예열기

02 수관식 보일러 종류에 해당되지 않는 것은?

① 코르니시 보일러
② 슐처 보일러
③ 다쿠마 보일러
④ 라몬트 보일러

| 해설 | **노통보일러** : 코르니시 보일러, 랭커셔 보일러

03 탄소(C) 1Kmol이 완전 연소하여 탄산가스(CO_2)가 될 때, 발생하는 열량은 몇 Kcal인가?

① 29200
② 57600
③ 68600
④ 97200

| 해설 | 탄소(C) 1Kmol이 완전 연소 시 발생되는 발열량은 97200Kcal/Kmol이다.

04 일반적으로 보일러의 열손실 중에서 가장 큰 것은?

① 불완전연소에 의한 손실
② 배기가스에 의한 손실
③ 보일러 본체 벽에서의 복사, 전도에 의한 손실
④ 그을음에 의한 손실

| 해설 | 열손실 중에서 가장 큰 것은 배기가스에 의한 손실

05 압력이 일정할 때 과열 증기에 대한 설명으로 가장 적절한 것은?

① 습포화 증기에 열을 가해 온도를 높인 증기
② 건포화 증기에 압력을 높인 증기
③ 습포화 증기에 과열도를 높인 증기
④ 건포화 증기에 열을 가해 온도를 높인 증기

| 해설 | 과열 증기 : 압력 변화 없이 온도만 상승시킨 것. 즉 건포화 증기에 열을 가해 온도를 높인 증기를 말한다.

| 정답 | 1. ② 2. ① 3. ④ 4. ② 5. ④

06 노통연관식 보일러에서 노통을 한쪽으로 편심시켜 부착하는 이유로 가장 타당한 것은?

① 전열면적을 크게 하기 위해서
② 통풍력의 증대를 위해서
③ 노통의 열신축과 강도를 보강하기 위해서
④ 보일러수를 원활하게 순환하기 위해서

| 해설 | 노통을 한쪽으로 편심시켜 부착하는 이유 : 보일러수의 순환을 원활하게 하기 위함

07 스프링식 안전밸브에서 전양정식의 설명으로 옳은 것은?

① 밸브의 양정이 밸브시트 구경의 $\frac{1}{40} \sim \frac{1}{15}$ 미만인 것
② 밸브의 양정이 밸브시트 구경의 $\frac{1}{15} \sim \frac{1}{7}$ 미만인 것
③ 밸브의 양정이 밸브시트 구경의 $\frac{1}{7}$ 이상인 것
④ 밸브시트 증기통로 면적은 목 부분 면적의 1.05배 이상인 것

| 해설 |

형식의 구분	유량제한기구
저양정식	안전 밸브의 리프트가 시트 지름의 1/40 이상 1/15 미만인 것
고양정식	안전 밸브의 리프트가 시트 지름의 1/15 이상 1/7 미만인 것
전양정식	안전 밸브의 리프트가 시트 지름의 1/7 이상인 것
전양식	시트 지름이 목부지름보다 1.15배 이상인 것

08 2차 연소의 방지대책으로 적합하지 않은 것은?

① 연도의 가스 포켓이 되는 부분을 없앨 것
② 연소실 내에서 완전 연소시킬 것
③ 2차 공기온도를 낮추어 공급할 것
④ 통풍조절을 잘 할 것

| 해설 | 2차 연소의 방지대책
① 연도의 가스 포켓이 되는 부분을 없앨 것
② 연소실 내에서 완전연소 시킬 것
③ 통풍조절을 잘 할 것
④ 2차 공기온도를 높여 공급할 것

09 보기에서 설명한 송풍기의 종류는?

가. 경향 날개형이며 6~12매의 철판제 직선 날개를 보스에서 방사한 스포우크에 리벳 죔을 한 것이며, 측판이 있는 임펠러와 측판이 없는 것이 있다.
나. 구조가 견고하며 내마모성이 크고 날개를 바꾸기도 쉬우며 회진이 많은 가스의 흡출 통풍기, 미분탄 장치의 배탄기 등에 사용된다.

① 터보송풍기
② 다익송풍기
③ 축류송풍기
④ 플레이트송풍기

| 해설 | 플레이트 송풍기
경향 날개형이며 6~12매의 철판제 직선날개를 보스에서 방사한 스포우크에 리벳죔을 한 것이며, 측판이 있는 임펠레와 측판이 없는 것이 있으며, 회진이 많은 가스의 흡출 통풍기, 미분탄 장치의 배탄기 등에 사용된다.

| 정답 | 6. ④ 7. ③ 8. ③ 9. ④

10 기름예열기에 대한 설명 중 옳은 것은?

① 가열온도가 낮으면 기름분해와 분무상태가 불량하고 분사각도가 나빠진다.
② 가열온도가 높으면 불길이 한 쪽으로 치우쳐 그을음, 분진이 일어나고 무화상태가 나빠진다.
③ 서비스탱크에서 점도가 떨어진 기름을 무화에 적당한 온도로 가열시키는 장치이다.
④ 기름예열기에서의 가열온도는 인화점보다 약간 높게 한다.

| 해설 | 중유 예열기 설치 목적
① 기름을 예열하여 점도를 낮춘다.
② 유동성을 증가시킨다.
③ 무화를 순조롭게 한다.

11 보일러에 부착하는 압력계에 대한 설명으로 옳은 것은?

① 최대 증발량 10t/h 이하인 관류보일러에 부착하는 압력계는 눈금판의 바깥지름을 50mm 이상으로 할 수 있다.
② 부착하는 압력계의 최고 눈금은 보일러의 최고사용압력의 1.5배 이하의 것을 사용한다.
③ 증기보일러에 부착하는 압력계 눈금판의 바깥지름은 80mm 이상의 크기로 한다.
④ 압력계를 보호하기 위하여 물을 넣은 안지름 6.5mm 이상의 사이폰관 또는 동등한 장치를 부착하여야 한다.

| 해설 | 압력계를 보호하기 위하여 물을 넣은 안지름 6.5mm 이상의 사이폰관 또는 동등한 장치를 부착여야 하며, 동관은 6.5mm, 강관은 12.7mm 이상으로 한다.

12 연통에서 배기되는 가스량이 2500kg/h 이고, 배기가스 온도가 230℃, 가스의 평균비열이 0.31kcal/kg · ℃, 외기온도가 18℃이면, 배기가스에 의한 손실열량은?

① 164300kcal/h
② 174300kcal/h
③ 184300kcal/h
④ 194300kcal/h

| 해설 | 2500×0.31×(230-18)=164300kcal/h

13 보일러 집진장치의 형식과 종류를 짝지은 것 중 틀린 것은?

① 가압수식 - 제트 스크러버
② 여과식 - 충격식 스크러버
③ 원심력식 - 사이클론
④ 전기식 - 코트렐

| 해설 | 여과식-백 필터(백 필터로 분진을 포집하는 형식)

14 소형연소기를 실내에 설치하는 경우, 급배기통을 전용 챔버 내에 접속하여 자연통기력에 의해 급배기 하는 방식은?

① 강제배기식
② 강제급배기식
③ 자연급배기식
④ 옥외급배기식

| 해설 | 자연급배기식
소형연소기를 실내에 설치하는 경우, 급배기통을 전용 챔버 내에 접속하여 자연통기력에 의해 급배기 하는 방식

15 연소효율이 95%, 전열효율이 85%인 보일러의 효율은 약 몇 %인가?

① 90 ② 81
③ 70 ④ 61

| 해설 | $95 \times 85 \times \dfrac{1}{100} ≒ 81\%$

16 보일러의 자동제어 중 제어작동이 연속동작에 해당하지 않는 것은?

① 비례동작 ② 적분동작
③ 미분동작 ④ 다위치 동작

| 해설 | 불연속 동작
① 2위치 동작
② 다위치 동작
③ 불연속 속도 동작

17 바이패스(by-pass)관에 설치해서는 안되는 부품은?

① 플로트트랩 ② 연료차단밸브
③ 감압밸브 ④ 유류배관의 유량계

| 해설 | 연료차단밸브에는 바이패스관을 설치하지 않는다.

18 다음 중 압력의 단위가 아닌 것은?

① mmHg ② bar
③ N/m² ④ kg · m/s

| 해설 | kg · m/s : 일률(량)의 단위

19 수관보일러의 특징에 대한 설명으로 틀린 것은?

① 자연순환식은 고압이 될수록 물과의 비중차가 적어 순환력이 낮아진다.
② 증발량이 크고 수부가 커서 부하변동에 따른 압력변화가 적으며 효율이 좋다.
③ 용량에 비해 설치면적이 적으며 과열기, 공기예열기 등 설치와 운반이 쉽다.
④ 구조상 고압 대용량에 적합하며 연소실의 크기를 임의로 할 수 있어 연소상태가 좋다.

| 해설 | 수관 보일러는 증발량이 커서 효율이 높고, 수부가 적어 부하 변동에 응하기는 어려우나 파열시 피해는 적다.

20 수트 블로워 사용에 관한 주의사항으로 틀린 것은?

① 분출기 내의 응축수를 배출시킨 후 사용할 것
② 그을음 불어내기를 할 때는 통풍력을 크게 할 것
③ 원활한 분출을 위해 분출하기 전 연도 내 배풍기를 사용하지 말 것
④ 한 곳에 집중적으로 사용하여 전열면에 무리를 가하지 말 것

| 해설 | 수트 블로워(soot blower) 사용 시 주의사항
① 부하가 적거나(50[%] 이하) 소화 후 사용하지 말 것
② 분출하기 전 연도 내 배풍기를 사용해 유인통풍을 증가시킬 것
③ 분출기 내의 응축수를 배출시킨 후 사용할 것
④ 한 곳에 집중적으로 사용함으로 전열면에 무리를 가하지 말 것
⑤ 연료의 종류, 분출 위치, 증기의 온도 등에 따라 분출시기를 결정할 것

| 정답 | 15. ② 16. ④ 17. ② 18. ④ 19. ② 20. ③

21 가스버너 연소방식 중 예혼합 연소방식이 아닌 것은?

① 저압 버너 ② 포트형 버너
③ 고압 버너 ④ 송풍 버너

| 해설 | • 예혼합 연소방식
① 고압 버니 ② 저압 버니
③ 송풍 버너
• 확산 연소방식
① 포트형 버너 ② 버너형 버너

22 증기 축열기(steam accumulator)에 대한 설명으로 옳은 것은?

① 송기압력을 일정하게 유지하기 위한 장치
② 보일러 출력을 증가시키는 장치
③ 보일러에서 온수를 저장하는 장치
④ 증기를 저장하여 과부하시에 증기를 방출하는 장치

| 해설 | 증기 축열기(steam accumulator)
잉여증기를 일시 저장하였다가 과부하(응급)시에 증기를 공급하는 장치

23 물체의 온도를 변화시키지 않고, 상(相) 변화를 일으키는데만 사용되는 열량은?

① 감열 ② 비열
③ 현열 ④ 잠열

| 해설 | 잠열 : 물체의 온도를 변화시키지 않고, 상(相) 변화만 하는 것

24 전열면적이 25m²인 연관보일러를 8시간 가동시킨 결과 4000kgf의 증기가 발생하였다면, 이 보일러의 전열면의 증발율은 몇 kgf/m²·h인가?

① 20 ② 30
③ 40 ④ 50

| 해설 | $\dfrac{4000}{25 \times 8} = 20 \text{kg}_f/m^2 \cdot h$

25 물을 가열하여 압력을 높이면 어느 지점에서 액체, 기체 상태의 구별이 없어지고 증발 잠열이 0kcal/kg이 된다. 이 점을 무엇이라 하는가?

① 임계점 ② 삼중점
③ 비등점 ④ 압력점

| 해설 | 임계점 : 물을 가열하여 압력을 높이면 어느 지점에서 액체, 기체 상태의 구별이 없어지고 증발 잠열이 0kcal/kg이 된다.

26 다음 그림은 인젝터의 단면을 나타낸 것이다. C부의 명칭은?

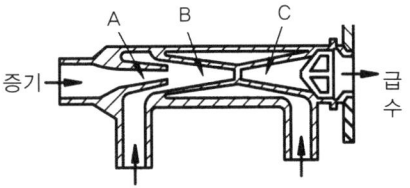

① 증기노즐 ② 혼합노즐
③ 분출노즐 ④ 고압노즐

| 해설 | A : 증기노즐, B : 혼합노즐, C : 분출노즐

27 고체벽의 한쪽에 있는 고온의 유체로부터 이 벽을 통과하여 다른 쪽에 있는 저온의 유체로 흐르는 열의 이동을 의미하는 용어는?

① 열관류   ② 현열
③ 잠열   ④ 전열량

| 해설 | 열관류 : 체벽의 한쪽에 있는 고온의 유체로부터 이 벽을 통과하여 다른 쪽에 있는 저온의 유체로 흐르는 열의 이동하는 것을 의미한다.

28 증기난방과 비교한 온수난방의 특징에 대한 설명으로 틀린 것은?

① 가열시간은 길지만 잘 식지 않으므로 동결의 우려가 적다.
② 난방부하의 변동에 따라 온도조절이 용이하다.
③ 취급이 용이하고 표면의 온도가 낮아 화상의 염려가 없다.
④ 방열기에는 증기트랩을 반드시 부착해야 한다.

| 해설 | 방열기 증기트랩은 증기난방에만 부착한다.

29 외기온도 20℃, 배기가스온도 200℃이고, 연돌높이가 20m일 때 통풍력은 약 몇 mmAq인가?

① 5.5   ② 7.2
③ 9.2   ④ 12.2

| 해설 |
$$20 \times 355 \times \left(\frac{1}{273+20} - \frac{1}{273+200}\right) \fallingdotseq 9.2 \text{ mmAq}$$

30 과잉공기량에 관한 설명으로 옳은 것은?

① (실제공기량) × (이론공기량)
② (실제공기량) / (이론공기량)
③ (실제공기량) + (이론공기량)
④ (실제공기량) − (이론공기량)

| 해설 | 과잉공기량 = 실제공기량 − 이론공기량

31 호칭지름 15A의 강관을 각도로 구부릴 때 곡선부의 길이는 약 몇 mm인가? (단, 곡선부의 반지름은 90mm로 한다.)

① 141.4   ② 145.5
③ 150.2   ④ 155.3

| 해설 |
$$3.14 \times 180 \times \frac{90}{360} = 141.3 \text{mm}$$

32 보일러 사고에서 제작상의 원인이 아닌 것은?

① 구조 불량   ② 재료 불량
③ 캐리오버   ④ 용접 불량

| 해설 | 캐리오버 : 물방울이 증기와 함유되어 증기관 속으로 운반되는 현상을 말한다.

33 파이프 벤더에 의한 구부림 작업 시 관에 주름이 생기는 원인으로 가장 옳은 것은?

① 압력고정이 세고 저항이 크다.
② 굽힘 반지름이 너무 작다.
③ 받침쇠가 너무 나와 있다.
④ 바깥지름에 비하여 두께가 너무 얇다.

| 해설 | 바깥지름에 비하여 두께가 너무 얇으면 파이프 벤더에 의한 구부림 작업 시 관에 주름이 생긴다.

| 정답 | 27. ① 28. ④ 29. ③ 30. ④ 31. ① 32. ③ 33. ④

34 보일러 급수의 수질이 불량할 때 보일러에 미치는 장해와 관계가 없는 것은?

① 보일러 내부의 부식이 발생된다.
② 라미네이션 현상이 발생한다.
③ 프라이밍이나 포밍이 발생된다.
④ 보일러 등 내부에 슬러지가 퇴적된다.

| 해설 | 라미네이션 : 보일러 강판이나 강관을 제조할 때 재질 내부에 가스체 등이 함유되어 두 장의 층을 형성하고 있는 상태의 흠

35 주철제 벽걸이 방열기의 호칭 방법은?

① W - 형 × 쪽수
② 종별 - 치수 × 쪽수
③ 종별 - 쪽수 × 형
④ 치수 - 종별 × 쪽수

| 해설 | 벽걸이 : W(종별) - 형 × 쪽수

36 증기난방에서 응축수의 환수방법에 따른 분류 중 증기의 순환과 응축수의 배출이 빠르며, 방열량도 광범위하게 조절할 수 있어서 대규모 난방에서 많이 채택하는 방식은?

① 진공환수식 증기난방
② 복관 중력환수식 증기난방
③ 기계환수식 증기난방
④ 단관 중력환수식 증기난방

| 해설 | 진공환수식 증기난방
증기난방에서 응축수의 환수방법에 따른 분류 중 증기의 순환과 응축수의 배출이 빠르며, 방열량도 광범위하게 조절할 수 있어서 대규모 난방에서 많이 채택하는 방식

37 저탕식 급탕설비에서 급탕의 온도를 일정하게 유지시키기 위해서 가스나 전기를 공급 또는 정지하는 것은?

① 사일렌서   ② 순환펌프
③ 가열코일   ④ 서머스탯

| 해설 | 서머스탯 : 저탕식 급탕설비에서 급탕의 온도를 일정하게 유지시키기 위해서 가스나 전기를 공급 또는 정지하는 것

38 보일러의 점화 조작 시 주의사항으로 틀린 것은?

① 연료가스의 유출속도가 너무 빠르면 실화
② 연소실의 온도가 낮으면 연료의 확산이 불량해지며 착화가 잘 안 된다.
③ 연료의 예열온도가 낮으면 무화불량, 화염의 편류, 그을음, 분진이 발생한다.
④ 유압이 낮으면 점화 및 분사가 양호하고 높으면 그을음이 없어진다.

| 해설 | 압력분무식 버너의 경우 유압을 약 5~20kgf/cm^{2}의 높은 압력을 유지한다. 유압이 낮으면 분사가 불량해진다.

39 온수난방에서 상당방열면적이 45m^{2}일 때 난방부하는? (단, 방열기의 방열량은 표준방열 량으로 한다.)

① 16450kcal/h   ② 18500kcal/h
③ 19450kcal/h   ④ 20250kcal/h

| 해설 | 450×45=20250kcal/h

| 정답 | 34. ② 35. ① 36. ① 37. ④ 38. ④ 39. ④

40 보일러의 정상운전 시 수면계에 나타나는 수위의 위치로 가장 적당한 것은?

① 수면계의 최상위
② 수면계의 최하위
③ 수면계의 중간
④ 수면계 하부의 1/3 위치

| 해설 | 정상운전 수위(상용수위) : 수면계의 중간(1/2 지점)

41 유류 연소 자동점화 보일러의 점화 순서상 화염 검출기 작동 후 다음 단계는?

① 공기댐퍼 열림   ② 전자밸브 열림
③ 노내압 조정   ④ 노내 환기

| 해설 | 유류 연소 자동점화 보일러의 점화 순서상 화염 검출기 작동 후 전자밸브 열림

42 보일러 내처리제에서 가성취화 방지에 사용되는 약제가 아닌 것은?

① 인산나트륨   ② 질산나트륨
③ 탄닌   ④ 암모니아

| 해설 | 가성취화 방지제
　　　① 인산나트륨　② 질산나트륨　③ 탄닌

43 연관 최고부보다 노통 윗면이 높은 노통 연관 보일러의 최저수위(안전저수면)의 위치는?

① 노통 최고부 위 100mm
② 노통 최고부 위 75mm
③ 연관 최고부 위 100mm
④ 연관 최고부 위 75mm

| 해설 | 노통연관 보일러의 최저수위(안전저수면)의 위치 : 노통 상단 100mm, 연관 상단 75mm

44 보일러의 과열 원인과 무관한 것은?

① 보일러수의 순환이 불량할 경우
② 스케일 누적이 많은 경우
③ 저수위로 운전할 경우
④ 1차 공기량의 공급이 부족한 경우

| 해설 | 과열 원인
　　　① 보일러수의 순환이 불량할 경우
　　　② 스케일 누적이 많은 경우
　　　③ 저수위로 운전할 경우

45 증기난방 배관시공 시 환수관이 문 또는 보와 교차할 때 이용되는 배관 형식으로 위로는 공기, 아래로는 응축수를 유통시킬 수 있도록 시공하는 배관은?

① 루프형 배관   ② 리프트 피팅 배관
③ 하트포드 배관 ④ 냉각 배관

| 해설 | **루프형 배관** : 증기난방 배관시공 시 환수관이 문 또는 보와 교차할 때 이용되는 배관 형식으로 위로는 공기, 아래로는 응축수를 유통시킬 수 있도록 시공하여 배관한다.

46 강철제 증기보일러의 최고사용압력이 0.4MPa인 경우 수압시험 압력은?

① 0.16MPa   ② 0.2MPa
③ 0.8MPa   ④ 1.2MPa

| 해설 | 최고사용압력이 0.43Mpa 이하의 경우는 최고사용압력의 2배로 수압시험을 실시한다.
　　　0.4×2=0.8Mpa

| 정답 | 40. ③　41. ②　42. ④　43. ①　44. ④　45. ①　46. ③

47 질소봉입 방법으로 보일러 보존 시 보일러 내부에 질소가스의 봉입압력(MPa)으로 적합한 것은?

① 0.02　　② 0.03
③ 0.06　　④ 0.08

| 해설 | 질소 봉입 보존 시는 0.06MPa로 봉입압력을 유지하여 보존한다.

48 보일러의 외부 검사에 해당되는 것은?

① 스케일, 슬러지 상태 검사
② 노벽 상태 검사
③ 배관의 누설 상태 검사
④ 연소실의 열 집중 현상 검사

| 해설 | 배관의 누설 상태 검사는 외부 검사에 해당된다.

49 보일러 강판이나 강관을 제조할 때 재질 내부에 가스체 등이 함유되어 두 장의 층을 형성하고 있는 상태의 흠은?

① 블리스터　　② 팽출
③ 압궤　　④ 라미네이션

| 해설 | • 라미네이션 : 보일러 강판이나 강관을 제조할 때 재질 내부에 가스체 등이 함유되어 두 장의 층을 형성하고 있는 상태의 흠

50 오일프리히터의 종류에 속하지 않는 것은?

① 증기식　　② 직화식
③ 온수식　　④ 전기식

| 해설 | 오일프리히터의 종류
　　　① 증기식　② 전기식　③ 온수식

51 다음 중 보온재의 종류가 아닌 것은?

① 코르크　　② 규조토
③ 프탈산수지도료　　④ 기포성수지

| 해설 | 프탈산수지도료 : 도장용 도료의 종류이다.

52 에너지이용 합리화법상 검사대상기기 설치자가 검사대상기기의 조종자를 선임하지 않았을 때의 벌칙은?

① 1년 이하의 징역 또는 2천만원 이하의 벌금
② 1년 이하의 징역 또는 5백만원 이하의 벌금
③ 1천만원 이하의 벌금
④ 5백만원 이하의 벌금

| 해설 | 검사대상기기 설치자가 검사대상기기의 조종자를 선임하지 않았을 때의 벌칙 : 1천만원 이하의 벌금

53 에너지이용합리화법령상 산업통상자원부장관이 에너지다소비사업자에게 개선명령을 할 수 있는 경우는 에너지관리지도 결과 몇 % 이상 에너지 효율개선이 기대되는 경우인가?

① 2%　　② 3%
③ 5%　　④ 10%

| 해설 | 에너지이용합리화법령상 산업통상자원부장관이 에너지다소비사업자에게 개선명령을 할 수 있는 경우는 에너지관리지도 결과 몇 10% 이상 에너지 효율개선이 기대되는 경우

| 정답 | 47. ③　48. ③　49. ④　50. ②　51. ③　52. ③　53. ④

54 다음 보온재 중 안전사용(최고)온도가 가장 높은 것은?

① 탄산마그네슘 물반죽 보온재
② 규산칼슘 보온판
③ 경질 폼라버 보온통
④ 글라스울 블랭킷

해설 │ ① 탄산마그네슘 물반죽 보온재 : 약 200℃
② 규산칼슘 보온판 : 약 650℃
③ 경질 폼라버 보온통 : 약 100℃
④ 글라스울 블랭킷 : 약 350℃

55 저탄소 녹색성장 기본법상 녹색성장위원회의 위원으로 틀린 것은?

① 국토교통부장관
② 미래창조과학부장관
③ 기획재정부장관
④ 고용노동부장관

해설 │ 고용노동부장관은 녹색성장 기본법상 녹색성장위원회 위원과는 무관하다.

56 에너지이용 합리화법상 에너지사용자와 에너지 공급자의 책무로 맞는 것은?

① 에너지의 생산·이용 등에서의 그 효율을 극소화
② 온실가스배출을 줄이기 위한 노력
③ 기자재의 에너지효율을 높이기 위한 기술개발
④ 지역경제발전을 위한 시책 강구

해설 │ 에너지이용합리화법상 에너지사용자와 에너지 공급자의 책무 : 온실가스배출을 줄이기 위한 노력

57 에너지이용합리화법상 평균에너지소비효율에 대하여 총량적인 에너지효율의 개선이 특히 필요하다고 인정되는 기자재는?

① 승용자동차
② 강철제보일러
③ 1종 압력용기
④ 축열식 전기보일러

해설 │ • 효율관리기자재
① 전기냉장고
② 전기냉방기
③ 전기세탁기
④ 조명기기
⑤ 삼상유도전동기(三相誘導電動機)
⑥ 자동차
⑦ 그 밖에 산업통상자원부장관이 그 효율의 향상이 특히 필요하다고 인정하여 고시하는 기자재 및 설비

58 보일러 급수 중 Fe, Mn, CO_2를 많이 함유하고 있는 경우의 급수처리방법으로 가장 적합한 것은?

① 분사법
② 기폭법
③ 침강법
④ 가열법

해설 │ 기폭법 : Fe, Mn, CO_2를 제거하는데 적합하다.

정답 │ 54. ② 55. ④ 56. ② 57. ① 58. ②

59 에너지이용합리화법에 따라 에너지 진단을 면제 또는 에너지진단 주기를 연장받으려는 자가 제출해야 하는 첨부서류에 해당하지 않는 것은?

① 보유한 효율관리기자재 자료
② 중소기업임을 확인할 수 있는 서류
③ 에너지절약 유공자 표창 사본
④ 친에너지형 설비 설치를 확인할 수 있는 서류

| 해설 | 에너지이용 합리화법에 따라 에너지 진단을 면제 또는 에너지진단 주기를 연장받으려는 자가 제출해야 하는 첨부서류
① 중소기업임을 확인할 수 있는 서류
② 에너지절약 유공자 표창 사본
③ 친에너지형 설비 설치를 확인할 수 있는 서류

60 증기난방에서 방열기와 벽면과의 적합한 간격(mm)은?

① 30~40　　② 50~60
③ 80~100　　④ 100~120

2015년 제4회 에너지관리기능사 필기

2015년 7월 19일 시행

01 비접촉식 온도계의 종류가 아닌 것은?

① 광전관식 온도계
② 방사 온도계
③ 광고 온도계
④ 열전대 온도계

| 해설 | • 비접촉식 온도계 : 방사 온도계, 광고 온도계, 광전관식 온도계
• 접촉식 온도계 : 유리제 온도계, 압력식 온도계, 열전대 온도계, 바이메탈 온도계, 전기 저항 온도계

02 보일러의 전열면적이 클 때의 설명으로 틀린 것은?

① 증발량이 많다. ② 예열이 빠르다.
③ 용량이 적다. ④ 효율이 높다.

| 해설 | 전열면적이 크면 : 증발량이 많다, 예열이 빠르다, 효율이 높다, 용량이 커진다. 증발 시간이 빠르다.

03 보일러 연도에 설치하는 댐퍼의 설치 목적과 관계가 없는 것은?

① 매연 및 그을음의 제거
② 통풍력의 조절
③ 연소가스 흐름의 차단
④ 주연도와 부연도가 있을 때 가스의 흐름을 전환

| 해설 | 댐퍼의 설치 목적 : 통풍력 조절, 연소가스 흐름 차단, 연소가스 흐름 전환

04 통풍력을 증가시키는 방법으로 옳은 것은?

① 연도는 짧고, 연돌은 낮게 설치한다.
② 연도는 길고, 연돌의 단면적을 작게 설치한다.
③ 배기가스의 온도는 낮춘다.
④ 연도는 짧고, 굴곡부는 적게 한다.

| 해설 | 통풍력을 증가시키는 방법
• 연돌의 높이를 높게 한다.
• 연도는 짧고 굴곡부는 적게 한다.
• 배기가스의 온도를 높인다.
• 연돌의 상부 단면적을 크게 한다.

05 연료의 연소에서 환원염이란?

① 산소 부족으로 인한 화염이다.
② 공기비가 너무 클 때의 화염이다.
③ 산소가 많이 포함된 화염이다.
④ 연료를 완전 연소시킬 때의 화염이다.

| 해설 | • 산화염 : 공기비를 너무 많이 취하였을 때 화염 중에 과잉산소를 함유하는 화염
• 환원염 : 산소가 부족하여 일산화탄소(CO) 등의 미연분을 함유하며 피열물을 환원하는 성질을 가지는 화염

| 정답 | 01. ④ 02. ③ 03. ① 04. ④ 05. ①

06 보일러 화염 유무를 검출하는 스택 스위치에 대한 설명으로 틀린 것은?

① 화염의 발열 현상을 이용한 것이다.
② 구조가 간단하다.
③ 버너 용량이 큰 곳에 사용된다.
④ 바이메탈의 신축작용으로 화염 유무를 검출한다.

| 해설 | 스택 스위치 : 연도에 설치되어 감지 속도가 늦고, 소용량 보일러에 주로 사용된다.

07 3요소식 보일러 급수 제어 방식에서 검출하는 3요소는?

① 수위, 증기유량, 급수유량
② 수위, 공기압, 수압
③ 수위, 연료량, 공기압
④ 수위, 연료량, 수압

| 해설 | 급수제어(FWC : Feed Water Control)
① 단요소식(수위만 검출)
② 2요소식(수위와 증기량 검출)
③ 3요소식(수위·증기량·급수량 검출)

08 대형보일러인 경우에 송풍기가 작동되지 않으면 전자 밸브가 열리지 않고, 점화를 저지하는 인터록의 종류는?

① 저연소 인터록
② 압력초과 인터록
③ 프리퍼지 인터록
④ 불착화 인터록

| 해설 | 프리퍼지 인터록 : 송풍기가 작동되지 않으면 전자 밸브가 열리지 않고 점화를 저지하는 인터록

09 수위의 부력에 의한 플로트 위치에 따라 연결된 수은 스위치로 작동하는 형식으로, 중·소형 보일러에 가장 많이 사용하는 저수위 경보장치의 형식은?

① 기계식
② 전극식
③ 자석식
④ 맥도널식

| 해설 | ① 맥도널식(플로트식) : 부력이용
② 전극식 : 전기 전도성 이용
③ 코프스식 : 금속의 열팽창력 이용

10 증기의 발생이 활발해지면 증기와 함께 물방울이 같이 비산하여 증기관으로 취출되는데, 이때 드럼 내에 증기 취출구에 부착하여 증기 속에 포함된 수분취출을 방지 해주는 관은?

① 위터실링관
② 주증기관
③ 베이퍼록 방지관
④ 비수방지관

| 해설 | 비수방지관 : 주 증기관 끝에 설치하여 비수현상으로 인한 습증기를 방지하기 위해 설치

11 보일러에서 배출되는 배기가스의 여열을 이용하여 급수를 예열하는 장치는?

① 과열기
② 재열기
③ 절탄기
④ 공기예열기

| 해설 | 절탄기 : 배기가스의 여열을 이용하여 급수를 예열하는 장치

12 목표 값이 시간에 따라 임의로 변화되는 것은?

① 비율제어　　② 추종제어
③ 프로그램제어　④ 캐스케이드제어

| 해설 | ㉠ **정치제어** : 목표값이 변화없이 일정한 값을 갖는 제어
㉡ **추치제어** : 목표값이 변화되는 것으로 목표값을 측정하면서 제어 목표량을 목표값에 맞추는 제어방식
　㉮ 추종제어 : 목표값이 시간에 따라 임의로 변화되는 값으로 부여한 제어
　㉯ 비율제어 : 2개 이상의 제어값의 값이 정해진 비율을 보유하여 제어
　㉰ 프로그램 제어 : 목표값이 시간에 따라 미리 결정된 일정한 제어
　㉱ 캐스케이드 제어 : 1차 제어장치가 제어 명령을 발하고 2차 제어장치가 이 명령을 바탕으로 제어량을 조절하는 측정제어

13 보일러 부속품 중 안전장치에 속하는 것은?

① 감압 밸브　　② 주증기 밸브
③ 가용전　　　④ 유량계

| 해설 | **안전장치** : 안전밸브, 방출밸브, 화염검출기, 저수위경보장치, 증기압력제어기, 가용전 등

14 캐비테이션의 발생 원인이 아닌 것은?

① 흡입양정이 지나치게 클 때
② 흡입관의 저항이 작은 경우
③ 유량의 속도가 빠른 경우
④ 관로 내의 온도가 상승되었을 때

| 해설 | **공동현상**(cavitation : 캐비테이션 현상) 흡입측에서 저압이 되어 포화증기압보다 낮아지면 증기가 발생하거나 수중에 혼합된 공기도 물과 분리되어 기포가 생긴 현상

※ 발생원인
① 흡입양정이 지나치게 클 때
② 흡입관의 저항이 클 때
④ 유량의 속도가 빠른 경우
⑤ 관로 내의 온도가 상승되었을 때

15 다음 중 연료의 연소온도에 가장 큰 영향을 미치는 것은?

① 발화점　　② 공기비
③ 인화점　　④ 회분

| 해설 | 연소온도에 영향을 주는 원인
① 연료발열량　② 공기비　③ 산소농도

16 수소 15%, 수분 0.5%인 중유의 고위발열량이 10000kcal/kg이다. 이중유의 저위발열량은 몇 kcal/kg인가?

① 8795　　② 8984
③ 9085　　④ 9187

| 해설 | $Hl = Hh - 600(9H + W)$
$= 10000 - 600 \times (9 \times 0.15 + 0.005)$
$= 9187 \text{kcal/kg}$

17 부르돈관 압력계를 부착할 때 사용되는 사이펀관 속에 넣는 물질은?

① 수은　　② 증기
③ 공기　　④ 물

| 해설 | **사이폰관** : 부르돈관의 파손을 방지하기 위해 80℃ 이하의 물을 채워 둔다.

| 정답 | 12. ②　13. ③　14. ②　15. ②　16. ④　17. ④

18 집진장치의 종류 중 건식집진장치의 종류가 아닌 것은?

① 가압수식 집진기
② 중력식 집진기
③ 관성력식 집진기
④ 원심력식 집진기

| 해설 | ㉠ 건식집진장치(중력식, 원심력식, 여과식, 관성력식)
㉡ 습식(세정식 : 유수식, 회전식, 가압수식)

19 수관식 보일러에 속하지 않는 것은?

① 입형 횡관식　② 자연 순환식
③ 강제 순환식　④ 관류식

| 해설 | • 수관식 보일러(자연순환식, 강제순환식, 관류식)
• 원통보일러(입형, 노통, 연관, 노통연관)

20 공기예열기의 종류에 속하지 않는 것은?

① 전열식　② 재생식
③ 증기식　④ 방사식

| 해설 | 공기예열기의 종류 : 전열식, 재생식, 증기식

21 보일러 배관 중에 신축이음을 하는 목적으로 가장 적합한 것은?

① 증기 속의 이물질을 제거하기 위하여
② 열팽창에 의한 관의 과열을 막기 위하여
③ 보일러수의 누수를 막기 위하여
④ 증기 속의 수분을 분리하기 위하여

| 해설 | 신축이음의 설치 목적 : 열팽창에 의한 관의 파열을 막기 위하여

22 팽창탱크에 대한 설명으로 옳은 것은?

① 개방식 팽창탱크는 주로 고온수 난방에서 사용한다.
② 팽창관에는 방열관에 부착하는 크기의 밸브를 설치한다.
③ 밀폐형 팽창탱크에는 수면관을 구비한다.
④ 밀폐형 팽창탱크는 개방식 팽창탱크에 비하여 적어도 된다.

| 해설 | 보통온수는 개방식, 고온수는 밀폐식 팽창탱크를 사용하며, 팽창관에는 밸브류를 설치해서는 안된다. 밀폐식 팽창탱크에는 수면계, 압력계, 방출밸브, 공기압축관 등을 설치한다.

23 온수난방의 특성을 설명한 것 중 틀린 것은?

① 실내 예열시간이 짧지만 쉽게 냉각이 되지 않는다.
② 난방부하 변동에 따른 온도조절이 쉽다.
③ 단독주택 도는 소규모 건물에 적용된다.
④ 보일러 취급이 비교적 쉽다.

| 해설 | 온수난방의 특징
① 예열시간이 길다.
② 온도조절이 용이하다.
③ 소규모 주택에 적용된다.
④ 취급이 용이하다.

24 다음 중 주형 방열기의 종류로 거리가 먼 것은?

① 1주형　② 2주형
③ 3세주형　④ 5세주형

| 해설 | 주형 방열기(2주형, 3주형, 3세주형, 5세주형)

| 정답 | 18. ① 19. ① 20. ④ 21. ② 22. ③ 23. ① 24. ①

25 보일러 점화시 역화의 원인과 관계가 없는 것은?

① 착화가 지연될 경우
② 점화원을 사용한 경우
③ 프리퍼지가 불충분한 경우
④ 연료 공급밸브를 급개하여 다량으로 분무한 경우

| 해설 | 역화의 원인
연소실 내에 미연소가스가 있을 때, 착화가 늦어진 경우, 가동 중 실화시, 노내환기(프리퍼지, 포스트퍼지) 불충분시

26 압력계로 연결하는 증기관을 황동관이나 동관을 사용할 경우, 증기온도는 약 몇 ℃ 이하인가?

① 210℃　　② 260℃
③ 310℃　　④ 360℃

| 해설 | 압력계의 증기관을 황동관이나 동관을 사용할 경우 증기의 온도는 210℃ 이하로 한다.

27 보일러를 비상 정지시키는 경우의 일반적인 조치사항으로 거리가 먼 것은?

① 압력은 자연히 떨어지게 기다린다.
② 주증기 스톱밸브를 열어 놓는다.
③ 연소공기의 공급을 멈춘다.
④ 연료 공급을 중단한다.

| 해설 | 비상 정지시키는 경우 일반적인 조치사항으로 주증기 스톱밸브를 닫아 놓는다.

28 금속 특유의 복사열에 대한 반사 특성을 이용한 대표적인 금속질 보온재는?

① 세라믹 화이버
② 실리카 화이버
③ 알루미늄 박
④ 규산칼슘

| 해설 | 알루미늄 박 : 금속의 반사특성(복사열) 이용

29 기포성수지에 대한 설명으로 틀린 것은?

① 열전도율이 낮고 가볍다.
② 불에 잘 타며 보온성과 보냉성은 좋지 않다.
③ 흡수성은 좋지 않으나 굽힘성은 풍부하다.
④ 합성수지 또는 고무질 재료를 사용하여 다공질 제품으로 만든 것이다.

| 해설 | 기포성 수지는 보온성과 보냉성은 좋지만 불에 잘 타는 결점이 있다.

30 온수 보일러의 순환펌프 설치 방법으로 옳은 것은?

① 순환펌프의 모터부분은 수평으로 설치한다.
② 순환펌프는 보일러 본체에 설치한다.
③ 순환펌프는 송수주관에 설치한다.
④ 공기빼기 장치가 없는 순환펌프는 체크밸브를 설치한다.

| 해설 | 순환펌프의 설치 방법
환수주관에 설치함을 원칙으로 한다. 순환 펌프의 모터 부분은 수평으로 한다. 순환펌프의 전측에는 여과기, 양측에는 밸브를 설치한다.

| 정답 |　25. ②　26. ①.　27. ②　28. ③　29. ②　30. ①

31 증기의 과열도를 옳게 표현한 식은?

① 과열도 = 포화증기온도 – 과열증기 온도
② 과열도 = 포화증기온도 – 압축수의 온도
③ 과열도 = 과열증기온도 – 압축수의 온도
④ 과열도 = 과열증기온도 – 포화증기온도

| 해설 | 과열도 = 과열증기온도 – 포화증기 온도

32 어떤 액체 연료를 완전 연소시키기 위한 이론 공기량이 10.5Nm³/kg이고, 공기비가 1.4인 경우 실제 공기량은?

① 7.5Nm³/kg ② 11.9Nm³/kg
③ 14.7Nm³/kg ④ 16.0Nm³/kg

| 해설 |
$$m = \frac{A}{A_o}$$
$$\therefore A = 10.5 \times 1.4 = 14.7 \text{Nm}^3/\text{kg}$$

33 파형 노통보일러의 특징을 설명한 것으로 옳은 것은?

① 제작이 용이하다.
② 내·외면의 청소가 용이하다.
③ 평형 노통보다 전열면적이 크다.
④ 평평 노통보다 외압에 대하여 강도가 적다.

| 해설 | **파형 노통** : 열에 의한 수축팽창량이 양호하고, 전열면적이 평형 노통에 비해 약 1.4배 정도 크다.

34 보일러에 과열기를 설치 할 때 얻어지는 장점으로 틀린 것은?

① 증기관 내의 마찰저항을 감소시킬 수 있다.
② 증기기관의 이론적 열효율 높일 수 있다.
③ 같은 압력의 포화증기에 비해 보유열량이 많은 증기를 얻을 수 있다.
④ 연소가스의 저항으로 압력손실을 줄일 수 있다.

| 해설 | 과열기는 연도에 설치되므로 연소가스의 저항으로 압력손실이 커진다.

35 슈트 블로워 사용 시 주의 사항으로 틀린 것은?

① 부하가 50% 이하인 경우에 사용한다.
② 보일러 정지 시 슈트 블로워 작업을 하지 않는다.
③ 분출 시에는 유인 통풍을 증가시킨다.
④ 분출기 내의 응축수를 배출시킨 후 사용한다.

| 해설 | **슈트 블로워(soot blower) 사용시 주의사항**
㉠ 부하가 적거나(50[%] 이하) 소화 후 사용하지 말 것
㉡ 분출하기 전 연도 내 배풍기를 사용 유인통풍을 증가시킬 것
㉢ 분출기 내의 응축수를 배출시킨 후 사용할 것
㉣ 한 곳으로 집중적으로 사용함으로 전열면에 무리를 가하지 말 것

| 정답 | 31. ④ 32. ③ 33. ③ 34. ④ 35. ①

36 후향 날개 형식으로 보일러의 압입송풍에 많이 사용되는 송풍기는?

① 다익형 송풍기
② 축류형 송풍기
③ 터보형 송풍기
④ 플레이트형 송풍기

| 해설 | 터보형 송풍기는 후향 날개 형식으로 보일러의 압입송풍에 많이 사용된다.

37 연료의 가연 성분이 아닌 것은?

① N   ② C
③ H   ④ S

| 해설 | 가연성분 : 탄소(C), H(수소), S(황)

38 효율이 82%인 보일러로 발열량 9800 kcal/kg의 연료를 15kg 연소시키는 경우의 손실 발열량은?

① 80360kcal
② 32500kcal
③ 26460kcal
④ 120540kcal

| 해설 | 손실 열량
$= 9800 \times 15 \times (1-0.82) = 26460 \text{kcal}$

39 보일러 연소용 공기조절장치 중 착화를 원활하게 하고 화염의 안정을 도모하는 장치는?

① 윈드박스(Wind Box)
② 보염기(Stabilizer)
③ 버너타일(Burner tile)
④ 플레임 아이(Flame eye)

| 해설 | 보염기 : 연소용 공기조절장치 중 착화를 원활하게 하고 화염의 안정을 도모하는 장치

40 증기난방설비에서 배관 구배를 부여하는 가장 큰 이유는 무엇인가?

① 증기의 흐름을 빠르게 하기 위해서
② 응축수의 체류를 방지하기 위해서
③ 배관시공을 편리하게 하기 위해서
④ 증기와 응축수의 흐름마찰을 줄이기 위해서

| 해설 | 증기난방설비에서 배관의 기울기(구배)를 부여하는 이유는 응축수의 체류를 방지하기 위함이다.

41 보통 온수식 난방에서 온수의 온도는?

① 65~70℃   ② 75~80℃
③ 85~90℃   ④ 95~100℃

| 해설 | 보통 온수(약 85~90℃), 고온수(100℃ 이상)

| 정답 | 36. ③ 37. ① 38. ③ 39. ② 40. ② 41. ③

42 장시간 사용을 중지하고 있던 보일러의 점화 준비에서, 부속장치 조작 및 시동으로 틀린 것은?

① 댐퍼는 굴뚝에서 가까운 것부터 차례로 연다.
② 통풍장치의 댐퍼 개폐도가 적당한지 확인한다.
③ 흡입통풍기가 설치된 경우는 가볍게 운전한다.
④ 절탄기나 과열기에 바이패스가 설치된 경우는 바이패스 댐퍼를 닫는다.

| 해설 | 장시간 사용을 중지하고 있던 보일러의 점화 준비 사항
　㉠ 댐퍼는 굴뚝에서 가까운 것부터 차례로 연다.
　㉡ 절탄기나 과열기에 바이패스가 설치되어 있는 경우는 바이패스 댐퍼를 연다.
　㉢ 통풍장치의 댐퍼개폐도가 적당한가 점검한다.

43 응축수 환수방식 중 중력환수 방식으로 환수가 불가능한 경우, 응축수를 별도의 응축수 탱크에 모으고 펌프 등을 이용하여 보일러에 급수를 행하는 방식은?

① 복관 환수식　② 부력 환수식
③ 진공 환수식　④ 기계 환수식

| 해설 | 응축수 환수방식
　㉠ 중력 환수식 : 비중차를 이용 환수하는 방식
　㉡ 기계 환수식 : 응축수 펌프를 이용 환수하는 방식
　㉢ 진공 환수식 : 진공 펌프를 이용하여 환수하는 방식

44 무기질 보온재에 해당되는 것은?

① 암면　② 펠트
③ 코르크　④ 기포성 수지

| 해설 | 암면 : 무기질 보온재

45 에너지이용 합리화법상 효율관리기자재의 에너지소비효율등급 또는 에너지소비효율을 효율관리시험기관에서 측정받아 해당 효율관리기자재에 표시하여야 하는 자는?

① 효율관리기자재의 제조업자 또는 시공업자
② 효율관리기자재의 제조업자 또는 수입업자
③ 효율관리기자재의 시공업자 또는 판매업자
④ 효율관리기자재의 시공업자 또는 수입업자

| 해설 | 제조업자 또는 수입업자는 에너지이용 합리화법상 효율관리기자재의 에너지소비효율등급 또는 에너지소비효율을 효율관리시험기관에서 측정받아 효율관리기자재에 표시해야 한다.

| 정답 | 42. ④　43. ④　44. ①　45. ②

46 저탄소 녹색성장 기본법상 녹색성장위원회의 심의 사항이 아닌 것은?

① 지방자치단체의 저탄소 녹색성장의 기본방향에 관한 사항
② 녹색성장국가전략의 수립 · 변경 · 시행에 관한 사항
③ 기후변화대응 기본계획, 에너지기본계획 및 지속가능 발전 기본계획에 관한 사항
④ 저탄소 녹색성장을 위한 재원의 배분방향 및 효율적 사용에 관한 사항

| 해설 | 저탄소 녹색성장 기본법상 녹색성장위원회의 심의 사항
　㉠ 저탄소 녹색성장 정책의 기본방향에 관한 사항
　㉡ 녹색성장국가전략의 수립 · 변경 · 시행에 관한 사항
　㉢ 기후변화대응 기본계획, 에너지기본계획 및 지속가능발전 기본계획에 관한 사항
　㉣ 저탄소 녹색성장 추진의 목표 관리, 점검, 실태조사 및 평가에 관한 사항
　㉤ 관계 중앙행정기관 및 지방자치단체의 저탄소 녹색성장과 관련된 정책 조정 및 지원에 관한 사항
　㉥ 저탄소 녹색성장과 관련된 법제도에 관한 사항
　㉦ 저탄소 녹색성장을 위한 재원의 배분방향 및 효율적 사용에 관한 사항
　㉧ 저탄소 녹색성장과 관련된 국제협상 · 국제협력, 교육 · 홍보, 인력양성 및 기반구축 등에 관한 사항
　㉨ 저탄소 녹색성장과 관련된 기업 등의 고충조사, 처리, 시정권고 또는 의견표명
　㉩ 다른 법률에서 위원회의 심의를 거치도록 한 사항
　㉪ 그 밖에 저탄소 녹색성장과 관련하여 위원장이 필요하다고 인정하는 사항

47 에너지법상 "에너지 사용자"의 정의로 옳은 것은?

① 에너지 보급 계획을 세우는 자
② 에너지를 생산, 수입하는 사업자
③ 에너지사용시설의 소유자 또는 관리자
④ 에너지를 저장, 판매하는 자

| 해설 | 에너지사용자 : 에너지사용시설의 소유자 또는 관리자

48 에너지이용 합리화법규상 냉난방온도제한 건물에 냉난방 제한온도를 적용할 때의 기준으로 옳은 것은? (단, 판매시설 및 공항의 경우는 제외한다.)

① 냉방 : 24℃ 이상, 난방 : 18℃ 이하
② 냉방 : 24℃ 이상, 난방 : 20℃ 이하
③ 냉방 : 26℃ 이상, 난방 : 18℃ 이하
④ 냉방 : 26℃ 이상, 난방 : 20℃ 이하

| 해설 | 건물에 냉난방 제한온도
　냉방 : 26℃ 이상, 난방 : 20℃ 이하

49 다음 (　)에 알맞은 것은?

에너지법령상 에너지 총조사는 (A)마다 실시하되, (B)이 필요하다고 인정할 때에는 간이조사를 실시할 수 있다.

① A : 2년, B : 행정자치부장관
② A : 2년, B : 교육부장관
③ A : 3년, B : 산업통상자원부장관
④ A : 3년, B : 고용노동부장관

| 해설 | 에너지법령상 에너지 총조사는 통계법에 따라 3년마다 실시하되, 산업통상자원부장관이 필요하다고 인정할 때에는 간이조사를 실시할 수 있다.

| 정답 | 46. ① 47. ③ 48. ④ 49. ③

50 에너지이용 합리화법상 검사대상기기설치자가 시·도지사에게 신고하여야 하는 경우가 아닌 것은?

① 검사대상기기를 정비한 경우
② 검사대상기기를 폐기한 경우
③ 검사대상기기의 사용을 중지한 경우
④ 검사대상기기의 설치자가 변경된 경우

| 해설 | 검사대상기기설치자가 시·도지사에게 신고하여야 하는 경우
㉠ 검사대상기기를 설치하거나 개조 또는 폐기한 경우
㉡ 검사대상기기의 사용을 중지한 경우
㉢ 검사대상기기의 설치자가 변경된 경우

51 보일러 가동시 매연 발생의 원인과 가장 거리가 먼 것은?

① 연소실 과열
② 연소실 용적의 과소
③ 연료 중의 불순물 혼입
④ 연소용 공기의 공급 부족

| 해설 | 연소실 온도가 높을수록 완전연소가 되므로 매연이 발생하지 않는다.

52 중유 연소시 보일러 저온부식의 방지대책으로 거리가 먼 것은?

① 저온의 전열면에 내식재료를 사용한다.
② 첨가제를 사용하여 황산가스의 노점을 높여준다.
③ 공기예열기 및 급수예열장치 등에 보호피막을 한다.
④ 배기가스 중의 산소함유량을 낮추어 아황산가스의 산화를 제한한다.

| 해설 | 저온부식 방지대책
㉠ 황분이 적은 연료를 사용할 것
㉡ 이론공기량에 알맞게 연소시킬 것(과잉공기량 조절)
㉢ 노점온도를 낮출 것
㉣ 배기가스의 온도를 너무 낮게 하지말 것
㉤ 전열면에 내식성 재료를 사용할 것
㉥ 절탄기나 공기예열기에 유입되는 유체의 온도를 높일 것

53 물의 온도가 393K를 초과하는 온수발생 보일러에는 크기가 몇 mm 이상인 안전밸브를 설치하여야 하는가?

① 5
② 10
③ 15
④ 20

| 해설 | 물의 온도가 393K를 초과하는 온수발생 보일러의 안전밸브는 20mm 이상인 것을 설치한다.

54 보일러 부식에 관련된 설명 중 틀린 것은?

① 점식은 국부전지의 작용에 의해서 일어난다.
② 수용액 중에서 부식문제를 일으키는 주요인은 용존산소, 용존가스 등이다.
③ 중유 연소시 중유 회분 중에 바나듐이 포함되어 있으면 바나듐 산화물에 의한 고온부식이 발생한다.
④ 가성취화는 고온에서 알칼리에 의한 부식현상을 말하며, 보일러 내부 전체에 걸쳐 균일하게 발생한다.

| 해설 | 가성 취화는 보일러수의 알칼리도가 높은 경우에 리벳 이음판의 중첩부 틈새 사이나 리벳 머리의 아래쪽에 보일러 수가 침입하여 알칼리 성분이 가열에 의해 농축되고 이 알칼리와 이음부 등의 반복응력의 영향으로 재료의 결정 입계에 따라 균열이 생기는 열화 현상을 말한다.

| 정답 | 50. ① 51. ① 52. ② 53. ④ 54. ④

55 증기난방의 중력 환수식에서 단관식인 경우 배관기울기로 적당한 것은?

① 1/100~1/200 정도의 순 기울기
② 1/200~1/300 정도의 순 기울기
③ 1/300~1/400 정도의 순 기울기
④ 1/400~1/500 정도의 순 기울기

| 해설 | 증기난방의 중력 환수식에서 단관식인 경우 배관의 기울기는 1/100~1/200 정도의 순 기울기를 둔다.

56 보일러 용량 결정에 포함될 사항으로 거리가 먼 것은?

① 난방부하 ② 급탕부하
③ 배관부하 ④ 연료부하

| 해설 | 보일러 용량(정격출력) 결정에 포함될 사항
㉠ 난방부하 ㉡ 급탕부하
㉢ 배관부하 ㉣ 예열부하

57 온수난방 배관에서 수평주관에 지름이 다른 관을 접속하여 연결할 때 가장 적합한 관 이음쇠는?

① 유니온   ② 편심 리듀서
③ 부싱   ④ 니플

| 해설 | 온수난방 배관에서 수평주관에 지름이 다른 관을 접속하여 연결할 때는 편심 리듀서를 사용한다.

58 온수순환 방식에 의한 분류 중에서 순환이 자유롭고 신속하며, 방열기의 위치가 낮아도 순환이 가능한 방법은?

① 중력 순환식
② 강제 순환식
③ 단관식 순환식
④ 복관식 순환식

| 해설 | 강제순환식 : 순환이 자유롭고 신속하며 방열기의 위치가 낮아도 순환이 가능하다.

59 온수보일러 개방식 팽창탱크 설치시 주의사항으로 틀린 것은?

① 팽창탱크에는 상부에 통기구멍을 설치한다.
② 팽창탱크 내부의 수위를 알 수 있는 구조이어야 한다.
③ 탱크에 연결되는 팽창 흡수관은 팽창탱크 바닥면과 같게 배관해야 한다.
④ 팽창탱크의 높이는 최고 부위 방열기보다 1m 이상 높은 곳에 설치한다.

| 해설 | 팽창관의 끝 부분은 팽창탱크의 바닥면 보다 25mm 높게 설치한다.

60 열팽창에 의한 배관의 이동을 구속 또는 제한하는 배관 지지구인 레스트레인트(restraint)의 종류가 아닌 것은?

① 가이드 ② 앵커
③ 스토퍼 ④ 행거

| 해설 | 레스트레인트 종류
㉠ 앵커
㉡ 스토퍼(스톱)
㉢ 가이드

| 정답 | 55. ① 56. ④ 57. ② 58. ② 59. ③ 60. ④

2015년 제5회 에너지관리기능사 필기

2015년 10월 10일 시행

01 "1 보일러 마력"에 대한 설명으로 옳은 것은?

① 0℃의 물 539kg을 1시간에 100℃의 증기로 바꿀 수 있는 능력이다.
② 100℃의 물 539kg을 1시간에 같은 온도의 증기로 바꿀 수 있는 능력이다.
③ 100℃의 물 15.65kg을 1시간에 같은 온도의 증기로 바꿀 수 있는 능력이다.
④ 0℃의 물 15.65kg을 1시간에 100℃의 증기로 바꿀 수 있는 능력이다.

| 해설 | • 1보일러 마력 : 100℃의 물 15.65kg을 1시간에 같은 온도의 증기로 바꿀 수 있는 능력이다.
• 보일러 1마력이 차지하는 열량은 약 8435kcal/h이다.

02 연료성분 중 가연 성분이 아닌 것은?

① C   ② H
③ S   ④ O

| 해설 | 가연성분 : C, H, S [산소(O)는 조연성가스이다.]

03 보일러 급수내관의 설치 위치로 옳은 것은?

① 보일러의 기준수위와 일치되게 설치한다.
② 보일러의 상용수위보다 50mm 정도 높게 설치한다.
③ 보일러의 안전저수위보다 50mm 정도 높게 설치한다.
④ 보일러의 안전저수위보다 50mm 정도 낮게 설치한다.

| 해설 | 급수내관설치 위치 : 안전저수위보다 50mm 정도 낮게 설치한다.

04 보일러 배기가스의 자연 통풍력을 증가시키는 방법으로 틀린 것은?

① 연도의 길이를 짧게 한다.
② 배기가스 온도를 낮춘다.
③ 연돌 높이를 증가시킨다.
④ 연돌의 단면적을 크게한다.

| 해설 | 통풍력 증가 방법
① 연도의 길이를 짧고, 굴곡부를 적게 한다.
② 연돌의 상부단면적을 크게 하고, 높이를 높게 한다.
③ 배기가스의 온도를 높인다.(연돌을 단열조치 한다.)

05 증기의 건조도(x) 설명이 옳은 것은?

① 습증기 전체 질량 중 액체가 차지하는 질량비를 말한다.
② 습증기 전체 질량 중 증기가 차지하는 질량비를 말한다.
③ 액체가 차지하는 전체 질량 중 습증기가 차지하는 질량비를 말한다.
④ 증기가 차지하는 전체 질량 중 습증기가 차지하는 질량비를 말한다.

| 해설 | 건조도 : 증기 전체 질량 중 증기가 차지하는 질량비를 말한다.

| 정답 | 01. ③ 02. ④ 03. ④ 04. ② 05. ②

06 다음 중 저양정식 안전밸브의 단면적 계산식은? (단, A=단면적(mm^2), P=분출압력(kg$_f$/cm^2), E=증발량(kg/h)이다.)

① $A = \dfrac{22E}{1.03P+1}$

② $A = \dfrac{10E}{1.03P+1}$

③ $A = \dfrac{5E}{1.03P+1}$

④ $A = \dfrac{2.5E}{1.03P+1}$

| 해설 | • 저양정식 단면적 $A = \dfrac{22E}{1.03P+1}$
• 안전 밸브 분출용량 계산식에서 유도됨
  ㉠ 저양정식 $E = \dfrac{1.03P+1}{22}AC$
  ㉡ 고양정식 $E = \dfrac{1.03P+1}{10}AC$
  ㉢ 전양정식 $E = \dfrac{1.03P+1}{5}AC$
  ㉣ 전양식 $E = \dfrac{1.03P+1}{2.5}A_0 C$

07 입형보일러에 대한 설명으로 거리가 먼 것은?

① 보일러 동을 수직으로 세워 설치한 것이다.
② 구조가 간단하고 설비비가 적게 든다.
③ 내부청소 및 수리나 검사가 불편하다.
④ 열효율이 높고 부하능력이 크다.

| 해설 | 입형 보일러의 특징
  ① 수직으로 설치하므로 설치장소를 적게 차지한다.
  ② 구조가 간단하고, 설비비가 적게 든다.
  ③ 연소실이 좁아 완전연소 곤란
  ④ 효율은 일반적으로 낮고, 습증기 발생이 많다.

08 보일러용 가스버너 중 외부혼합식에 속하지 않는 것은?

① 파이럿 버너
② 센터파이어형 버너
③ 링형 버너
④ 멀티스폿형 버너

| 해설 | 파이럿 버너(착화버너)는 파이럿 믹서로 가스와 공기를 혼합하여 파이럿 버너로 공급하는 프리-믹서방식으로 파이럿 공기량은 파이럿 공기 조절밸브로 조정한다.

09 보일러 부속장치인 증기 과열기를 설치 위치에 따라 분류할 때, 해당되지 않는 것은?

① 복사식
② 전도식
③ 접촉식
④ 복사접촉식

| 해설 | • 열가스 접촉에 의한 분류
  ㉠ 접촉식 ㉡ 복사식 ㉢ 복사접촉식
• 열가스외 증기의 흐름 방향 의한 분류
  ㉠ 병류식 ㉡ 향류식 ㉢ 혼류식

10 가스 연소용 보일러의 안전장치가 아닌 것은?

① 가용마개
② 화염검출기
③ 이젝터
④ 방폭문

| 해설 | 이젝터는 벤튜리효과를 이용하는 펌프의 일종이다.

| 정답 | 06. ① 07. ④ 08. ① 09. ② 10. ③

11 중유의 성상을 개선하기 위한 첨가제 중 분무를 순조롭게 하기 위하여 사용하는 것은?

① 연소촉진재
② 슬러지 분산제
③ 회분개질제
④ 탈수제

| 해설 | 중유첨가제
① 연소촉진제 : 분무를 양호하게 한다.
② 안정제(슬러지 분산제) : 슬러지의 생성을 방지
③ 탈수제 : 중유 속의 수분을 분리
④ 회분개질제 : 회분의 융점을 높여 고온부식을 방지
⑤ 유동점 강하제 : 중유의 유동점을 낮추어 송유를 양호하게 한다.

12 천연가스의 비중이 약 0.64라고 표시되을 때, 비중의 기준은?

① 물
② 공기
③ 배기가스
④ 수증기

| 해설 | 비중의 기준: 기체는 공기, 고체 및 액체는 물로 한다.

13 30마력(PS)인 기관이 1시간 동안 행한 일량을 열량으로 환산하면 약 몇 kcal인가? (단, 이 과정에서 행한 일량은 모두 열량으로 변환된다고 가정한다.)

① 14360
② 15240
③ 18970
④ 20402

| 해설 | 1PS는 약 632.3kcal/h이므로
632.3×30= 18969kcal이다.

14 프로판(propane) 가스의 연소식은 다음과 같다. 프로판 가스 10kg을 완전연소시키는데 필요한 이론산소량은?

$$C_3H_8 + 5O_2 \rightarrow 3CO_2 + 4H_2O$$

① 약 $11.6 Nm^3$
② 약 $13.8 Nm^3$
③ 약 $22.4 Nm^3$
④ 약 $25.5 Nm^3$

| 해설 | $C_3H_8 +\ \ \ 5O_2\ \ \ \rightarrow 3CO_2 + 4H_2O$
44kg : $5 \times 22.4 Nm^3$
10kg : X

$$\therefore x = \frac{10 \times 5 \times 22.4}{44} = 25.45 Nm^3$$

15 화염 검출기 종류 중 화염의 이온화를 이용한 것으로 가스 점화 버너에 주로 사용하는 것은?

① 플레임 아이
② 스택 스위치
③ 광도전 셀
④ 프레임 로드

| 해설 | • 플레임 아이 : 화염의 발광체 이용
• 플레임 로드 : 화염의 이온화 이용
• 스택 스위치 : 화염의 발열체 이용

16 수위경보기의 종류 중 플로트의 위치변위에 따라 수은 스위치 또는 마이크로 스위치를 작동시켜 경보를 울리는 것은?

① 기계식 경보기
② 자석식 경보기
③ 전극식 경보기
④ 맥도널식 경보기

| 해설 | • 맥도널식 : 플로트의 부력 이용
• 전극식 : 전기전도성 이용
• 코프스식 : 금속의 열팽창력 이용

| 정답 | 11. ① 12. ② 13. ③ 14. ④ 15. ④ 16. ④

17 보일러 열정산을 설명한 것 중 옳은 것은?

① 입열과 출열은 반드시 같아야 한다.
② 방열손실로 인하여 입열이 항상 크다.
③ 열효율 증대장치로 인하여 출열이 항상 크다.
④ 연소효율에 따라 입열과 출열은 다르다.

| 해설 | 열정산시 입열과 출열은 반드시 같아야 한다.

18 보일러 액체연료 연소장치인 버너의 형식별 종류에 해당되지 않는 것은?

① 고압기류식   ② 왕복식
③ 유압분사식   ④ 회전식

| 해설 | 버너의 종류에 왕복식은 해당없다.

19 매시간 425kg의 연료를 연소시켜 4800kg/h의 증기를 발생시키는 보일러의 효율은 약 얼마인가?(단, 연료의 발열량 9750kcal/kg, 증기엔탈피 676kcal/kg, 급수온도 20℃이다.)

① 76%   ② 81%
③ 85%   ④ 90%

| 해설 | $\dfrac{4800 \times (676-20)}{425 \times 9750} \times 100 ≒ 76\%$

20 함진가스에 선회운동을 주어 분진입자에 작용하는 원심력에 의하여 입자를 분리하는 집진장치로 가장 적합한 것은?

① 백필터식 집진기
② 사이클론식 집진기
③ 전기식 집진기
④ 관성력식 집진기

| 해설 | **사이클론식** : 함진가스에 선회운동을 주어 분진입자에 작용하는 원심력에 의하여 입자를 분리

21 관속에 흐르는 유체의 종류를 나타내는 기호 중 증기를 나타내는 것은?

① S   ② W
③ O   ④ A

| 해설 | • S : 증기   • W : 물
       • O : 오일(기름)   • A : 공기

22 보일러 청관제 중 보일러수의 연화제로 사용되지 않는 것은?

① 수산화나트륨   ② 탄산나트륨
③ 인산나트륨   ④ 황산나트륨

| 해설 | • **탈산소제** : 아황산나트륨, 히드라진, 탄닌
       • **연화제** : 수산화나트륨, 탄산나트륨, 인산나트륨

| 정답 | 17. ① 18. ② 19. ① 20. ② 21. ① 22. ④

23 어떤 방의 온수난방에서 소요되는 열량이 시간당 21,000kcal이고, 송수온도가 85℃이며, 환수온도가 25℃라면, 온수의 순환량은? (단, 온수의 비열은 1kcal/kg·℃이다.)

① 324kg/h ② 350kg/h
③ 398kg/h ④ 423kg/h

| 해설 | $\dfrac{21000}{1\times(85-25)} = 350$kg/h

24 보일러에 사용되는 안전밸브 및 압력방출장치 크기를 20A 이상으로 할 수 있는 보일러가 아닌 것은?

① 소용량 강철제 보일러
② 최대증발량 5T/h 이하의 관류보일러
③ 최고사용압력 1MPa(10kg$_f$/cm^2) 이하의 보일러로 전열면적 5m^2 이하의 것
④ 최고사용압력 0.1MPa(1kg$_f$/cm^2) 이하의 보일러

| 해설 | 안전밸브 및 압력방출장치 크기를 20A 이상으로 할 수 있는 보일러 : 최고사용압력 1MPa(10kg$_f$/cm^2) 이하의 보일러로 전열면적 2m^2 이하의 것

25 배관계의 식별 표시는 물질의 종류에 따라 달리한다. 물질과 식별색의 연결이 틀린 것은?

① 물 : 파랑
② 기름 : 연한 주황
③ 증기 : 어두운 빨강
④ 가스 : 연한 노랑

| 해설 | 기름 : 진한 황적색

26 다음 보온재 중 안전사용 온도가 가장 낮은 것은?

① 우모펠트 ② 암면
③ 석면   ④ 규조토

| 해설 | • 우모펠트 : 130℃ 이하
• 암면 : 400℃ 이하
• 석면 : 350℃ 이하
• 규조토 : 500℃ 이하

27 주증기관에서 증기의 건도를 향상시키는 방법으로 적당하지 않은 것은?

① 가압하여 증기의 압력을 높인다.
② 드레인 포켓을 설치한다.
③ 증기공간 내에 공기를 제거한다.
④ 기수분리기를 사용한다.

| 해설 | 가압하여 증기의 압력을 높이면 오히려 증기가 응축되어 증기의 건도가 감소할 수 있다.

28 보일러 기수공발(carry over)의 원인이 아닌 것은?

① 보일러의 증발능력에 비하여 보일러수의 표면적이 너무 넓다.
② 보일러의 수위가 높아지거나 송기시 증기 밸브를 급개하였다.
③ 보일러수 중의 가성소다, 인산소다, 유지분 등의 함유비율이 많았다.
④ 부유 고형물이나 용해고형물이 많이 존재하였다.

| 해설 | 기수공발(carry over)이란?
증기관 속으로 증기가 혼입되어 운반되는 현상으로 다음의 경우에 발생한다.
㉠ 보일러의 수위가 높아지거나 송기시 증기 밸브를 급개하였을 때
㉡ 보일러수 중의 가성소다, 인산소다, 유지분 등의 함유비율이 많아 졌을 때
㉢ 부유 고형물이나 용해고형물이 많이 존재할 때

| 정답 | 23. ② 24. ③ 25. ② 26. ① 27. ① 28. ①

29 동관 끝을 나팔 모양으로 만드는 데 사용하는 공구는?

① 사이징 툴　② 익스팬더
③ 플레어링 툴　④ 파이프 키터

| 해설 | 동관용 공구
　㉠ 사이징 툴 : 동관의 끝을 정확하게 원형으로 가공하는 공구
　㉡ 튜브 벤더 : 동관 굽힘용 공구
　㉢ 익스펜더 : 동관의 확관용 공구
　㉣ 플레어링 툴 : 동관의 압축 접합용 공구 (나팔모양)

30 보일러 분출 시의 유의사항 중 틀린 것은?

① 분출 도중 다른 작업을 하지 말 것
② 안전저수위 이하로 분출하지 말 것
③ 2대 이상의 보일러를 동시에 분출하지 말 것
④ 계속 운전 중인 보일러는 부하가 가장 클 때

| 해설 | 보일러 분출은 계속 운전 중인 보일러는 부하가 가장 적을 때 한다.

31 보일러에서 제어해야 할 요소에 해당되지 않는 것은?

① 급수 제어　② 연소제어
③ 증기온도 제어　④ 전열면 제어

| 해설 | 보일러 제어에서 전열면 제어는 할 수 없다.

32 관류보일러의 특징에 대한 설명으로 틀린 것은?

① 철저한 급수처리가 필요하다.
② 임계압력 이상의 고압에 적당하다.
③ 순환비가 1이므로 드럼이 필요하다.
④ 증기의 가동발생 시간이 매우 짧다.

| 해설 | 관류보일러의 특징
　① 철저한 급수처리가 필요하다.
　② 임계압력 이상의 고압에 적당하다.
　③ 순환비가 1이므로 드럼이 필요없다.
　④ 증기발생 시간이 매우 짧아, 효율이 높다.

33 보일러 전열면적 $1m^2$당 1시간에 발생되는 실제 증발량은 무엇인가?

① 전열면의 증발율
② 전열면의 출력
③ 전열면의 효율
④ 상당증발 효율

| 해설 | **전열면 증발율** : 보일러 전열면적 $1m^2$당 1시간에 발생되는 실제 증발량

34 50kg의 −10℃ 얼음을 100℃의 증기로 만드는 데 소요되는 열량은 몇 kcal인가? (단, 물과 얼음의 비열은 각각 1kcal/kg·℃, 0.5kcal/kg·℃로 한다.)

① 36200　② 36450
③ 37200　④ 37450

| 해설 | ㉠ 50×0.5×(10+0)=250kcal
　㉡ 50×80=4000kcal
　㉢ 50×1×100=5000kcal
　㉣ 50×539=26950kcal
　∴ ㉠+㉡+㉢+㉣=36200kcal

35 피드백 자동제어에서 동작신호를 받아서 제어계가 정해진 동작을 하는데 필요한 신호를 만들어 조작부에 보내는 부분은?

① 검출부　　② 제어부
③ 비교부　　④ 조절부

| 해설 | 조절부 : 동작신호를 받아서 제어계가 정해진 동작을 하는데 필요한 신호를 만들어 조작부에 보내는 부분

36 중유보일러의 연소보조장치에 속하지 않는 것은?

① 여과기　　② 인젝터
③ 화염 검출기　　④ 오일 프리히터

| 해설 | 인젝터 : 증기를 이용 물을 급수하는 급수보조장치

37 보일러 분출의 목적으로 틀린 것은?

① 불순물로 인한 보일러수의 농축을 방지한다.
② 포밍이나 프라이밍의 생성을 좋게 한다.
③ 전열면에 스케일 생성을 방지한다.
④ 관수의 순환을 좋게 한다.

| 해설 | 분출의 목적 : 포밍, 프라이밍의 생성방지

38 캐리오버로 인하여 나타날 수 있는 결과로 거리가 먼 것은?

① 수격현상　　② 프라이밍
③ 열효율 저하　　④ 배관의 부식

| 해설 | 프라이밍 현상이 발생되어 증기관 속으로 증기와 물방울이 포함 이송될 때 나타나는 현상이 캐리오버이다.

39 입형보일러 특징으로 거리가 먼 것은?

① 보일러 효율이 높다.
② 수리나 검사가 불편하다.
③ 구조 및 설치가 간단하다.
④ 전열면적이 적고 소용량이다.

| 해설 | 입형보일러는 비교적 효율이 낮다.

40 보일러의 점화시 역화원인에 해당되지 않는 것은?

① 압입통풍이 너무 강한 경우
② 프리퍼지의 불충분이나 또는 잊어버린 경우
③ 점화원을 가동하기 전에 연료를 분무해 버린 경우
④ 연료 공급밸브를 필요 이상 급개하여 다량으로 분무한 경우

| 해설 | 역화의 원인
　　㉠ 프리퍼지 부족, 과다한 연료공급
　　㉡ 점화시 착화가 늦은 경우
　　㉢ 공기보다 연료의 공급이 우선된 경우
　　㉣ 연료의 불완전 및 미연소

41 급수펌프에서 송출량이 10m³/min이고, 전양정이 8m일 때, 펌프의 소요마력은? (단, 펌프 효율은 75%이다.)

① 15.6PS ② 17.8PS
③ 23.7PS ④ 31.6PS

| 해설 | $\dfrac{1000 \times 10 \times 8}{75 \times 0.75 \times 60} = 23.7\text{PS}$

42 증기난방 배관에 대한 설명 중 옳은 것은?

① 건식환수식이란 환수주관이 보일러의 표준수위보다 낮은 위치에 배관되고 응축수가 환수주관의 하부를 따라 흐르는 것을 말한다.
② 습식환수식이란 환수주관이 보일러의 표준수위보다 높은 위치에 배관되는 것을 말한다.
③ 건식환수식에서는 증기트랩을 설치하고, 습식환수식에서는 공기빼기 밸브나 에어포켓을 설치한다.
④ 단관식 배관은 복관식 배관보다 배관의 길이가 길고 관경이 작다.

| 해설 |
- 건식환수식이란 환수주관이 보일러의 수위보다 높은 위치에 배관되는 것
- 습식환수식이란 환수주관이 보일러의 표준수위보다 낮은 위치에 배관되는 것
- 건식환수식에서는 증기트랩을 설치하고, 습식환수식에서는 공기빼기 밸브나 에어포켓을 설치한다.
- 단관식 배관은 증기와 응축수가 동일관으로 흐르는 것으로 주관의 길이가 복관식 보다 짧다.

43 사용 중인 보일러의 점화 전 주의사항으로 틀린 것은?

① 연료 계통을 점검한다.
② 각 밸브의 개폐 상태를 확인한다.
③ 댐퍼를 닫고 프리퍼지를 한다.
④ 수면계의 수위를 확인한다.

| 해설 | 점화 전 주의 사항
① 연료 계통을 점검한다.
② 각 밸브의 개폐 상태를 확인한다.
③ 댐퍼를 열고 프리퍼지를 한다.
④ 수면계의 수위를 확인한다.

44 다음 중 보일러의 안전장치에 해당되지 않는 것은?

① 방출밸브 ② 방폭문
③ 화염검출기 ④ 감압밸브

| 해설 | 감압밸브 : 송기장치

45 에너지이용 합리화법에 따른 열사용기자재 중 소형온수 보일러의 적용 범위로 옳은 것은?

① 전열면적 24m² 이하이며, 최고사용압력이 0.5MPa 이하의 온수를 발생하는 보일러
② 전열면적 14m² 이하이며, 최고사용압력이 0.35MPa 이하의 온수를 발생하는 보일러
③ 전열면적 20m² 이하인 보일러
④ 최고 사용압력이 0.8MPa 이하의 온수를 발생하는 보일러

| 해설 | 소형온수보일러의 적용범위
전열면적 14m² 이하이며, 최고사용압력이 0.35MPa 이하의 온수를 발생하는 보일러

| 정답 | 41. ③ 42. ③ 43. ③ 44. ④ 45. ②

46 에너지이용 합리화법상 목표에너지원 단위란?

① 에너지를 사용하여 만드는 제품의 종류별 연간 에너지사용목표량
② 에너지를 사용하여 만드는 제품의 단위당 에너지사용목표량
③ 건축물의 총 면적당 에너지사용목표량
④ 자동차 등의 단위연료당 목표주행거리

| 해설 | 목표에너지원 단위란?
　　　　에너지를 사용하여 만드는 제품의 단위당 에너지 사용목표량

47 저탄소 녹색성장 기본법령상 관리업체는 해당 연도 온실가스 배출량 및 에너지 소비량에 관한 명세서를 작성하고 이에 대한 검증기관이 검증결과를 부문별 관장기관에게 전자적 방식으로 언제까지 제출해야 하는가?

① 해당 연도 12월 31일까지
② 다음 연도 1월 31일까지
③ 다음 연도 3월 31일까지
④ 다음 연도 6월 30일까지

| 해설 | 저탄소 녹색성장 기본법령상 관리업체는 해당 연도 온실가스 배출량 및 에너지 소비량에 관한 명세서를 작성하고 이에 대한 검증기관이 검증결과를 부문별 관장기관에게 전자적 방식으로 다음 연도 3월 31일까지 제출

48 에너지이용 합리화법 시행령에서 에너지다수비사업자라 함은 연료·열 및 전력의 연간 사용량 합계가 얼마 이상인 경우인가?

① 5백 티오이
② 1천 티오이
③ 1천 5백 티오이
④ 2천 티오이

| 해설 | 에너지이용 합리화법 시행령에서 에너지다수사업자라 함은 연료·열 및 전력의 연간 사용량 합계 2천 티오이 이상

49 에너지이용 합리화법상 에너지소비효율 등급 또는 에너지 소비효율을 해당 효율관리 기자재에 표시할 수 있도록 효율관리 기자재의 에너지 사용량을 측정하는 기관은?

① 효율관리진단기관
② 효율관리전문기관
③ 효율관리표준기관
④ 효율관리시험기관

| 해설 | 효율관리시험기관 : 에너지소비효율 등급 또는 에너지 소비효율을 해당 효율관리 기자재에 표시할 수 있도록 효율관리 기자재의 에너지 사용량을 측정

50 에너지이용 합리화법상 법을 위반하여 검사대상기기조종자를 선임하지 아니한 자에 대한 벌칙기준으로 옳은 것은?

① 2년 이하의 징역 또는 2천만원 이하의 벌금
② 2천만원 이하의 벌금
③ 1천만원 이하의 벌금
④ 500만원 이하의 벌금

| 해설 | 검사대상기기조종자를 선임하지 아니한 자에 대한 벌칙 : 1천만원 이하의 벌금

51 난방부하 계산시 고려해야 할 사항으로 거리가 먼 것은?

① 유리창 및 문의 크기
② 현관 등의 공간
③ 연료의 발열량
④ 건물 위치

| 해설 | 연료의 발열량은 난방부하 계산시 고려할 사항이 아니다.

52 보일러에서 수압시험을 하는 목적으로 틀린 것은?

① 분출 증기압력을 측정하기 위하여
② 각종 덮개를 장치한 후의 기밀도를 확인하기 위하여
③ 수리한 경우 그 부분의 강도나 이상 유무를 판단하기 위하여
④ 구조상 내부검사를 하기 어려운 곳에는 그 상태를 판단하기 위하여

| 해설 | 수압시험의 목적은 강도, 균열여부, 기밀도, 내부검사가 어려운 곳의 상태 판단 등의 목적으로 한다.

53 온수난방법 중 고온수 난방에 사용되는 온수의 온도는?

① 100℃　　② 80~90℃
③ 60~70℃　　④ 40~60℃

| 해설 | 고온수 : 100℃ 이상, 보통온수 : 85~95℃

54 온수방열기의 공기빼기 밸브의 위치로 적당한 것은?

① 방열기 상부
② 방열기 중부
③ 방열기 하부
④ 방열기의 최하단부

| 해설 | 온수방열기의 공기빼기 밸브의 위치 : 방열기 상부

55 관의 방향을 바꾸거나 분기할 때 사용되는 이음쇠가 아닌 것은?

① 벤드　　② 크로스
③ 엘보　　④ 니플

| 해설 | 니플 : 관을 직선으로 연결할 때 사용된다.

56 보일러 운전이 끝난 후 노내와 연도에 체류하고 있는 가연성 가스를 배출시키는 작업은?

① 페일세이프(fail safe)
② 풀 프루프(fool proof)
③ 포스트 퍼지(post-purge)
④ 프리 퍼지(pre-purge)

| 해설 | **포스트 퍼지(post-purge)** : 보일러 운전이 끝난 후 노내와 연도에 체류하고 있는 가연성 가스를 배출시키는 작업

| 정답 | 51. ③　52. ①　53. ①　54. ①　55. ④　56. ③

57 온도 조절식 트랩으로 응축수와 함께 저온의 공기도 통과시키는 특성이 있으며, 진공환수식 증기 배관의 방열기 트랩이나 관말 트랩으로 사용되는 것은?

① 버킷 트랩 ② 열동식 트랩
③ 플로트 트랩 ④ 매니폴드 트랩

| 해설 | • **온도 조절식 트랩** : 열동식 트랩, 바이메탈식 트랩
• **기계식 트랩** : 버킷 트랩, 플로트 트랩
• **열역학적 트랩** : 오리피스식 트랩, 디스크식 트랩

58 온수난방의 특징에 대한 설명으로 틀린 것은?

① 실내의 쾌감도가 좋다.
② 온도 조절이 용이하다.
③ 화상의 우려가 적다.
④ 예열시간이 짧다.

| 해설 | 온수난방의 특징
  ㉠ 예열시간이 길다.
  ㉡ 방열량의 조절이 쉽다.
  ㉢ 동결의 위험이 적다.
  ㉣ 방열면적이 넓고 취급이 쉽다.
  ㉤ 건축물의 높이에 제한을 받는다.

59 고온 배관용 탄소강 강관의 KS 기호는?

① SPHT ② SPLT
③ SPPS ④ SPA

| 해설 | • SPHT : 고온 배관용 탄소강관
• SPLT : 저온 배관용 탄소강관
• SPPS : 압력 배관용 탄소강관
• SPA : 배관용 합금강 강관

60 보일러 수위에 대한 설명으로 옳은 것은?

① 항상 상용수위를 유지한다.
② 증기 사용량이 적을 때는 수위를 높게 유지한다.
③ 증기 사용량이 많을 때는 수위를 얕게 유지한다.
④ 증기 압력이 높을 때는 수위를 높게 유지한다.

| 해설 | 보일러 수위는 항상 상용수위를 유지한다.

| 정답 | 57. ② 58. ④ 59. ① 60. ①

2016년 제1회 에너지관리기능사 필기

2016년 1월 24일 시행

01 연소가스 성분 중 인체에 미치는 독성이 가장 적은 것은?

① SO_2
② NO_2
③ CO_2
④ CO

| 해설 | • 탄산가스(CO_2)는 이산화탄소라고도 하며 탄소 및 그 화합물이 완전연소될 때 또는 생물의 호흡이나 발효시 생기는 기체. 무색무취로 물에 비교적 잘 녹으며 식물의 탄소동화작용에 필요함. 대기층에 존재할 때 열을 흡수하는 성질이 있으며 탄산가스층의 증가는 지구온난화의 원인이 되고 있음.

02 유류용 온수보일러에서 버너가 정지하고 리셋 버튼이 돌출하는 경우는?

① 연통의 길이가 너무 길다.
② 연소용 공기량이 부적당하다.
③ 오일 배관 내의 공기가 빠지지 않고 있다.
④ 실내 온도조절기의 설정온도가 실내 온도보다 낮다.

| 해설 | 오일 배관 내에 공기가 차 있으면 연료공급이 중단되어 버너가 정지하고 리셋버튼이 돌출하는 경우가 있다.

03 보일러 사용 시 이상 저수위의 원인이 아닌 것은?

① 증기 취출량이 과대한 경우
② 보일러 연결부에서 누출이 되는 경우
③ 급수장치가 증발능력에 비해 과소한 경우
④ 급수탱크 내 급수량이 많은 경우

| 해설 | 가동 중 이상 저수위발생 원인
① 증기 취출량이 과대한 경우
② 보일러 연결부에서 누출이 되는 경우
③ 급수장치가 증발능력에 비해 과소한 경우
④ 분출장치에서 누수가 발생할 때 등

04 어떤 물질 500kg을 20℃에서 50℃로 올리는 데 3000kcal의 열량이 필요하였다. 이 물질의 비열은?

① 0.1 kcal/kg·℃
② 0.2 kcal/kg·℃
③ 0.3 kcal/kg·℃
④ 0.4 kcal/kg·℃

| 해설 | $\dfrac{3000}{500 \times (50-20)} = 0.2 \text{kcal/kg} \cdot ℃$

| 정답 | 01. ③ 02. ③ 03. ④ 04. ②

05 중유의 첨가제 중 슬러지의 생성방지제 역할을 하는 것은?

① 회분개질제   ② 탈수제
③ 연소촉진제   ④ 안정제

| 해설 | 중유첨가제 및 작용
① 연소촉진제 : 분무를 양호하게 한다.
② 안정제(슬러지 분산제) : 슬러지의 생성을 방지한다.
③ 탈수제 : 중유 속의 수분을 분리한다.
④ 회분개질제 : 회분의 융점을 높여 고온부식을 방지한다.
⑤ 유동점 강하제 : 중유의 유동점을 낮추어 송유를 양호하게 한다.

06 보일러 드럼 없이 초임계 압력 이상에서 고압증기를 발생시키는 보일러는?

① 복사 보일러   ② 관류 보일러
③ 수관 보일러   ④ 노통연관 보일러

| 해설 | 관류보일러 : 초임계 압력의 보일러이며 드럼 없이 관으로만 구성되어 있다.

07 보일러 1마력에 대한 표시로 옳은 것은?

① 전열면적 $10m^2$
② 상당증발량 $15.65kg/h$
③ 전열면적 $8ft^2$
④ 상당증발량 $30.6lb/h$

| 해설 | 보일러 1마력이 차지하는 상당증발량은 $15.65kg/h$이다.

08 제어장치에서 인터록(inter lock)이란?

① 정해진 순서에 따라 차례로 동작이 진행되는 것
② 구비조건에 맞지 않을 때 작동을 정지시키는 것
③ 증기압력의 연료량, 공기량을 소설하는 것
④ 제어량과 목표치를 비교하여 동작시키는 것

| 해설 | 인터록(inter lock)이란? 구비조건에 맞지 않을 때 작동을 정지시키는 것

09 동작유체의 상태변화에서 에너지의 이동이 없는 변화는?

① 등온변화   ② 정적변화
③ 정압변화   ④ 단열변화

| 해설 | 단열변화 : 동작유체의 상태변화에서 에너지의 이동이 없는 변화

10 연소 시 공기비가 작을 때 나타나는 현상으로 틀린 것은?

① 불완전연소가 되기 쉽다.
② 미연소가스에 의한 가스 폭발이 일어나기 쉽다.
③ 미연소가스에 의한 열손실이 증가될 수 있다.
④ 배기가스 중 NO 및 NO_2의 발생량이 많아진다.

| 해설 | • 공기비가 적을 때
① 불완전연소가 되기 쉽다.
② 미연소가스에 의한 가스폭발과 매연 발생
③ 미연소가스에 의한 열손실 증가
• 공기비가 클 때
① 연소실 온도 저하
② 배기가스량이 많아져서 열손실이 증가
③ 배기가스 중 NO 및 NO_2 발생으로 부식촉진과 대기오염을 초래

| 정답 | 05. ④ 06. ② 07. ② 08. ② 09. ④ 10. ④

11 보일러 연소장치와 가장 거리가 먼 것은?

① 스테이 ② 버너
③ 연도 ④ 화격자

| 해설 | 스테이 : 강도가 약한 부분의 강도보강을 위하여 사용되는 이음부분

종류	사용장소(목적)
관 스테이	연관과 경판 선단 부위에 관을 확관 마찰이나 마모에 견디게 한다.
바 스테이	경판, 화실, 천장판의 강도 보강용
볼트 스테이	평행판의 강도보강(횡연관 보일러)
거싯 스테이	경판과 동판의 강도보강(노통 보일러)
도리 스테이	화실 천장판의 강도보강(기관차 보일러)
도그 스테이	맨홀, 청소의 밀봉용

12 증기트랩이 갖추어야 할 조건에 대한 설명으로 틀린 것은?

① 마찰저항이 클 것
② 동작이 확실할 것
③ 내식, 내마모성이 있을 것
④ 응축수를 연속적으로 배출할 수 있을 것

| 해설 | 증기트랩의 구비조건
① 동작이 확실할 것
② 내식·내마모성이 있을 것
③ 마찰저항이 작고 단순한 구조일 것
④ 응축수를 연속적으로 배출할 수 있을 것
⑤ 공기의 배제나 정지 후 응축수 빼기가 가능할 것

13 과열증기에서 과열도는 무엇인가?

① 과열증기의 압력과 포화증기의 압력 차이다.
② 과열증기 온도와 포화증기온도와의 차이다.
③ 과열증기 온도에 증발열을 합한 것이다.
④ 과열증기 온도에 증발열을 뺀 것이다.

| 해설 | 과열도 = 과열증기 온도와 포화증기온도와의 차

14 다음은 증기보일러를 성능시험하고 결과를 산출하였다. 보일러 효율은?

급수온도 : 12℃
연료의 저위 발열량 : 10500kcal/Nm³
발생증기의 엔탈피 : 663.8kcal/kg
연료 사용량 : 373.9Nm³/h
증기 발생량 : 5120kg/h
보일러 전열면적 : 102m²

① 78% ② 80%
③ 82% ④ 85%

| 해설 | $\dfrac{5120 \times (663.8 - 12)}{10500 \times 373.9} \times 100 = 85\%$

15 자동제어의 신호전달 방법에서 공기압식의 특징으로 옳은 것은?

① 전송 시 시간지연이 생긴다.
② 배관이 용이하지 않고 보존이 어렵다.
③ 신호전달 거리가 유압식에 비하여 길다.
④ 온도제어 등에 적합하고 화재의 위험이 많다.

| 해설 | 공기압식은 배관이 용이하며 신호전달 거리가 짧고, 화재의 위험이 없으나 전송 시 지연이 생긴다.

| 정답 | 11. ① 12. ① 13. ② 14. ④ 15. ①

16 보일러 유류연료 연소 시에 가스폭발이 발생하는 원인이 아닌 것은?

① 연소 도중에 실화되었을 때
② 프리퍼지 시간이 너무 길어졌을 때
③ 소화 후에 연료가 흘러들어 갔을 때
④ 점화가 잘 안되는데 계속 급유했을 때

| 해설 | 가스폭발(역화)의 원인
① 연소 도중(가동 중)에 실화되었을 때
② 노내환기(프리퍼지, 포스트퍼지)가 불량할 때
③ 소화 후에 연료가 흘러들어 갔을 때
④ 점화가 잘 안되는데 계속 급유했을 때

17 세정식 집진장치 중 하나인 회전식 집진장치의 특징에 관한 설명으로 가장 거리가 먼 것은?

① 구조가 대체로 간단하고 조작이 쉽다.
② 급수 배관을 따로 설치할 필요가 없으므로 설치공간이 적게 든다.
③ 집진물을 회수할 때 탈수, 여과, 건조 등을 수행할 수 있는 별도의 장치가 필요하다.
④ 비교적 큰 압력손실을 견딜 수 있다.

| 해설 | 세정식 집진장치는 물을 공급하여 세정을 하는 방식이므로 별도의 급수배관을 설치한다.

18 다음 열효율 증대장치 중에서 고온부식이 잘 일어나는 장치는?

① 공기예열기   ② 과열기
③ 증발전열면   ④ 절탄기

| 해설 | 폐열회수장치(열효율증대) : 과열기, 재열기, 절탄기, 공기예열기
① 고온부식 발생부 : 과열기, 재열기
② 저온부식 발생부 : 절탄기, 공기예열기

19 증기과열기의 열가스 흐름방식 분류 중 증기와 연소가스의 흐름이 반대방향으로 지나면서 열교환이 되는 방식은?

① 병류형   ② 혼류형
③ 향류형   ④ 복사대류형

| 해설 | 열가스 흐름에 의한 분류
① 병류식 : 증기와 열가스의 흐름이 같은 방향
② 향류식 : 증기와 열가스의 흐름이 반대 방향
③ 혼류식 : 병류식과 향류식을 병합

20 열정산의 방법에서 입열항목에 속하지 않는 것은?

① 발생증기의 흡수열
② 연료의 연소열
③ 연료의 현열
④ 공기의 현열

| 해설 | 출열항목
① 유효출열(발생증기의 보유열)
② 손실열(배기가스에 의한 손실열, 미연소가스에 의한 손실열, 방산에 의한 손실열 등)

21 가스용 보일러 설비 주위에 설치해야 할 계측기 및 안전장치와 무관한 것은?

① 급기 가스 온도계
② 가스 사용량 측정 유량계
③ 연료 공급 자동차단장치
④ 가스 누설 자동차단장치

| 해설 | 가스 보일러의 계측기 및 안전장치
① 가스 누설 자동차단장치
② 가스 사용량 측정 유량계
③ 연료 공급 자동차단장치

| 정답 | 16. ②   17. ②   18. ②   19. ③   20. ①   21. ①

22 수위 자동제어 장치에서 수위와 증기유량을 동시에 검출하여 급수밸브의 개도가 조절되도록 한 제어방식은?

① 단요소식　② 2요소식
③ 3요소식　④ 모듈식

| 해설 |
- **단요소식(1요소식)** : 수위만을 이용하여 제어하는 방식
- **2요소식** : 수위, 증기량을 이용하여 제어하는 방식
- **3요소식** : 수위, 증기량, 급수량을 이용하여 제어하는 방식

23 일반적으로 보일러의 상용수위는 수면계의 어느 위치와 일치시키는가?

① 수면계의 최상단부
② 수면계의 2/3위치
③ 수면계의 1/2위치
④ 수면계의 최하단부

| 해설 | **상용수위** : 사용 중 항상 유지해야 할 수위를 말하며, 일반적으로 수면계의 1/2 위치를 말하며, 또한 경우에 따라서는 수면계의 2/3 위치를 할 수도 있다.

24 왕복동식 펌프가 아닌 것은?

① 플런저 펌프　② 피스톤 펌프
③ 터빈 펌프　④ 다이어프램 펌프

| 해설 | **원심펌프** : 터빈 펌프, 볼류트 펌프 등

25 어떤 보일러의 증발량이 40t/h이고, 보일러 본체의 전열면적이 580m²일 때 이 보일러의 증발률은?

① 14kg/m²·h　② 44kg/m²·h
③ 57kg/m²·h　④ 69kg/m²·h

| 해설 | $\frac{40000}{580} ≒ 69 kg/m^2·h$

26 보일러의 수위제어 검출방식의 종류로 가장 거리가 먼 것은?

① 피스톤식　② 전극식
③ 플로트식　④ 열팽창관식

| 해설 | **수위제어 검출방식의 종류**
① 플로트식
② 전극식
③ 열팽창관식(코프스식)

27 자연통풍 방식에서 통풍력이 증가되는 경우가 아닌 것은?

① 연돌의 높이가 낮은 경우
② 연돌의 단면적이 큰 경우
③ 연도의 굴곡수가 적은 경우
④ 배기가스의 온도가 높은 경우

| 해설 | **통풍력이 증가되는 경우**
① 연돌의 높이가 높을 경우
② 연돌의 상부 단면적이 큰 경우
③ 연도의 굴곡부가 적은 경우
④ 배기가스의 온도가 높은 경우

| 정답 | 22. ② 23. ③ 24. ③ 25. ④ 26. ① 27. ①

28 액체 연료의 주요 성상으로 가장 거리가 먼 것은?

① 비중　　② 점도
③ 부피　　④ 인화점

| 해설 | 액체연료의 주요 성상: 인화점, 비중, 점도 등을 말한다.

29 절탄기에 대한 설명으로 옳은 것은?

① 연소용 공기를 예열하는 장치이다.
② 보일러의 급수를 예열하는 장치이다.
③ 보일러용 연료를 예열하는 장치이다.
④ 연소용 공기와 보일러 급수를 예열하는 장치이다.

| 해설 | 절탄기 : 보일러의 급수를 예열하는 장치

30 보일러를 장기간 사용하지 않고 보존하는 방법으로 가장 적당한 것은?

① 물을 가득 채워 보존한다.
② 배수하고 물이 없는 상태로 보존한다.
③ 1개월에 1회씩 급수를 공급 교환한다.
④ 건조 후 생석회 등을 넣고 밀봉하여 보존한다.

| 해설 | 보일러를 6개월 이상 장기간 보존하는 경우에는 내부를 건조 후 생석회 등 흡습제를 넣고 밀봉하여 보존한다.

31 하트포드 접속법(hart-ford connection)을 사용하는 난방방식은?

① 저압 증기난방　② 고압 증기난방
③ 저온 온수난방　④ 고온 온수난방

| 해설 | 하트포드 접속법: 저압 증기난방에서 누수로 인한 저수위 사고를 방지하기 위해 표준수면 약 50mm 아래에 환수관을 설치하여 응축수를 환수하는 방식

32 온수난방설비에서 온수 온도차에 의한 비중력차로 순환하는 방식으로 단독주택이나 소규모 난방에 사용되는 난방방식은?

① 강제순환식 난방
② 하향순환식 난방
③ 자연순환식 난방
④ 상향순환식 난방

| 해설 | 자연순환식(중력순환식) 난방 : 비중력차로 온수를 순환시켜 난방하는 방식

33 압축기 진동과 서징, 관의 수격작용, 지진 등에서 발생하는 진동을 억제하기 위해 사용되는 지지 장치는?

① 벤드벤　　② 플랩 밸브
③ 그랜드 패킹　④ 브레이스

| 해설 | 브레이스 : 압축기 진동과 서징, 관의 수격작용, 지진 등에서 발생하는 진동을 억제하기 위해 사용되는 지지 장치

| 정답 | 28. ③　29. ②　30. ④　31. ①　32. ③　33. ④

34 온수보일러에 팽창탱크를 설치하는 주된 이유로 옳은 것은?

① 물의 온도 상승에 따른 체적팽창에 의한 보일러의 파손을 막기 위한 것이다.
② 배관 중의 이물질을 제거하여 연료의 흐름을 원활히 하기 위한 것이다.
③ 온수 순환펌프에 의한 맥동 및 캐비테이션을 방지하기 위한 것이다.
④ 보일러, 배관, 방열기 내에 발생한 스케일 및 슬러지를 제거하기 위한 것이다.

| 해설 | 팽창 탱크 설치 목적
① 체적팽창, 이상팽창압력을 흡수하여 보일러 파손 방지
② 관내 온수온도와 압력을 일정하게 유지
③ 보충수 공급
④ 관수배출을 하지 않아 열손실 방지

35 온수난방에서 방열기내 온수의 평균온도가 82℃, 실내온도가 18℃이고, 방열기의 방열계수가 6.8kcal/m²·h·℃인 경우 방열기의 방열량은?

① 650.9kcal/m²·h
② 557.6kcal/m²·h
③ 450.7kcal/m²·h
④ 435.2kcal/m²·h

| 해설 | 6.8 × (82 − 18) = 435.2kcal/m²·h

36 보일러 설치·시공 기준상 유류보일러의 용량이 시간당 몇 톤 이상이면 공급 연료량에 따라 연소용 공기를 자동 조절하는 기능이 있어야 하는가? (단, 난방 보일러인 경우이다.)

① 1t/h ② 3t/h
③ 5t/h ④ 10t/h

| 해설 | 난방용 보일러의 경우 보일러 설차시공 기준상 유류보일러의 용량이 시간당 10톤 이상이면 공급 연료량에 따라 연소용 공기를 자동 조절하는 기능이 있어야 한다.

37 포밍, 플라이밍의 방지 대책으로 부적합한 것은?

① 정상 수위로 운전할 것
② 급격한 과연소를 하지 않을 것
③ 주증기 밸브를 천천히 개방할 것
④ 수저 또는 수면 분출을 하지 말 것

| 해설 | 포밍, 플라이밍의 방지 대책
① 정상 수위로 운전할 것 즉, 고수위 방지
② 급격한 과연소를 하지 않을 것
③ 주증기 밸브를 천천히 개방할 것
④ 급수처리 철저(포밍은 유지류, 부유물질 등이 수면선상에서 발생되는 물 거품현상)

38 증기보일러의 기타 부속장치가 아닌 것은?

① 비수방지관 ② 기수분리기
③ 팽창탱크   ④ 급수내관

| 해설 | **팽창탱크** : 온수 보일러에 설치되는 안전장치 역할을 한다.(34번 해설 참조)

| 정답 | 34. ① 35. ④ 36. ④ 37. ④ 38. ③

39 온도 25℃의 급수를 공급받아 엔탈피가 725kcal/kg의 증기를 1시간당 2310kg을 발생시키는 보일러의 상당 증발량은?

① 1500kg/h ② 3000kg/h
③ 4500kg/h ④ 6000kg/h

| 해설 | $\dfrac{2310 \times (725-25)}{539} = 3000 kg/h$

40 다음 중 가스관의 누설검사 시 사용하는 물질로 가장 적합한 것은?

① 소금물 ② 증류수
③ 비눗물 ④ 기름

| 해설 | 가스관의 누설 검사 시 사용하는 물질은 비눗물이 가장 적합하다.

41 보일러 사고의 원인 중 제작상의 원인에 해당되지 않는 것은?

① 구조의 불량 ② 강도부족
③ 재료의 불량 ④ 압력초과

| 해설 | • 제작상의 원인
　① 재료불량 ② 구조 및 설계불량
　③ 강도불량 ④ 용접불량 등
• 취급상의 원인
　① 압력초과 ② 저수위
　③ 과열 ④ 역화
　⑤ 부식 등

42 열팽창에 대한 신축이 방열기에 영향을 미치지 않도록 주로 증기 및 온수 난방용 배관에 사용되며, 2개 이상의 엘보를 사용하는 신축 이음은?

① 벨로즈 이음 ② 루프형 이음
③ 슬리브 이음 ④ 스위블 이음

| 해설 | 스위블 이음 : 방열기 주관에서 지관을 분기할 때 2개 이상의 엘보를 사용하는 신축 이음

43 보일러 급수 중의 용존(용해) 고형물을 처리하는 방법으로 부적합한 것은?

① 증류법 ② 응집법
③ 약품 첨가법 ④ 이온 교환법

| 해설 | • 용해(용존)고형물 제거 방법 : 이온 교환법, 증류법, 약제 첨가법
• 현탁 고형물 제거 방법 : 자연 침강법, 응집법, 여과법

44 난방부하를 구성하는 인자에 속하는 것은?

① 관류 열손실
② 환기에 의한 취득열량
③ 유리창으로 통한 취득 열량
④ 벽, 지붕 등을 통한 취득열량

| 해설 | 난방부하 구성 인자(손실열량)
① 관류 열손실
② 환기에 의한 손실열량
③ 유리창으로 통한 손실열량
④ 벽, 지붕 등을 통한 손실열량

45 증기보일러에는 2개 이상의 안전밸브를 설치하여야 하는 반면에 1개 이상으로 설치 가능한 보일러의 최대 전열면적은?

① 50m² ② 60m²
③ 70m² ④ 80m²

| 해설 | 안전밸브는 2개 이상을 설치해야 하나 전열면적이 50m² 이하의 경우에는 1개 이상을 설치한다.

46 증기난방에서 저압증기 환수관이 진공펌프의 흡입구보다 낮은 위치에 있을 때 응축수를 원활히 끌어올리기 위해 설치하는 것은?

① 하트포드 접속(hartford connection)
② 플래시 레그(flash leg)
③ 리프트 피팅(lift fitting)
④ 냉각관(cooling leg)

| 해설 | **리프트 피팅(lift fitting)** : 증기난방에서 저압증기 환수관이 진공펌프의 흡입구보다 낮은 위치에 있을 때 응축수를 원활히 끌어올리기 위해 설치하는 것

47 중력순환식 온수난방법에 관한 설명으로 틀린 것은?

① 소규모 주택에 이용된다.
② 온수의 밀도차에 의해 온수가 순환한다.
③ 자연순환이므로 관경을 작게 하여도 된다.
④ 보일러는 최하위 방열기보다 더 낮은 곳에 설치한다.

| 해설 | 중력순환식 온수난방은 비중력차를 이용하여 난방하는 형식으로 강제순환식보다는 관경을 크게 해야 한다.

48 연료의 연소 시, 이론 공기량에 대한 실제공기량의 비 즉, 공기비(m)의 일반적인 값으로 옳은 것은?

① m = 1 ② m < 1
③ m < 0 ④ m > 1

| 해설 | 연소 시 필요한 실제공기량은 이론공기량과 과잉공기를 합한 값이므로 공기비는 1보다 커야 한다.

49 보일러수 내처리 방법으로 용도에 따른 청관제로 틀린 것은?

① 탈산소제 - 염산, 알콜
② 연화제 - 탄산소다, 인산소다
③ 슬러지 조정제 - 탄닌, 리그닌
④ pH 조정제 - 인산소다, 암모니아

| 해설 | 탈산소제 - 탄닌, 히드라진, 아황산나트륨

50 진공환수식 증기 난방장치의 리프트 이음 시 1단 흡상 높이는 최고 몇 m 이내로 하는가?

① 1.0 ② 1.5
③ 2.0 ④ 2.5

| 해설 | 리프트 피팅

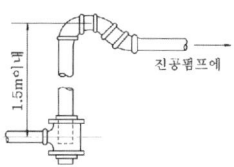

| 정답 | 45. ① 46. ③ 47. ③ 48. ④ 49. ① 50. ②

51 보일러 급수처리 방법 중 5000ppm 이하의 고형물 농도에서는 비경제적이므로 사용하지 않고, 선박용 보일러에 사용하는 급수를 얻을 때 주로 사용하는 방법은?

① 증류법 ② 가열법
③ 여과법 ④ 이온교환법

| 해설 | 증류법 : 보일러 급수처리 방법 중 5000ppm 이하의 고형물 농도에서는 비경제적이므로 사용하지 않고, 선박용 보일러에 사용하는 급수를 얻을 때 주로 사용하는 방법

52 가스보일러에서 가스폭발의 예방을 위한 유의사항으로 틀린 것은?

① 가스압력이 적당하고 안정되어 있는지 점검한다.
② 화로 및 굴뚝의 통풍, 환기를 완벽하게 하는 것이 필요하다.
③ 점화용 가스의 종류는 가급적 화력이 낮은 것을 사용한다.
④ 착화 후 연소가 불안정할 때는 즉시 가스 공급을 중단한다.

| 해설 | 점화는 1회에 이루어질 수 있도록 화력이 큰 불씨를 사용한다.

53 보일러 드럼 및 대형 헤더가 없고 지름이 작은 전열관을 사용하는 관류보일러의 순환비는?

① 4 ② 3
③ 2 ④ 1

| 해설 | 관류 보일러는 순환비($\frac{급수량}{증발량}$)가 1이여서 드럼이 필요없다.

54 증기관이나 온수관 등에 대한 단열로서 불필요한 방열을 방지하고 인체에 화상을 입히는 위험방지 또는 실내공기의 이상온도 상승방지 등을 목적으로 하는 것은?

① 방로 ② 보냉
③ 방한 ④ 보온

| 해설 | 보온은 증기관이나 온수관 등에 열손실 방지, 인체에 화상을 입히는 위험방지 또는 실내공기의 이상온도 상승방지 등을 목적

55 효율관리기자재가 최저소비효율기준에 미달하거나 최대사용량기준을 초과하는 경우 제조·수입·판매업자에게 어떠한 조치를 명할 수 있는가?

① 생산 또는 판매금지
② 제조 또는 설치금지
③ 생산 또는 세관금지
④ 제조 또는 시공금지

| 해설 | 효율관리기자재가 최저소비효율기준에 미달하거나 최대사용량기준을 초과하는 경우 제조·수입·판매업자에게 생산 또는 판매금지를 명할 수 있다.

| 정답 | 51. ① 52. ③ 53. ④ 54. ④ 55. ①

56 에너지이용 합리화법에 따라 산업통상자원부령으로 정하는 광고매체를 이용하여 효율관리기자재의 광고를 하는 경우에는 그 광고 내용에 에너지소비효율, 에너지소비효율등급을 포함시켜야 할 의무가 있는 자가 아닌 것은?

① 효율관리기자재의 제조업자
② 효율관리기자재의 광고업자
③ 효율관리기자재의 수입업자
④ 효율관리기자재의 판매업자

| 해설 | 효율관리기자재의 광고업자는 에너지이용 합리화법에 따라 산업통상자원부령으로 정하는 광고매체를 이용하여 효율관리기자재의 광고를 하는 경우에는 그 광고 내용에 에너지소비효율, 에너지소비효율등급을 포함시켜야 할 의무가 없다.

57 에너지이용합리화법상 에너지 진단기관의 지정기준은 누구의 령으로 정하는가?

① 대통령
② 시·도지사
③ 시공업자단체장
④ 산업통산자원부장관

| 해설 | 에너지이용합리화법상 에너지 진단기관의 지정기준은 대통령령으로 정한다.

58 열사용기자재 중 온수를 발생하는 소형온수보일러의 적용범위로 옳은 것은?

① 전열면적 $12m^2$ 이하, 최고사용압력 $0.25MPa$ 이하의 온수를 발생하는 것
② 전열면적 $14m^2$ 이하, 최고사용압력 $0.25MPa$ 이하의 온수를 발생하는 것
③ 전열면적 $12m^2$ 이하, 최고사용압력 $0.35MPa$ 이하의 온수를 발생하는 것
④ 전열면적 $14m^2$ 이하, 최고사용압력 $0.35MPa$ 이하의 온수를 발생하는 것

| 해설 | 소형온수보일러 : 전열면적 $14m^2$ 이하, 최고사용압력 $0.35MPa$ 이하의 온수를 발생하는 것

59 에너지법에서 정한 지역에너지계획을 수립·시행하여야 하는 자는?

① 행정자치부장관
② 산업통상자원부장관
③ 한국에너지공단 이사장
④ 특별시장·광역시장·도지사 또는 특별자치도지사

| 해설 | 에너지법에서 정한 지역에너지계획을 수립·시행하여야 하는 자 : 특별시장·광역시장·도지사 또는 특별자치도지사

60 검사대상기기 조종범위 용량이 10t/h 이하인 보일러의 조종자 자격이 아닌 것은?

① 에너지관리기사
② 에너지관리기능장
③ 에너지관리기능사
④ 인정검사대상기기조종자 교육이수자

| 해설 | 검사대상기기 조종자의 자격 및 조종범위

종자의 자격	조종범위
에너지관리기능장, 에너지관리기사	용량이 30t/h를 초과하는 보일러
에너지관리기능장, 에너지관리기사, 에너지관리산업기사	용량이 10t/h를 초과하고 30t/h 이하인 보일러
에너지관리기능장, 에너지관리기사, 에너지관리산업기사, 에너지관리기능사	용량이 10t/h 이하인 보일러
에너지관리기능장, 에너지관리기사, 에너지관리산업기사, 에너지관리기능사 또는 인정검사대상기기 조종자의 교육을 이수한 자	1. 증기보일러로서 최고사용압력이 1MPa 이하이고, 전열면적이 10제곱미터 이하인 것 2. 온수발생 및 열매체를 가열하는 보일러로서 용량이 581.5킬로와트 이하인 것 3. 압력용기

| 정답 | 60. ④

2016년 제2회 에너지관리기능사 필기

2016년 4월 2일 시행

01 압력에 대한 설명으로 옳은 것은?

① 단위 면적당 작용하는 힘이다.
② 단위 부피당 작용하는 힘이다.
③ 물체의 무게를 비중량으로 나눈 값이다.
④ 물체의 무게에 비중량으로 곱한 값이다.

| 해설 | 압력이란 단위 면적당 작용하는 힘을 말한다.

02 유류버너의 종류 중 수기압(MPa)의 분무 매체를 이용하여 연료를 분무하는 형식의 버너로서 2유체 버너라고도 하는 것은?

① 고압기류식 버너
② 유압식 버너
③ 회전식 버너
④ 환류식 버너

| 해설 | 기류식 버너 : 분무 매체인 공기나 증기의 기류를 이용하여 연료를 분무하는 형식을 말하며 2유체 버너라고도 한다.(고압기류식 버너, 저압기류식 버너)

03 증기 보일러의 효율 계산식을 바르게 나타낸 것은?

① 효율(%) $= \dfrac{\text{상당증발량} \times 538.8}{\text{연료소비량} \times \text{연료의 발열량}} \times 100$

② 효율(%) $= \dfrac{\text{증기소비량} \times 538.8}{\text{연료소비량} \times \text{연료의 비중}} \times 100$

③ 효율(%) $= \dfrac{\text{급수량} \times 538.8}{\text{연료소비량} \times \text{연료의 발열량}} \times 100$

④ 효율(%) $= \dfrac{\text{급수사용량}}{\text{증기발열량}} \times 100$

| 해설 |
• 효율(%) $= \dfrac{\text{상당증발량} \times 538.8}{\text{연료소비량} \times \text{연료의 발열량}} \times 100$

• 효율(%) $= \dfrac{\text{매시간당 증발량} \times (\text{증기엔탈피} - \text{급수온도})}{\text{연료소비량} \times \text{연료의 발열량}} \times 100$

04 보일러 열효율 정산방법에서 열정산을 위한 액체 연료량을 측정할 때, 측정의 허용오차는 일반적으로 몇 %로 하여야 하는가?

① ±1.0% ② ±1.5%
③ ±1.6% ④ ±2.0%

| 해설 | 열효율 정산방법에서 열정산을 위한 액체 연료량을 측정할 때, 측정의 허용오차는 일반적으로 ±1.0%로 한다.

| 정답 | 01. ① 02. ① 03. ① 04. ①

05 중유 예열기의 가열하는 열원의 종류에 따른 분류가 아닌 것은?

① 전기식　　② 가스식
③ 온수식　　④ 증기식

| 해설 | 열원에 따른 중유 예열기의 종류 : 전기식, 증기식, 온수식

06 공기비를 m, 이론 공기량을 Ao라고 할 때, 실제 공기량 A를 계산하는 식은?

① $A = m \cdot Ao$　　② $A = m / Ao$
③ $A = 1 / (m \cdot Ao)$　　④ $A = Ao - m$

| 해설 | • $A = m \cdot Ao$

07 보일러 급수장치의 일종인 인젝터 사용 시 장점에 관한 설명으로 틀린 것은?

① 급수 예열 효과가 있다.
② 구조가 간단하고 소형이다.
③ 설치에 넓은 장소를 요하지 않는다.
④ 급수량 조절이 양호하여 급수의 효율이 높다.

| 해설 | • 특징
[장점]
① 동력이 필요 없다.
② 설치장소를 작게 차지한다.
③ 구조가 간단하며 가격이 저렴하다.
④ 급수가 예열되어 열응력 발생을 방지한다.
[단점]
① 흡입양정이 낮아 급수조절이 어렵다.
② 증기압이 낮으며 급수가 곤란하다.
③ 구조상 소용량이다.
④ 급수온도가 높아지면 급수가 곤란하다.

08 다음 중 슈미트 보일러는 보일러 분류에서 어디에 속하는가?

① 관류식　　② 간접 가열식
③ 자연순환식　　④ 강제순환식

| 해설 | 간접 가열식 : 슈미트, 레플러 보일러

09 보일러의 안전장치에 해당되지 않는 것은?

① 방폭문　　② 수위계
③ 화염검출기　　④ 가용마개

| 해설 | 안전장치 : 안전밸브, 방출밸브, 화염검출기, 방폭문, 가용마개, 저수위 경보장치, 증기압력제한기 등

10 보일러의 시간당 증발량 1100kg/h, 증기엔탈피 650kcal/kg, 급수 온도 30℃일 때, 상당증발량은?

① 1050kg/h　　② 1265kg/h
③ 1415kg/h　　④ 1733kg/h

| 해설 | • 상당증발량
$$= \frac{매시간당증기발생량 \times (증기엔탈피 - 급수온도)}{539}$$
$$= \frac{1100 \times (650 - 30)}{539} = 1265 kg/h$$

| 정답 | 05. ②　06. ①　07. ④　08. ②　09. ②　10. ②

11 보일러의 자동연소제어와 관련이 없는 것은?

① 증기압력 제어 ② 온수온도 제어
③ 노내압 제어   ④ 수위 제어

| 해설 | 수위 제어는 자동급수제어와 관련이 있다.

12 보일러의 과열방지장치에 대한 설명으로 틀린 것은?

① 과열방지용 온도퓨즈는 373K 미만에서 확실히 작동하여야 한다.
② 과열방지용 온도퓨즈가 작동한 경우 일정시간 후 재점화되는 구조로 한다.
③ 과열방지용 온도퓨즈는 봉인을 하고 사용자가 변경할 수 없는 구조로 한다.
④ 일반적으로 용해전은 369~371K에 용해되는 것을 사용한다.

| 해설 | 과열방지용 온도퓨즈가 작동한 경우 일정시간 후 자동으로 재점화되어서는 안 된다.

13 보일러 급수처리의 목적으로 볼 수 없는 것은?

① 부식의 방지
② 보일러수의 농축방지
③ 스케일 생성 방지
④ 역화 방지

| 해설 | 급수처리의 목적
　① 부식의 방지
　② 보일러수의 농축방지
　③ 스케일 생성 방지

14 배기가스 중에 함유되어 있는 CO_2, O_2, CO 가지 성분을 순서대로 측정하는 가스 분석계는?

① 전기식 CO_2계
② 헴펠식 가스 분석계
③ 오르자트 가스 분석계
④ 가스 크로마토 그래픽 가스 분석계

| 해설 | 오르자트 가스 분석계
　　　가스분석순서 : CO_2 → O_2 → CO

15 보일러 부속장치에 관한 설명으로 틀린 것은?

① 기수분리기 : 중기 중에 혼입된 수분을 분리하는 장치
② 슈트 블로워 : 보일러 동 저면의 스케일, 침전물 등을 밖으로 배출하는 장치
③ 오일스트레이너 : 연료 속의 불순물 방지 및 유량계 펌프 등의 고장을 방지하는 장치
④ 스팀 트랩 : 응축수를 자동으로 배출하는 장치

| 해설 | 슈트 블로워 : 전열면에 부착된 그을음을 제거하는 장치

16 일반적으로 보일러 판넬 내부 온도는 몇 ℃를 넘지 않도록 하는 것이 좋은가?

① 60℃   ② 70℃
③ 80℃   ④ 90℃

| 해설 | 일반적으로 보일러 판넬 내부 온도는 60℃로 유지한다.

| 정답 | 11. ④ 12. ② 13. ④ 14. ③ 15. ② 16. ①

17 함진 배기가스를 액방울이나 액막에 충돌시켜 분진 입자를 포집 분리하는 집진장치는?

① 중력식 집진장치
② 관성력식 집진장치
③ 원심력식 집진장치
④ 세정식 집진장치

| 해설 | 세정식 집진장치 : 함진 배기가스를 액방울이나 액막에 충돌시켜 분진 입자를 포집 분리하는 집진장치

18 보일러 인터록과 관계가 없는 것은?

① 압력초과 인터록
② 저수위 인터록
③ 불착화 인터록
④ 급수장치 인터록

| 해설 | 인터록의 종류
① 초과압력 인터록
② 저수위 인터록
③ 저연소 인터록
④ 프리퍼지 인터록
⑤ 불착화 인터록

19 상태변화 없이 물체의 온도 변화에만 소요되는 열량은?

① 고체열   ② 현열
③ 액체열   ④ 잠열

| 해설 | • 현열 : 상태변화 없이 물체의 온도 변화
• 잠열 : 온도변화 없이 물체의 상태 변화

20 보일러용 오일 연료에서 성분분석 결과 수소 12.0% 수분 0.3%라면, 저위발열량은? (단, 연료의 고위발열량은 10600kcal/kg이다.)

① 6500kcal/kg   ② 7600kcal/kg
③ 8950kcal/kg   ④ 9950kcal/kg

| 해설 | • $Hh = Hl + 600(9H + W)$
$Hl = Hh - 600(9H + W)$
∴ $10600 - 600(9 \times 0.12 + 0.003)$
$= 9950 \text{kcal/kg}$

21 보일러에서 보염장치의 설치목적에 대한 설명으로 틀린 것은?

① 화염의 전기전도성을 이용한 검출을 실시한다.
② 연소용 공기의 흐름을 조절하여 준다.
③ 화염의 형상을 조절한다.
④ 확실한 착화가 되도록 한다.

| 해설 | 보염장치의 설치 목적
① 연소용 공기의 흐름을 조절하여 준다.
② 화염의 형상을 조절한다.
③ 확실한 착화가 되도록 한다.

22 증기사용압력이 같거나 또는 다른 여러 개의 증기사용 설비의 드레인관을 하나로 묶어 한 개의 트랩으로 설치한 것을 무엇이라고 하는가?

① 플로트트랩   ② 버킷트랩핑
③ 디스크트랩   ④ 그룹트랩핑

| 해설 | 그룹트랩핑 : 여러 개의 증기사용 설비의 드레인관을 하나로 묶어 한 개의 트랩으로 설치한 것을 말한다.

| 정답 | 17. ④ 18. ④ 19. ② 20. ④ 21. ① 22. ④

23 보일러 윈드박스 주위에 설치되는 장치 또는 부품과 가장 거리가 먼 것은?

① 공기예열기 ② 화염검출기
③ 착화버너   ④ 투시구

| 해설 | 폐열회수장치 : 과열기 → 재열기 → 공기예열기 → 절탄기

24 보일러 운전 중 정전이나 실화로 인하여 연료의 누설이 발생하여 갑자기 점화되었을 때 가스폭발방지를 위해 연료공급을 차단하는 안전장치는?

① 폭발문   ② 수위경보기
③ 화염검출기 ④ 안전밸브

| 해설 | 화염검출기 : 보일러 운전 중 정전이나 실화로 인하여 연료의 누설이 발생하여 갑자기 점화되었을 때 가스폭발방지를 위해 연료공급을 차단하는 안전장치

25 다음 중 보일러에서 연소가스의 배기가 잘 되는 경우는?

① 연도의 단면적이 작을 때
② 배기가스 온도가 높을 때
③ 연도에 급한 굴곡이 있을 때
④ 연도에 공기가 많이 침입될 때

| 해설 | 통풍력을 크게 하려면
  ① 연돌의 높이를 높인다.
  ② 배기가스 온도를 높인다.
  ③ 굴곡부를 줄인다.(굴곡부 3개소 이내)
  ④ 연돌 상부단면적을 크게한다.

26 전열면적이 $40m^2$인 수직 연관보일러를 2시간 연소시킨 결과 4000kg의 증기가 발생하였다. 이 보일러의 증발률은?

① $40 kg/m^2 \cdot h$ ② $30 kg/m^2 \cdot h$
③ $60 kg/m^2 \cdot h$ ④ $50 kg/m^2 \cdot h$

| 해설 | 증발률 = $\dfrac{증발량}{면적 \times 시간}$
          = $\dfrac{4000}{40 \times 2}$ = $50 kg/m^2 \cdot h$

27 다음 중 보일러 스테이(stay)의 종류로 가장 거리가 먼 것은?

① 가셋트(gusset)스테이
② 바(bar)스테이
③ 튜브(tube)스테이
④ 너트(nut)스테이

| 해설 | 스테이의 종류

종류	사용장소(목적)
관 스테이	연관과 경판 선단 부위에 관을 확관 마찰이나 마모에 견디게 한다.
바 스테이	경판, 화실, 천장판의 강도 보강용
볼트 스테이	평행판의 강도보강(횡연관 보일러)
가셋트 스테이	경판과 동판의 강도보강(노통 보일러)
도리 스테이	화실 천장판의 강도보강(기관차 보일러)
도그 스테이	맨홀, 청소의 밀봉용

| 정답 | 23. ① 24. ③ 25. ② 26. ④ 27. ④

28 과열기의 종류 중 열가스 흐름에 의한 구분 방식에 속하지 않는 것은?

① 병류식　　② 접촉식
③ 향류식　　④ 혼류식

| 해설 | 열가스 접촉에 의한 분류 : 복사식, 접촉(대류)식, 복사접촉식

29 고체 연료의 고위발열량으로부터 저위발열량을 산출할 때 연료 속의 수분과 다른 한 성분의 함유율을 가지고 계산하여 산출 할 수 있는데 이 성분은 무엇인가?

① 산소　　② 수소
③ 유황　　④ 탄소

| 해설 | 고위 발열량과 저위발열량 산출에서 연료 속의 수소와 수분의 함유를 가지고 계산 산출

30 상용 보일러의 점화전 준비 사항에 관한 설명으로 틀린 것은?

① 수저분출밸브 및 분출 콕의 기능을 확인하고, 조금씩 분출되도록 약간 개방하여 둔다.
② 수면계에 의하여 수위가 적정한지 확인한다.
③ 급수배관의 밸브가 열려 있는지, 급수펌프의 기능은 정상인지 확인하다.
④ 공기빼기 밸브는 증기가 발생하기 전까지 열어 놓는다.

| 해설 | 수저분출장치에서의 누수는 저수위 사고의 원인이 된다.

31 도시가스 배관의 설치에서 배관의 이음부(용접 이음매 제외)와 전기점멸기 및 전기 접속기와의 거리는 최소 얼마 이상 유지해야 하는가?

① 10cm　　② 15cm
③ 30cm　　④ 60cm

| 해설 | 도시가스 배관의 설치에서 배관의 이음부(용접 이음매 제외)와 전기점멸기 및 전기 접속기와의 거리는 30cm 이상 유지한다.

32 증기보일러에는 2개 이상의 안전밸브를 설치하여야 하지만, 전열면적이 몇 이하인 경우에는 1개 이상으로 해도 되는가?

① $80m^2$　　② $70m^2$
③ $60m^2$　　④ $50m^2$

| 해설 | 증기보일러에는 2개 이상의 안전밸브를 설치하여야 하지만, 전열면적이 $50m^2$이하인 경우에는 1개 이상으로 해도 된다.

33 배관 보온재의 선정 시 고려해야 할 사항으로 가장 거리가 먼 것은?

① 안전사용 온도 범위
② 보온재의 가격
③ 해체의 편리성
④ 공사 현장의 작업성

| 해설 | 보온재 선정 시 고려사항
① 안전사용 온도 범위
② 보온재의 가격(경제성)
③ 공사 현장의 작업성(시공성)

34 증기주관의 관말트랩 배관의 드레인 포켓과 냉각관 시공 요령이다. 다음 ( )안에 적절한 것은?

증기주관에서 응축수를 건식환수관에 배출하려면 주관과 동경으로 (㉠)mm 이상 내리고 하부로 (㉡)mm 이상 연장하여 (㉢)을(를) 만들어 준다. 냉각관은 (㉣) 앞에서 1.5m 이상 나관으로 배관한다.

① ㉠ 150 ㉡ 100 ㉢ 트랩 ㉣ 드레인 포켓
② ㉠ 100 ㉡ 150 ㉢ 드레인 포켓 ㉣ 트랩
③ ㉠ 150 ㉡ 100 ㉢ 드레인 포켓 ㉣ 드레인 밸브
④ ㉠ 100 ㉡ 150 ㉢ 드레인 밸브 ㉣ 드레인 포켓

| 해설 | 증기주관에서 응축수를 건식환수관에 배출하려면 주관과 동경으로 100mm 이상 내리고 하부로 150mm 이상 연장하여 드레인 포켓을 만들어 준다. 냉각관은 관말 트랩 앞에서 1.5m 이상 나관으로 배관한다.

35 파이프와 파이프를 홈 조인트로 체결하기 위하여 파이프 끝을 가공하는 기계는?

① 띠톱 기계
② 파이프 벤딩기
③ 동력파이프 나삭절삭기
④ 그루빙 조인트 머신

| 해설 | 그루빙 조인트 머신 : 파이프와 파이프를 홈 조인트로 체결하기 위하여 파이프 끝을 가공하는 기계

36 보일러 보존 시 동결사고가 예상될 때 실시하는 밀폐식 보존법은?

① 건조 보존법
② 만수 보존법
③ 화학적 보존법
④ 습식 보존법

| 해설 | 보일러 보존 시 동결사고가 예상될 때 실시하는 밀폐식 보존법인 건조 보존법을 택한다.

37 온수난방 배관 시공시 이상적인 기울기는?

① 1/100 이상
② 1/150 이상
③ 1/200 이상
④ 1/250 이상

| 해설 | 온수난방 배관 시공 시 기울기는 1/250 이상 둔다.

38 온수난방 설비의 내림구배 배관에서 배관 아랫면을 일치시키고자 할 때 사용되는 이음쇠는?

① 소켓
② 편심 레듀셔
③ 유니언
④ 이경엘보

| 해설 | 온수난방 설비의 내림구배 배관에서 배관 아랫면을 일치시키고자 할 때는 편심 레듀셔를 사용한다.

39 두께 150mm, 면적이 15m²인 벽이 있다. 내면 온도는 200℃, 외면 온도가 20℃일 때 벽을 통한 열손실량은? (단, 열전도율은 0.25kcal/m·h·℃이다.)

① 101kcal/h
② 675kcal/h
③ 2345kcal/h
④ 4500kcal/h

| 해설 | $Q = \dfrac{\lambda \times A \times \Delta t}{b} = \dfrac{0.25 \times 15 \times (200-20)}{0.15}$
$= 4500 \text{kcal/h}$

| 정답 | 34. ② 35. ④ 36. ① 37. ④ 38. ② 39. ④

40 보일러수에 불순물이 많이 포함되어 보일러수의 비등과 함께 수면부근에 거품의 층을 형성하여 수위가 불안정하게 되는 현상은?

① 포밍 ② 프라이밍
③ 캐리오버 ④ 공동현상

| 해설 | 포밍 현상(물거품 현상) : 유지류, 부유물질이 보일러 수에 혼입시 수면 부근에 거품층이 형성되는 현상

41 수질이 불량하여 보일러에 미치는 영향으로 가장 거리가 먼 것은?

① 보일러의 수명과 열효율에 영향을 준다.
② 고압보다 저압일수록 장애가 더욱 심하다.
③ 부식현상이나 증기의 질이 불순하게 된다.
④ 수질이 불량하면 관계통에 관석이 발생한다.

| 해설 | • 수질이 불량할 경우 저압보다 고압일수록 장애가 심하다.

42 다음 보온재 중 유기질 보온재에 속하는 것은?

① 규조토 ② 탄산마그네슘
③ 유리섬유 ④ 기포성수지

| 해설 | • 유기질보온재 : 탄화 콜크, 플라스틱 폼, 면화, 양모, 우모, 기포성 수지
• 무기질 보온재 : 석면, 규조토, 암면, 규산칼슘, 탄산마그네슘, 세라믹 화이버

43 관의 접속상태·결합방시의 표시 방법에서 용접이음을 나타내는 그림기호로 맞는 것은?

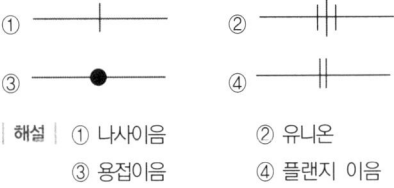

| 해설 | ① 나사이음 ② 유니온
③ 용접이음 ④ 플랜지 이음

44 보일러의 점화불량의 원인으로 가장 거리가 먼 것은?

① 댐퍼작동 불량
② 파일로트 오일 불량
③ 공기비의 조정 불량
④ 점화용 트랜스의 전기 스파크 불량

| 해설 | 점화불량의 원인
① 댐퍼작동 불량
② 전자밸브 불량
③ 공기비의 조정 불량
④ 점화용 트랜스의 전기 스파크 불량

45 다음 방열기 도시기호 중 벽걸이 종형 도시기호는?

① W-H ② W-V
③ W-Ⅱ ④ W-Ⅲ

| 해설 | W-V(벽걸이 종형), W-H(벽걸이 횡형)

46 배관 지지구의 종류가 아닌 것은?

① 파이프 슈
② 콘스탄트 행거
③ 리지드 서포트
④ 소켓

| 해설 | 소켓 : 동일 관경의 관을 직선으로 연결할 때 사용하는 이음쇠

47 보온시공 시 주의사항에 대한 설명으로 틀린 것은?

① 보온재와 보온재의 틈새는 되도록 적게 한다.
② 겹침부의 이음새는 동일 선상을 피해서 부착한다.
③ 테이프 감기는 물, 먼지 등의 침입을 막기 위해 위에서 아래쪽으로 향하여 감아내리는 것이 좋다.
④ 보온의 끝 단면은 사용하는 보온재 및 보온 목적에 따라서 필요한 보호를 한다.

| 해설 | 테이프 감기는 물, 먼지 등의 침입을 막기 위해 아래에서 위쪽으로 향하여 감아올리는 것이 좋다.

48 온수난방에 관한 설명으로 틀린 것은?

① 단관식은 보일러에서 멀어질수록 온수의 온도가 낮아진다.
② 복관식은 방열량의 변화가 일어나지 않고 밸브의 조절로 방열량을 가감할 수 있다.
③ 역귀환 방식은 각 방열기의 방열량이 거의 일정하다.
④ 증기난방에 비하여 소요방열면적과 배관경이 작게되어 설비비를 비교적 절약할 수 있다.

| 해설 | 증기난방에 비하여 소요방열면적과 배관경이 크게 되어 설비비가 많이 든다.

49 온수보일러에서 팽창탱크를 설치할 경우 주의사항으로 틀린 것은?

① 밀폐식 팽창탱크의 경우 상부에 물 빼기 관이 있어야 한다.
② 100℃의 온수에도 충분히 견딜 수 있는 재료를 사용하여야 한다.
③ 내식성 재료를 사용하거나 내식 처리된 탱크를 설치하여야 한다.
④ 동결우려가 있을 경우에는 보온을 한다.

| 해설 | 밀폐식 팽창탱크의 경우 하부에 물 빼기 관이 있어야 한다.

50 보일러 내부 부식에 속하지 않는 것은?

① 점식 ② 저온부식
③ 구식 ④ 알카리부식

| 해설 | 외부 부식 : 고온부식, 저온부식, 산화부식

51 보일러 내부의 건조방식에 대한 설명 중 틀린 것은?

① 건조제로 생석회가 사용된다.
② 가열장치로 서서히 가열하여 건조시킨다.
③ 보일러 내부 건조 시 사용되는 기화성 부식억제제(VCI)는 물에 녹지 않는다.
④ 보일러 내부 건조 시 사용되는 기화성 부식억제제(VCI)는 건조제와 병용하여 사용할 수 있다.

| 해설 | 기화성 부식억제제(VCI:Voltile Corrosion Inhibitor)는 고체, 액체 구별없이 상온에서 기화성을 갖는 부식 억제제를 말한다.

52 증기 난방시공에서 진공환수식으로 하는 경우 리프트 피팅(lift fitting)을 설치하는데, 1단의 흡상높이로 적절한 것은?

① 1.5m 이내 ② 2.0m 이내
③ 2.5m 이내 ④ 3.0m 이내

| 해설 | 증기 난방시공에서 진공환수식으로 하는 경우 리프트 피팅(lift fitting)을 설치하는데, 1단의 흡상높이는 1.5m 이내로 한다.

53 배관의 나사이음과 비교한 용접이음에 관한 설명으로 틀린 것은?

① 나사 이음부와 같이 관의 두께에 불균일한 부분이 없다.
② 돌기부가 없어 배관상의 공간효율이 좋다.
③ 이음부의 강도가 적고, 누수의 우려가 크다.
④ 변형과 수축, 잔류응력이 발생할 수 있다.

| 해설 | 용접이음의 특징
① 나사 이음부와 같이 관의 두께에 불균일한 부분이 없다.
② 돌기부가 없어 배관상의 공간효율이 좋다.
③ 이음부의 강도가 크고, 누수의 우려가 적다.
④ 변형과 수축, 잔류응력이 발생할 수 있다.

54 보일러 외부 부식의 한 종류인 고온부식을 유발하는 주된 성분은?

① 황 ② 수소
③ 인 ④ 바나듐

| 해설 | 고온부식의 원인이 되는 주된 성분 : 바나듐(V)

55 에너지이용 합리화법에 따라 고시한 효율관리기자재 운용규정에 따라 가정용 가스보일러의 최저소비효율기준은 몇 %인가?

① 63% ② 68%
③ 76% ④ 86%

| 해설 | 에너지이용 합리화법에 따라 고시한 효율관리기자재 운용규정에 따라 가정용 가스보일러의 최저소비효율기준은 76%이다.

| 정답 | 50. ② 51. ③ 52. ① 53. ③ 54. ④ 55. ③

56 에너지다소비사업자는 산업통상자원부령이 정하는 바에 따라 전년도의 분기별 에너지사용량·제품생산량을 그 에너지 사용시설이 있는 지역을 관할하는 시·도지사에게 매년 언제까지 신고해야 하는가?

① 1월 31일까지　② 3월 31일까지
③ 5월 31일까지　④ 9월 30일까지

| 해설 | 에너지다소비사업자는 산업통상자원부령이 정하는 바에 따라 전년도의 분기별 에너지사용량·제품생산량을 그 에너지 사용시설이 있는 지역을 관할하는 시·도지사에게 매년 1월 31일까지 신고해야 한다.

57 저탄소 녹색성장 기본법에서 사람의 활동에 수반하여 발생하는 온실가스가 대기 중에 축적되어 온실가스 농도를 증가시킴으로써 지구 전체적으로 지표 및 대기의 온도가 추가적으로 상승하는 현상을 나타내는 용어는?

① 지구온난화　② 기후변화
③ 자원순환　④ 녹색경영

| 해설 | 저탄소 녹색성장 기본법에서 사람의 활동에 수반하여 발생하는 온실가스가 대기 중에 축적되어 온실가스 농도를 증가시킴으로써 지구 전체적으로 지표 및 대기의 온도가 추가적으로 상승하는 현상을 지구 온난화라 한다.

58 에너지이용 합리화법에 따라 산업통상자원부장관 또는 시·도지사로부터 한국에너지공단에 위탁된 업무가 아닌 것은?

① 에너지사용계획의 검토
② 고효율시험기관의 지정
③ 대기전력경고표지대상제품의 측정결과 신고의 접수
④ 대기전력저감대상제품의 측정결과 신고의 접수

| 해설 | 고효율시험기관의 지정권자 산업상자원부장관

59 에너지이용 합리화법에서 효율관리기자재의 제조업자 또는 수입업자가 효율관리기자재의 에너지 사용량을 측정받는 기관은?

① 산업통장사원부장관이 지정하는 시험기관
② 제조업자 또는 수입업자의 검사기관
③ 환경부장관이 지정하는 진단기관
④ 시·도지사가 지정하는 측정기관

| 해설 | 에너지이용 합리화법에서 효율관리기자재의 제조업자 또는 수입업자가 효율관리기자재의 에너지 사용량을 측정 받는 기관은 산업통장사원부장관이 지정하는 시험기관

60 에너지이용 합리화법에서 정한 국가에너지절약추진위원회의 위원장은?

① 산업통산자원부장관
② 국토교통부장관
③ 국무총리
④ 대통령

| 해설 | 에너지이용 합리화법에서 정한 국가에너지절약추진위원회의 위원장 : 산업통산자원부장관

| 정답 | 56. ① 57. ① 58. ② 59. ① 60. ①

2016년 제4회 에너지관리기능사 필기

2016년 7월 10일 시행

01 유류연소 버너에서 기름의 예열온도가 너무 높은 경우에 나타나는 주요 현상으로 옳은 것은?

① 버너 화구의 탄화물 축적
② 버너용 모터의 마모
③ 진동, 소음의 발생
④ 점화불량

| 해설 | • 가열온도가 너무 높으면
　　　① 관내에서 기름의 분해가 일어난다.
　　　② 분무상태가 고르지 못하다.
　　　③ 분사각도가 흐트러진다.
　　　④ 탄화물 생성의 원인이 된다.
　　• 가열온도가 너무 낮으면
　　　① 무화가 불량해진다.
　　　② 불길이 한편으로 흐른다.
　　　③ 그을음분진이 발생한다.

02 대형보일러인 경우에 송풍기가 작동하지 않으면 전자밸브가 열리지 않고, 점화를 저지하는 인터록은?

① 프리퍼지 인터록
② 불착화 인터록
③ 압력초과 인터록
④ 저수위 인터록

| 해설 | 프리퍼지 인터록 : 송풍기가 작동하지 않으면 전자밸브가 열리지 않고 점화를 저지한다.

03 가압수식을 이용한 집진장치가 아닌 것은?

① 제트 스크러버
② 충격식 스크러버
③ 벤튜리 스크러버
④ 사이클론 스크러버

| 해설 | 가압수식 집진장치 : 제트 스크러버, 벤튜리 스크러버, 사이클론 스크러버

04 절탄기에 대한 설명으로 옳은 것은?

① 절탄기의 설치방식은 혼합식과 분배식이 있다.
② 절탄기의 급수예열 온도는 포화온도 이상으로 한다.
③ 연료의 절약과 증발량의 감소 및 열효율을 감소시킨다.
④ 급수와 보일러수의 온도차 감소로 열응력을 줄여준다.

| 해설 | 절탄기 : 연소가스 폐열을 이용하여 급수를 예열하는 장치로 급수와 보일러수의 온도차를 감소시켜 열응력을 줄여준다.

| 정답 | 01. ① 02. ① 03. ② 04. ④

05 분진가스를 집진기내에 충돌시키거나 열가스의 흐름을 반전시켜 급격한 기류의 방향전환에 의해 분진을 포집하는 집진장치는?

① 중력식 집진장치
② 관성력식 집진장치
③ 사이클론식 집진장치
④ 멀티사이클론식 집진장치

| 해설 | 관성력식 집진장치 : 분진가스를 집진기내에 충돌시키거나 열가스의 흐름을 반전시켜 급격간 기류의 방향전환에 의해 분진을 포집하는 집진장치

06 비열이 0.6kcal/kg·℃인 어떤 연료 30kg을 15℃에서 35℃까지 예열하고자 할 때 필요한 열량은 몇 kcal 인가?

① 180
② 360
③ 450
④ 600

| 해설 | 30×0.6×(35-15)=360kcal

07 습증기의 엔탈피 hx 를 구하는 식으로 옳은 것은? (단, h : 포화수의 엔탈피, x : 건조도, r : 증발잠열(숨은열), v : 포화수의 비체적)

① hx = h + x
② hx = h + r
③ hx = h + xr
④ hx = v + h + xr

| 해설 | 습포화증기 엔탈피 = 포화수 엔탈피 + 건조도 × 증발잠열

08 보일러의 자동제어에서 제어량에 따른 조작량의 대상으로 옳은 것은?

① 증기온도 : 연소가스량
② 증기압력 : 연료량
③ 보일러수위 : 공기량
④ 노내압력 : 급수량

| 해설 |

종류	제어량	조작량
증기온도제어 (S.T.C)	증기온도	전열량
급수제어 (F.W.C)	보일러 수위	급수량
자동연소제어 (A.C.C)	증기압력	연료량, 공기량
	노내압력	연소 가스량

09 화염 검출기의 종류 중 화염의 이온화 현상에 따른 전기 전도성을 이용하여 화염의 유무를 검출하는 것은?

① 플래임로드
② 플래임아이
③ 스택스위치
④ 광전관

| 해설 |
• 플래임아이 : 화염의 발광체 이용(광학적 성질 이용)
• 플래임로드 : 화염의 이온화 이용(전기전도성 이용)
• 스택스위치 : 화염의 발열체 이용(열전변화 이용)

10 원심형 송풍기에 해당하지 않는 것은?

① 터보형
② 다익형
③ 플레이트형
④ 프로펠러형

| 해설 | 원심형 송풍기 종류 : 터보형, 다익형, 플레이트형

11 석탄의 함유 성분이 많을수록 연소에 미치는 영향에 대한 설명으로 틀린 것은?

① 수분 : 착화성이 저하된다.
② 회분 : 연소 효율이 증가한다.
③ 고정탄소 : 발열량이 증가한다.
④ 휘발분 : 검은 매연이 발생하기 쉽다.

| 해설 | 석탄의 함유한 성분 중 회분이 많으면 연소 효율이 감소한다.

12 보일러 수위제어 검출방식에 해당되지 않는 것은?

① 유속식
② 전극식
③ 차압식
④ 열팽창식

| 해설 | 수위제어 검출방식 : 전극식, 플로우트식(맥도널식), 열팽창식(코프스식), 차압식 등

13 다음 중 보일러의 손실열 중 가장 큰 것은?

① 연료의 불완전연소에 의한 손실열
② 노내 분입증기에 의한 손실열
③ 과잉 공기에 의한 손실열
④ 배기가스에 의한 손실열

| 해설 | 손실열 중 가장 큰 것 : 배기가스에 의한 손실열

14 증기의 압력에너지를 이용하여 피스톤을 작동시켜 급수를 행하는 펌프는?

① 워싱턴 펌프
② 기어 펌프
③ 볼류트 펌프
④ 디퓨져 펌프

| 해설 | 워싱턴 펌프 : 증기의 압력에너지를 이용하여 피스톤을 작동시켜 급수를 하는 형식

15 다음 중 보일러수 분출의 목적이 아닌 것은?

① 보일러수의 농축을 방지한다.
② 프라이밍, 포밍을 방지한다.
③ 관수의 순환을 좋게 한다.
④ 포화증기를 과열증기로 증기의 온도를 상승시킨다.

| 해설 | 분출의 목적
① 관수의 농축방지
② 프라이밍, 포밍 방지
③ 관수의 순환촉진
④ 관수의 PH조절

16 화염 검출기에서 검출되어 프로텍터 릴레이로 전달된 신호는 버너 및 어떤 장치로 다시 전달되는가?

① 압력제한 스위치
② 저수위 경보장치
③ 연료차단 밸브
④ 안전밸브

| 해설 | 화염 검출기, 압력 제한기, 저수위 경보장치 등에서 전달되는 신호는 버너 및 연료차단 밸브(전자밸브)로 전달된다.

17 기체 연료의 특징으로 틀린 것은?

① 연소조절 및 점화나 소화가 용이하다.
② 시설비가 적게 들며 저장이나 취급이 편리하다.
③ 회분이나 매연발생이 없어서 연소 후 청결하다.
④ 연료 및 연소용 공기도 예열되어 고온을 얻을 수 있다.

| 해설 | 저장이나 취급이 어렵다.

18 다음 중 수관식 보일러 종류가 아닌 것은?

① 다꾸마 보일러
② 가르베 보일러
③ 야로우 보일러
④ 하우덴 존슨 보일러

| 해설 | 하우덴 존슨 보일러 : 노통연관 보일러

19 보일러 1마력을 열량으로 환산하면 약 몇 kcal/h 인가?

① 15.65
② 539
③ 1078
④ 8435

| 해설 | 보일러 1마력 = 8435kcal/h

20 연관보일러에서 연관에 대한 설명으로 옳은 것은?

① 관의 내부로 연소가스가 지나가는 관
② 관의 외부로 연소가스가 지나가는 관
③ 관의 내부로 증기가 지나가는 관
④ 관의 내부로 물이 지나가는 관

| 해설 | 연관 : 관내로 연소가스가 지나가는 관

21 90℃의 물 1000kg에 15℃의 물 2000kg을 혼합시키면 온도는 몇 ℃가 되는가?

① 40
② 30
③ 20
④ 10

| 해설 | $\dfrac{1000 \times 1 \times 90 + 2000 \times 1 \times 15}{1000 \times 1 + 2000 \times 1} = 40℃$

22 유류 보일러 시스템에서 중유를 사용할 때 흡입측의 여과망 눈 크기로 적합한 것은?

① 1~10 mesh
② 20~60 mesh
③ 100~150 mesh
④ 300~500 mesh

| 해설 | 중유 사용 시 여과망의 크기 : 20~60 mesh

| 정답 | 17. ② 18. ④ 19. ④ 20. ① 21. ① 22. ②

23 보일러 효율 시험방법에 관한 설명으로 틀린 것은?

① 급수온도는 절탄기가 있는 것은 절탄기 입구에서 측정한다.
② 배기가스의 온도는 전열면의 최종 출구에서 측정한다.
③ 포화증기의 압력은 보일러 출구의 압력으로 부르돈관식 압력계로 측정한다.
④ 증기온도의 경우 과열기가 있을 때는 과열기 입구에서 측정한다.

| 해설 | 과열기 설치 시 증기의 온도는 출구에서 측정한다.

24 비교적 많은 동력이 필요하나 강한 통풍력을 얻을 수 있어 통풍저항이 큰 대형 보일러나 고성능 보일러에 널리 사용되고 있는 통풍 방식은?

① 자연통풍 방식
② 평형통풍 방식
③ 직접흡입 통풍 방식
④ 간접흡입 통풍 방식

| 해설 | 통풍력이 큰 순서
평형 통풍 〉 유인(흡입)통풍 〉 압입통풍

25 고체연료에 대한 연료비를 가장 잘 설명한 것은?

① 고정탄소와 휘발분의 비
② 회분과 휘발분의 비
③ 수분과 회분의 비
④ 탄소와 수소의 비

| 해설 | 연료비 $= \dfrac{고정탄소}{휘발분}$

26 보일러의 최고사용압력이 0.1MPa 이하일 경우 설치 가능한 과압방지 안전장치의 크기는?

① 호칭지름 5mm
② 호칭지름 10mm
③ 호칭지름 15mm
④ 호칭지름 20mm

| 해설 | 안전밸브의 호칭지름 20A 이상으로 할 수 있다.
① 최고사용압력 0.1MPa 이하의 보일러
② 최고사용압력 0.5MPa 이하의 보일러로 동체의 안지름이 500mm 이하이며 동체의 길이가 1,000mm 이하의 것
③ 최고사용압력 0.5MPa{5kg$_f$/cm^2} 이하의 보일러로 전열면적 2m^2 이하의 것
④ 최대증발량 5t/h 이하의 관류보일러
⑤ 소용량강철제보일러, 소용량주철제보일러

27 보일러 부속장치에서 연소가스의 저온부식과 가장 관계가 있는 것은?

① 공기예열기　② 과열기
③ 재생기　　　④ 재열기

| 해설 | • **고온부식 발생부** : 과열기, 재열기
• **저온부식 발생부** : 절탄기, 공기예열기

28 비점이 낮은 물질인 수은, 다우섬 등을 사용하여 저압에서도 고온을 얻을 수 있는 보일러는?

① 관류식 보일러
② 열매체식 보일러
③ 노통연관식 보일러
④ 자연순환 수관식 보일러

| 해설 | **열매체 종류** : 수은, 다우섬, 카네크롤액 등을 사용하며 저압에서 고온의 증기를 얻을 수 있다.

| 정답 | 23. ④　24. ②　25. ①　26. ④　27. ①　28. ②

29 어떤 보일러의 연소효율이 92%, 전열면 효율이 85%이면 보일러 효율은?

① 73.2%   ② 74.8%
③ 78.2%   ④ 82.8%

| 해설 | $92 \times 85 \times \dfrac{1}{100} = 78.2\%$

30 온수온돌의 방수처리에 대한 설명으로 적절하지 않은 것은?

① 다층건물에 있어서도 전층의 온수온돌에 방수처리를 하는 것이 좋다.
② 방수처리는 내식성이 있는 루핑, 비닐, 방수몰탈로 하며, 습기가 스머들지 않도록 완전히 밀봉한다.
③ 벽면으로 습기가 올라오는 것을 대비하여 온돌바닥보다 약 10cm 이상 위까지 방수처리를 하는 것이 좋다.
④ 방수처리를 함으로써 열손실을 감소시킬 수 있다.

| 해설 | 다층건물의 경우 방수 처리는 바닥에서 습기가 차오르는 최하층을 한다.

31 압력배관용 탄소강관을 KS 규격기호는?

① SPPS   ② SPLT
③ SPP   ④ SPPH

| 해설 | • SPP : 배관용 탄소 강관
• SPPS : 압력 배관용 탄소 강관
• SPPH : 고압 배관용 탄소 강관
• SPLT : 저온 배관용 탄소 강관

32 중력환수식 온수난방법의 설명으로 틀린 것은?

① 온수의 밀도차에 의해 온수가 순환한다.
② 소규모 주택에 이용된다.
③ 보일러는 최하위 방열기보다 더 낮은 곳에 설치한다.
④ 자연순환이므로 관경을 작게 하여도 된다.

| 해설 | 자연 순환의 경우는 강제 순환에 비해 관경을 크게 한다.

33 전열면적 12m^{2}인 보일러의 급수밸브의 크기는 호칭 몇 A 이상이어야 하는가?

① 15   ② 20
③ 25   ④ 32

| 해설 | 급수밸브의 크기 (전열면적 10m^2 이하 15A 이상, 10m^{2}초과 20A 이상)

34 보온재의 열전도율과 온도와의 관계를 맞게 설명한 것은?

① 온도가 낮아질수록 열전도율은 커진다.
② 온도가 높아질수록 열전도율은 작아진다.
③ 온도가 높아질수록 열전도율은 커진다.
④ 온도에 관계없이 열전도율은 일정하다.

| 해설 | 온도가 높아질수록 열전도율은 커진다.

| 정답 | 29. ③ 30. ① 31. ① 32. ④ 33. ② 34. ③

35 글랜드 패킹의 종류에 해당하지 않는 것은?

① 편조 패킹
② 액상 합성수지 패킹
③ 플라스틱 패킹
④ 메탈 패킹

| 해설 | 액상 합성수지 패킹은 나사 이음에 사용된다.

36 배관 중간이나 밸브, 펌프, 열교환기 등의 접속을 위해 사용되는 이음쇠로서 분해, 조립이 필요한 경우에 사용 되는 것은?

① 벤드   ② 리듀서
③ 플랜지 ④ 슬리브

| 해설 | 플랜지 이음은 펌프, 열교환기 등에서 분해, 조립이 필요한 경우 사용한다.

37 급수 중 불순물에 의한 장해나 처리방법에 대한 설명으로 틀린 것은?

① 현탁고형물의 처리방법에는 침강분리, 여과, 응집침전 등이 있다.
② 경도성분은 이온 교환으로 연화시킨다.
③ 유지류는 거품의 원인이 되나, 이온교환수지의 능력을 향상시킨다.
④ 용존산소는 급수계통 및 보일러 본체의 수관을 산화 부식시킨다.

| 해설 | 유지류는 물거품(포밍)현상의 원인이 되며 이온교환수지의 능력을 저하시킨다.

38 난방설비 배관이나 방열기에서 높은 위치에 설치해야 하는 밸브는?

① 공기빼기 밸브
② 안전밸브
③ 전자밸브
④ 플로트 밸브

| 해설 | 방열기에서 상부 태핑의 높은 위치에 공기빼기 밸브를 설치하여 난방을 원활하게 한다.

39 기름 보일러에서 연소 중 화염이 점멸 하는 등 연소 불안정이 발생하는 경우가 있다. 그 원인으로 가장 거리가 먼 것은?

① 기름의 점도가 높을 때
② 기름 속에 수분이 혼입되었을 때
③ 연료의 공급상태가 불안정한 때
④ 노내가 부압(負壓)인 상태에서 연소했을 때

| 해설 | 연소 불안정의 원인
① 기름의 점도가 높아 분무가 불량할 때
② 기름 속에 이물질, 수분이 혼입될 때
③ 연료의 공급 상태가 불안정한 때
④ 연소장치가 불량할 때

40 배관의 관 끝을 막을 때 사용하는 부품은?

① 엘보   ② 소켓
③ 티   ④ 캡

| 해설 | 배관의 관 끝을 막을 때 사용하는 부품 : 캡, 플러그

41 어떤 강철제 증기보일러의 최고사용압력이 0.35MPa이면 수압시험 압력은?

① 0.35MPa ② 0.5MPa
③ 0.7MPa ④ 0.95MPa

| 해설 | 보일러 최고사용압력이 0.43MPa 이하는 최고사용압력의 2배로 수압시험을 실시한다.
0.35×2=0.7MPa

42 온수난방 설비의 밀폐식 팽창탱크에 설치되지 않는 것은?

① 수위계 ② 압력계
③ 배기관 ④ 안전밸브

| 해설 | 개방식 팽창탱크 설치 : 배기관, 오버플로우관, 안전관, 드레인관, 팽창관, 급수관

43 다른 보온재에 비하여 단열 효과가 낮으며, 500℃ 이하의 파이프, 탱크, 노벽 등에 사용하는 보온재는?

① 규조토 ② 암면
③ 기포성수지 ④ 탄산마그네슘

| 해설 | 규조토는 비교적 단열 효과가 낮으며, 500℃ 이하의 파이프, 탱크, 노벽 등에 사용된다.

44 진공환수식 증기난방 배관시공에 관한 설명으로 틀린 것은?

① 증기주관은 흐름 방향에 1/200~1/300의 앞내림 기울기로 하고 도중에 수직 상향부가 필요할 때 트랩장치를 한다.
② 방열기 분기관 등에서 앞단에 트랩장치가 없을 때에는 1/50~1/100의 앞올림 기울기로 하여 응축수를 주관에 역류시킨다.
③ 환수관에 수직 상향부가 필요할 때에는 리프트 피팅을 써서 응축수가 위쪽으로 배출되게 한다.
④ 리프트 피팅은 될 수 있으면 사용개소를 많게 하고 1단을 2.5m 이내로 한다.

| 해설 | 리프트 피팅의 1단 높이는 약 1.5m 이내로 한다.

45 보일러의 내부 부식에 속하지 않는 것은?

① 점식 ② 구식
③ 알칼리 부식 ④ 고온 부식

| 해설 | 외부부식 : 고온부식, 저온부식, 산화부식

46 보일러성능시험에서 강철제 증기보일러의 증기건도는 몇 % 이상이어야 하는가?

① 89 ② 93
③ 95 ④ 98

| 해설 | 증기보일러 증기건도는 약 0.98(98%) 이다.

47 보일러 사고의 원인 중 보일러 취급상의 사고원인이 아닌 것은?

① 재료 및 설계불량
② 사용압력초과 운전
③ 저수위 운전
④ 급수처리 불량

| 해설 | ※ 보일러 사고의 원인별 구분
- 제작상의 원인
  ① 재료불량   ② 구조 및 설계불량
  ③ 강도불량   ④ 용접불량 등
- 취급상의 원인
  ① 압력초과   ② 저수위
  ③ 과열   ④ 역화
  ⑤ 부식 등

48 실내의 천장 높이가 12m인 극장에 대한 증기난방 설비를 설계하고자 한다. 이때의 난방부하 계산을 위한 실내 평균온도는?(단, 호흡선 1.5m에서의 실내온도는 18℃이다.)

① 23.5℃   ② 26.1℃
③ 29.8℃   ④ 32.7℃

| 해설 | $t_m = t + 0.05t(h-3) = 18 + 0.05 \times 18 \times (12-3) = 26.1℃$

49 보일러 강판의 가성취화 현상의 특징에 관한 설명으로 틀린 것은?

① 고압보일러에서 보일러수의 알칼리 농도가 높은 경우에 발생하기 쉽다.
② 발생하는 장소로는 수명상부의 리벳과 리벳 사이에 발생하기 쉽다.
③ 발생하는 장소로는 관구명 등 응력이 집중하는 곳의 틈이 많은 곳이다.
④ 외견상 부식성이 없고, 극히 미세한 불규칙적인 방사상 형태를 하고 있다.

| 해설 | 고압 고온의 리벳 보일러에 발생하는 응력 부식 균열의 일종이다. 가성 취화는 보일러수(수면하)의 알칼리도가 높은 경우에 리벳 이음판의 중첩부의 틈새 사이나 리벳 머리의 아래쪽에 보일러수가 침입하여 알칼리 성분이 가열에 의해 농축되고, 이 알칼리와 이음부 등의 반복 응력의 영향으로 재료의 결정 입계(結晶粒界)에 따라 균열이 생기는 열화 현상

50 보일러에서 발생한 증기를 송기할 때의 주의사항으로 틀린 것은?

① 주증기관 내의 응축수를 배출시킨다.
② 주증기 밸브를 서서히 연다.
③ 송기한 후에 압력계의 증기압 변동에 주의한다.
④ 송기한 후에 밸브의 개폐상태에 대한 이상 유무를 점검하고 드레인 밸브를 열어 놓는다.

| 해설 | 송기 후에는 드레인 밸브를 닫아 놓는다.

51 증기 트랩을 기계식, 온도조절식, 열역학적 트랩으로 구분할 때 온도조절식 트랩에 해당하는 것은?

① 버킷 트랩
② 플로트 트랩
③ 열동식 트랩
④ 디스크형 트랩

| 해설 | 온도조절식 트랩 : 열동식 트랩, 바이메탈식 트랩

| 정답 | 47. ① 48. ② 49. ② 50. ④ 51. ③

52 보일러 전열면의 과열 방지대책으로 틀린 것은?

① 보일러내의 스케일을 제거한다.
② 다량의 불순물로 인해 보일러수가 농축되지 않게 한다.
③ 보일러의 수위가 안전 저수면 이하가 되지 않도록 한다.
④ 화염을 국부적으로 집중 가열한다.

| 해설 | 과열 방지대책
　　　① 스케일 생성 방지
　　　② 관수의 농축방지
　　　③ 저수위 방지
　　　④ 국부가열 방지

53 난방부하가 2250kcal/h 인 경우 온수방열기의 방열면적은? (단, 방열기의 방열량은 표준방열량으로 한다.)

① $3.5m^2$　② $5.4m^2$
③ $5.0m^2$　④ $8.3m^2$

| 해설 | 면적 = $\dfrac{난방부하}{방열량}$ = $\dfrac{2250}{450}$ = $5.0m^2$

54 증기난방에서 환수관의 수평배관에서 관경이 가늘어 지는 경우 편심 리듀서를 사용하는 이유로 적합한 것은?

① 응축수의 순환을 억제하기 위해
② 관의 열팽창을 방지하기 위해
③ 동심 리듀서보다 시공을 단축하기 위해
④ 응축수의 체류를 방지하기 위해

| 해설 | 수평배관에서 관경이 가늘어 지는 경우 편심 레듀서를 사용 하향 기울기를 주어 응축수 등의 체류를 방지한다.

55 에너지이용 합리화법상 시공업자단체의 설립, 정관의 기재 사항과 감독에 관하여 필요한 사항은 누구의 령으로 정하는가?

① 대통령령
② 산업통상자원부령
③ 고용노동부령
④ 환경부령

| 해설 | 에너지이용 합리화법상 시공업 단체의 설립, 정관의 기재 사항과 감독에 관한 필요 사항은 대통령령으로 정한다.

56 에너지이용 합리화법상 열사용기자재가 아닌 것은?

① 강철제보일러
② 구멍탄용 온수보일러
③ 전기순간온수기
④ 2종 압력용기

| 해설 | 전기순간온수기는 에너지이용 합리화법상 열사용기자재에 포함되지 않는다.

| 정답 | 52. ④　53. ③　54. ④　55. ①　56. ③

57 다음 에너지이용 합리화법의 목적에 관한 내용이다. ( )안의 A, B에 각각 들어갈 용어로 옳은 것은?

> 에너지이용 합리화법은 에너지의 수급을 안정시키고 에너지의 합리적이고 효율적인 이용을 증진하며 에너지소비로 인한 (A)을(를) 줄임으로써 국민 경제의 건전한 발전 및 국민복지의 증진과 (B)의 최소화에 이바지함을 목적으로 한다.

① A = 환경파괴, B = 온실가스
② A = 자연파괴, B = 환경피해
③ A = 환경피해, B = 지구온난화
④ A = 온실가스배출, B = 환경파괴

| 해설 | 에너지이용 합리화법은 에너지의 수급을 안정시키고 에너지의 합리적이고 효율적인 이용을 증진하며 에너지소비로 인한 환경피해를 줄임으로써 국민 경제의 건전한 발전 및 국민복지의 증진과 지구온난화의 최소화에 이바지함을 목적으로 한다.

58 에너지이용 합리화법에 따라 고효율 에너지 인증대상 기자재에 포함되지 않는 것은?

① 펌프
② 전력용 변압기
③ LED 조명기기
④ 산업건물용 보일러

| 해설 | 고효율에너지 인증대상 기자재
① 펌프
② 산업건물용 보일러
③ 무정전전원장치
④ 폐열회수형 환기장치
⑤ 발광다이오드(LED) 등 조명기기

59 에너지법에 따라 에너지기술개발 사업비의 사업에 대한 지원항목에 해당되지 않는 것은?

① 에너지기술의 연구ㆍ개발에 관한 사항
② 에너지기술에 관한 국내협력에 관한 사항
③ 에너지기술의 수요조사에 관한 사항
④ 에너지에 관한 연구인력 양성에 관한 사항

| 해설 | 에너지기술개발사업비 지원
① 에너지기술의 연구ㆍ개발, 수요 조사에 관한 사항
② 에너지사용기자재와 에너지공급설비 및 그 부품에 관한 기술개발에 관한 사항
③ 에너지기술에 관한 국제협력에 관한 사항
④ 에너지기술 개발 성과의 보급 및 홍보에 관한 사항
⑤ 에너지에 관한 연구인력 양성에 관한 사항
⑥ 에너지 사용에 따른 대기오염, 온실가스 배출 줄이기 위한 기술개발에 관한 사항
⑦ 온실가스 배출을 줄이기 위한 기술개발에 관한 사항
⑧ 에너지기술에 관한 정보의 수집ㆍ분석 및 제공과 이와 관련된 학술활동에 관한 사항

60 에너지이용 합리화법에 따라 검사에 합격되지 아니한 검사대상기기를 사용한 자에 대한 벌칙은?

① 6개월 이하의 징역 또는 5백만원 이하의 벌금
② 1년 이하의 징역 또는 1천만원 이하의 벌금
③ 2년 이하의 징역 또는 2천만원 이하의 벌금
④ 3년 이하의 징역 또는 3천만원 이하의 벌금

| 해설 | 검사에 합격되지 아니한 검사대상기기를 사용한자 : 1년 이하의 징역 또는 1천만원 이하의 벌금

| 정답 | 57. ③ 58. ② 59. ② 60. ②

모의고사 1회
모의고사 2회
모의고사 3회

PART 03

모의고사

제 01 회 에너지관리기능사 필기 모의고사

01 보일러 급수배관에서 급수의 역류를 방지하기 위하여 설치하는 밸브는 어떤 것인가?
① 체크 밸브 ② 슬루스 밸브
③ 글로브 밸브 ④ 앵글 밸브

02 보일러의 급수장치에서 인젝터의 특징으로 옳지 않은 것은?
① 구조가 간단하고 소형이다.
② 급수량의 조절이 가능하고 급수효율이 높다.
③ 증기와 물이 혼합하여 급수가 예열된다.
④ 인젝터가 과열되면 급수가 곤란하다.

03 물의 임계압력에서의 잠열은 몇 kcal/kg인가?
① 539 ② 100
③ 0   ④ 639

04 유류 연소시의 일반적인 공기비는 얼마인가?
① 0.95 ~ 1.1   ② 1.6 ~ 1.8
③ 1.2 ~ 1.4   ④ 1.8 ~ 2.0

05 프라이밍의 발생 원인으로 거리가 먼 것은 무엇인가?
① 보일러 수위가 낮을 때
② 보일러수가 농축되어 있을 때
③ 송기 시 증기밸브를 급개 할 때
④ 증발능력에 비하여 보일러수의 표면적이 작을 때

06 보일러의 자동제어에서 연소제어시 조작량과 제어량의 관계가 옳은 것은 무엇인가?
① 공기량 - 수위   ② 급수량 - 증기온도
③ 연료량 - 증기압 ④ 전열량 - 노내압

07 다음 보일러 중 수관식 보일러에 해당되는 것은 무엇인가?
① 타쿠마 보일러
② 카네크롤 보일러
③ 스코치 보일러
④ 하우덴 존슨 보일러

08 관의 결합방식 표시방법 중 플랜지식의 그림기호로 맞는 것은?

① 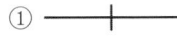　②
③ 　④

09 주철제 보일러의 최고사용압력이 0.30MPa인 경우 수압시험압력은?

① 0.15MPa
② 0.30MPa
③ 0.43MPa
④ 0.60MPa

10 보일러 자동제어에서 신호전달방식이 아닌 것은?

① 공기압식   ② 자석식
③ 유압식   ④ 전기식

11 습포화증기의 건조도(X) 범위를 바르게 표현한 것은?

① X = 1   ② 0 < X < 1
③ X < 1   ④ X < 0

12 중유 연소에서 버너에 공급되는 중유의 예열온도가 너무 높을 때 발생되는 이상 현상으로 거리가 먼 것은?

① 카본(탄화물) 생성이 잘 일어날 수 있다.
② 분무상태가 고르지 못할 수 있다.
③ 역화를 일으키기 쉽다.
④ 무화 불량이 발생하기 쉽다.

13 1 보일러 마력은 몇 kg/h 의 상당증발량의 값을 가지는가?

① 15.65   ② 79.8
③ 539   ④ 860

14 보일러 증발율이 80[kg/m²·h] 이고, 실제 증발량이 40[t/h]일 때, 전열 면적은 약 몇 m²인가?

① 200   ② 320
③ 450   ④ 500

15 회전이음 이라고도 하며 2개 이상의 엘보를 사용하여 이음부의 나사회전을 이용해서 배관의 신축을 흡수하는 신축이음쇠는?

① 루프형   ② 스위블형
③ 벨로즈형   ④ 슬리브형

16 단열재의 구비조건으로 맞는 것은?

① 비중이 커야 한다.
② 흡수성이 커야 한다.
③ 가연성이어야 한다.
④ 열전도율이 적어야 한다.

17 보일러 사고 원인 중 취급 부주의가 아닌 것은?

① 과열   ② 부식
③ 압력초과   ④ 재료불량

18 수관식 보일러에 대한 설명으로 틀린 것은?

① 고온, 고압에 적당하다.
② 용량에 비해 소요면적이 적으며 효율이 좋다.
③ 보유수량이 많아 파열시 피해가 크고, 부하변동에 응하기 쉽다.
④ 급수의 순도가 나쁘면 스케일이 발생하기 쉽다.

19 기체연료의 발열량 단위로 옳은 것은?

① kcal/m² ② kcal/cm²
③ kcal/mm² ④ kcal/Nm³

20 가동 보일러에 스케일과 부식물 제거를 위한 산세척 처리순서로 올바른 것은?

① 전처리 → 수세 → 산액처리 → 수세 → 중화·방청처리
② 수세 → 산액처리 → 전처리 → 수세 → 중화·방청처리
③ 전처리 → 중화·방청처리 → 수세 → 산액처리 → 수세
④ 전처리 → 수세 → 중화·방청처리 → 수세 → 산액처리

21 다음 중 난방부하의 단위로 옳은 것은?

① kcal/kg ② kcal/h
③ kg/h ④ kcal/m²·h

22 보일러 수 처리에서 순환계통의 처리방법 중 용해 고형물 제거 방법이 아닌 것은?

① 약체 첨가법 ② 이온교환법
③ 증류법 ④ 여과법

23 급유량계 앞에 설치하는 여과기의 종류가 아닌 것은?

① U 형 ② V 형
③ S 형 ④ Y 형

24 주철제 보일러의 특징 설명으로 옳지 않은 것은 무엇인가?

① 내열·내식성이 우수하다.
② 쪽수의 증감에 따라 용량조절이 용이하다.
③ 재질이 주철이므로 충격에 강하다.
④ 고압 및 대용량에 부적당하다.

25 집진장치 중 집진효율은 높고, 압력손실이 낮은 형식은 무엇인가?

① 전기식 집진장치
② 중력식 집진장치
③ 원심력식 집진장치
④ 세정식 집진장치

26 보일러의 외부부식 발생원인과 가장 거리가 먼 것은 무엇인가?

① 빗물, 지하수 등에 의한 습기나 수분에 의한 작용
② 보일러수 등의 누출로 인한 습기나 수분에 의한 작용
③ 연소가스 속의 부식성 가스(아황산가스 등)에 의한 작용
④ 급수중에 유지류, 산류, 탄산가스, 산소, 염류 등의 불순물 함유에 의한 작용

27 가스절단 조건에 대한 설명 중 틀린 것은 무엇인가?

① 금속 산화물의 용융온도가 모재의 용융온도 보다 낮을 것
② 모재의 연소온도가 그 용융점 보다 낮을 것
③ 모재의 성분 중 산화를 방해하는 원소가 많을 것
④ 금속 산화물 유동성이 좋으며, 모재로부터 이탈될 수 있을 것

28 보일러 외처리 방법 중 탈기법에서 제거되는 것으로 맞는 것은?

① 황화수소　② 수소
③ 망간　④ 산소

29 난방부하 계산 시 사용되는 용어에 대한 설명 중 틀린 것은 무엇인가?

① 열전도 : 인접한 물체 사이의 열의 이동 현상
② 열관류 : 열이 한 유체에서 벽을 통하여 다른 유체로 전달되는 현상
③ 난방부하 : 방열기 표준 상태에서 $1m^2$당 단위시간이 방출하는 열량
④ 정격용량 : 보일러 최대 부하상태에서 단위 시간당 총 발생되는 열량

30 고체연료와 비교한 액체연료 사용 시의 장점을 잘못 설명한 것은?

① 인화의 위험성이 없으며 역화가 발생하지 않는다.
② 그을음이 적게 발생하고 연소효율도 높다.
③ 품질이 비교적 균일하며 발열량이 크다.
④ 저장 중 변질이 적다.

31 진공환수식 증기난방에서 리프트피팅이란?

① 저압환수관이 진공펌프의 흡입구보다 낮은 위치에 있을 때 적용되는 이음방법이다.
② 방열기보다 낮은 곳에 환수주관이 설치된 경우 적용되는 이음방법이다.
③ 진공펌프가 환수주관과 같은 위치에 있을 때 적용되는 이음방법이다.
④ 방열기와 환수주관의 위치가 같을 때 적용되는 이음방법이다.

32 보일러 내면의 산세정 시 염산을 사용하는 경우 세정액의 처리온도와 처리시간으로 가장 적합한 것은?

① 60±5℃, 1~2시간
② 60±5℃, 4~6시간
③ 90±5℃, 1~2시간
④ 90±5℃, 4~6시간

33 증기 또는 온수 보일러로서 여러 개의 섹션(section)을 조합하여 제작하는 보일러는?

① 열매체 보일러
② 강철제 보일러
③ 관류 보일러
④ 주철제 보일러

34 보일러 열정산 시 증기의 건도는 몇 % 이상에서 시험함을 원칙으로 하는가?

① 96%　② 97%
③ 98%　④ 99%

35 KS에서 규정하는 보일러의 열정산은 원칙적으로 정격부하 이상에서 정상 상태로 적어도 몇 시간 이상의 운전결과에 따라야 하는가?

① 1시간　② 2시간
③ 3시간　④ 4시간

36 보일러와 관련한 기초 열역학에서 사용하는 용어에 대한 설명으로 틀린 것은?

① 절대압력 : 완전 진공상태를 0으로 기준하여 측정한 압력
② 비체적 : 단위 체적당 질량으로 단위는 kg/m^3임
③ 현열 : 물질 상태에서 변화없이 온도가 변화하는데 필요한 열량
④ 잠열 : 온도의 변화없이 물질 상태가 변화하는데 필요한 열량

37 코르니쉬 보일러에서 노통을 편심으로 설치하는 이유는?

① 보일러수의 순환을 좋게 하기 위함이다.
② 연소장치의 설치를 쉽게 하기 위함이다.
③ 온도변화에 따른 신축량을 흡수하기 위함이다.
④ 보일러의 강도를 크게하기 위함이다.

38 증발식(기화식) 버너에 적합한 연료는?

① 타일유 ② 중유
③ 경유   ④ 휘발유

39 보일러의 수압시험을 하는 주된 목적은 무엇인가?

① 제한 압력을 결정하기 위하여
② 열효율을 측정하기 위하여
③ 균열의 여부를 알기 위하여
④ 설계의 양부를 알기 위하여

40 환수관의 배관방식에 의한 분류 중 환수주관을 보일러의 표준수위보다 낮게 배관하여 환수하는 방식은 어떤 배관방식인가?

① 건식환수 ② 중력환수
③ 기계환수 ④ 습식환수

41 세관작업 시 규산염은 염산에 잘 녹지 않으므로 용해촉진제를 사용하는데 다음 중 어느 것을 사용하는가?

① H_2SO_4 ② HF
③ NH_3 ④ Na_2SO_4

42 보일러 본체나 수관, 연관 등에 발생하는 블리스터(blister)를 옳게 설명한 것은?

① 강판이나 관의 제조 시 두 장의 층을 형성하는 것
② 라미네이션된 강판이 열에 의해 혹처럼 부풀어 나오는 현상
③ 노통이 외부압력에 의해 내부로 짓눌리는 현상
④ 리벳 조인트나 리벳 구멍 등의 응력이 집중하는 곳에 물리적 작용과 더불어 화학적 작용에 의해 발생하는 균열

43 강관 용접접합의 특징에 대한 설명으로 틀린 것은 무엇인가?

① 관내 유체의 저항 손실이 적다.
② 접합부의 강도가 강하다.
③ 보온피복 시공이 어렵다.
④ 누수의 염려가 적다.

44 증기난방의 중력 환수식에서 복관식인 경우 배관기울기로 적당한 것은?

① 1/50 정도의 순 기울기
② 1/100 정도의 순 기울기
③ 1/150 정도의 순 기울기
④ 1/200 정도의 순 기울기

45 스테인리스강관의 특징 설명으로 옳은 것은?

① 강관에 비해 두께가 얇고 가벼워 운반 및 시공이 쉽다.
② 강관에 비해 내열성은 우수하나 내식성은 떨어진다.
③ 강관에 비해 기계적 성질이 떨어진다.
④ 한랭지 배관이 불가능하며 동결에 대한 저항이 적다.

46 프로판 가스가 완전 연소될 때 생성되는 것은?

① CO와 C_3H_8
② C_4H_{10}와 CO_2
③ CO_2와 H_2O
④ CO와 CO_2

47 보일러 수위제어 방식인 2요소식에서 검출하는 요소로 옳게 짝지어진 것은?

① 수위와 온도
② 수위와 급수유량
③ 수위와 압력
④ 수위와 증기유량

48 보기와 같은 부하에 대해서 보일러의 "정격출력"을 올바르게 표시한 것은?

[보기]
H_1 : 난방부하 H_2 : 급탕부하
H_3 : 배관부하 H_4 : 시동부하

① $H_1 + H_2$
② $H_1 + H_2 + H_3$
③ $H_1 + H_2 + H_4$
④ $H_1 + H_2 + H_3 + H_4$

49 보일러 통풍장치에서 흡입 통풍방식이란?

① 연도의 끝이나 연돌 하부에 송풍기를 설치한 방식
② 보일러 노의 입구에 송풍기를 설치한 방식
③ 연소용 공기를 연소실로 밀어 넣는 방식
④ 배기가스와 외기의 비중차를 이용한 통풍 방식

50 중유의 연소를 개선하기 위한 중유 첨가제의 종류가 아닌 것은?

① 연소촉진제
② 안정제
③ 회분개질제
④ 탈염제

51 연료의 고위발열량에서 저위발열량을 뺀 값은?

① 연소가스 중의 물(수증기)의 응축 잠열
② 연소가스 중의 황(S)의 열량
③ 연료 중의 일산화탄소(CO)의 열량
④ 연료 중의 휘발분의 열량

52 다음과 같은 동관 이음쇠의 올바른 호칭은?

① 45° 엘보 C×C ② 45° 엘보 M×M
③ 45° 엘보 F×F ④ 45° 엘보 T×T

53 압력배관용 탄소강관의 KS 규격기호는?

① SPP ② SPPH
③ SPPS ④ SPHT

54 배관도에서 배관의 높이를 지면으로부터 표시하기 곤란한 경우 지상에서 200~500mm 높이의 공간에 기준 수평면을 정한다. 이때의 기준면 기호는?

① TOP ② GL
③ BOP ④ EL

55 배관에서 방향을 바꾸는데 사용되는 이음쇠는?

① 부싱 ② 벤드
③ 티 ④ 소켓

56 온실가수 감축 목표의 설정·관리 및 필요한 조치에 관하여 총괄·조정기능을 수행하는 자는?

① 환경부장관
② 산업통상자원부장관
③ 국토교통부장관
④ 농림축산식품부장관

57 자원을 절약하고, 효율적으로 이용하며 폐기물의 발생을 줄이는 등 자원순환산업을 육성 지원하기 위한 다양한 시책에 포함되지 않는 것은?

① 자원의 수급 및 관리
② 유해하거나 재 제조·재활용이 어려운 물질의 사용억제
③ 에너지자원으로 이용되는 목재, 식물, 농산물 등 바이오매스의 수집·활용
④ 친환경 생산체제로의 전환을 위한 기술 지원

58 에너지법에서 정한 에너지기술개발사업비로 사용될 수 없는 사항은?

① 에너지에 관한 연구인력 양성
② 온실가스 배출을 늘이기 위한 기술개발
③ 에너지자용에 따른 대기오염 저감을 위한 기술개발
④ 에너지기술개발 성과의 보급 및 홍보

59 산업통상자원부장관이 에너지저장의무를 부과할 수 있는 대상자로 맞는 것은?

① 연간 5천 석유환산톤 이상의 에너지를 사용하는 자
② 연간 6천 석유환산톤 이상의 에너지를 사용하는 자
③ 연간 1만 석유환산톤 이상의 에너지를 사용하는 자
④ 연간 2만 석유환산톤 이상의 에너지를 사용하는 자

60 다음은 저탄소 녹색성장 기본법에 명시된 용어의 뜻이다. (   )안에 알맞은 것은?

온실가스란 (㉮), 메탄, 이산화질소, 수소불화탄소, 과불화탄소, 육불화황 및 그 밖에 대통령으로 정하는 것으로 (㉯) 복사열을 흡수하거나 재방출하여 온실효과를 유발하는 대기 중의 가스 상태의 물질을 말한다."

① ㉮ 일산화탄소, ㉯ 자외선
② ㉮ 일산화탄소, ㉯ 적외선
③ ㉮ 이산화탄소, ㉯ 자외선
④ ㉮ 이산화탄소, ㉯ 적외선

제 02 회 에너지관리기능사 필기 모의고사

01 압력에 대한 설명으로 옳은 것은?
① 단위 면적당 작용하는 힘이다.
② 단위 부피당 작용하는 힘이다.
③ 물체의 무게를 비중량으로 나눈 값이다.
④ 물체의 무게에 비중량으로 곱한 값이다

02 연도에서 폐열회수장치의 설치순서가 옳은 것은?
① 재열기 → 절탄기 → 공기예열기 → 과열기
② 과열기 → 재열기 → 절탄기 → 공기예열기
③ 공기예열기 → 과열기 → 절탄기 → 재열기
④ 절탄기 → 과열기 → 공기예열기 → 재열기

03 진공환수식 증기난방에서 리프트피팅이란?
① 저압환수관이 진공펌프의 흡입구보다 낮은 위치에 있을 때 적용되는 이음방법이다.
② 방열기보다 낮은 곳에 환수주관이 설치된 경우 적용되는 이음방법이다.
③ 진공펌프가 환수주관과 같은 위치에 있을 때 적용되는 이음방법이다.
④ 방열기와 환수주관의 위치가 같을 때 적용되는 이음방법이다.

04 보일러 급수처리의 목적으로 볼 수 없는 것은?
① 부식의 방지
② 보일러수의 농축방지
③ 스케일생성 방지
④ 역화 방지

05 일반적으로 보일러 판넬 내부 온도는 몇 ℃를 넘지 않도록 하는 것이 좋은가?
① 60℃ ② 70℃
③ 80℃ ④ 90℃

06 전열면적이 40m^{2}인 수직 연관보일러를 2시간 연소시킨 결과 4000kg의 증기가 발생하였다. 이 보일러의 증발률은?
① 40kg/m^2·h ② 30kg/m^2·h
③ 60kg/m^2·h ④ 50kg/m^2·h

07 연통에서 배기되는 가스량이 2500 kg/h이고, 배기가스 온도가 230℃, 가스의 평균비열이 0.31kcal/kg·℃, 외기온도가 18℃이면, 배기가스에 의한 손실열량은?
① 164300 kcal/h ② 174300 kcal/h
③ 184300 kcal/h ④ 194300 kcal/h

08 보일러 인터록과 관계가 없는 것은?

① 압력초과 인터록
② 저수위 인터록
③ 불착화 인터록
④ 급수장치 인터록

09 다음 중 잠열에 해당되는 것은?

① 기화열　　② 생성열
③ 중화열　　④ 반응열

10 보일러용 오일 연료에서 성분분석 결과 수소 12.0% 수분 0.3%라면, 저위발열량은? (단, 연료의 고위발열량은 10600kcal/kg이다.)

① 6500kcal/kg　　② 7600kcal/kg
③ 8950kcal/kg　　④ 9950kcal/kg

11 보일러 집진장치의 형식과 종류를 짝지은 것 중 틀린 것은?

① 가압수식 - 제트 스크러버
② 여과식 - 충격식 스크러버
③ 원심력식 - 사이클론
④ 전기식 - 코트렐

12 보일러 건조보존 시에 사용되는 건조제가 아닌 것은 무엇인가?

① 암모니아　　② 생석회
③ 실리카겔　　④ 염화칼슘

13 온수난방 설비의 내림구배 배관에서 배관 아랫면을 일치시키고자 할 때 사용되는 이음쇠는?

① 소켓　　② 편심 레듀셔
③ 유니언　　④ 이경엘보

14 보일러의 외부 검사에 해당되는 것은?

① 스케일, 슬러지 상태 검사
② 노벽 상태 검사
③ 배관의 누설 상태 검사
④ 연소실의 열 집중 현상 검사

15 호칭지름 15A의 강관을 각도 90도로 구부릴 때 곡선부의 길이는 약 몇 mm인가? (단, 곡선부의 반지름은 80mm로 한다.)

① 125.6　　② 135.5
③ 145.6　　④ 150.0

16 파이프 벤더에 의한 구부림 작업 시 관에 주름이 생기는 원인으로 가장 옳은 것은?

① 압력고정이 세고 저항이 크다.
② 굽힘 반지름이 너무 작다.
③ 받침쇠가 너무 나와 있다.
④ 바깥지름에 비하여 두께가 너무 얇다.

17 파이프와 파이프를 홈 조인트로 체결하기 위하여 파이프 끝을 가공하는 기계는?

① 띠톱 기계
② 파이프 벤딩기
③ 동력파이프 나사절삭기
④ 그루빙 조인트 머신

18 보일러에 부착하는 압력계에 대한 설명으로 옳은 것은?

① 최대 증발량 10t/h 이하인 관류보일러에 부착하는 압력계는 눈금판 의 바깥지름을 50mm 이상으로 할 수 있다.
② 부착하는 압력계의 최고 눈금은 보일러의 최고사용압력의 1.5배 이하의 것을 사용한다.
③ 증기보일러에 부착하는 압력계 눈금판의 바깥지름은 80mm이상의 크기로 한다.
④ 압력계를 보호하기 위하여 물을 넣은 안지름 6.5mm 이상의 사이폰관 또는 동등한 장치를 부착 하여야 한다.

19 열팽창에 의한 배관의 이동을 구속 또는 제한하는 배관 지지구인 레스트레인트(restraint)의 종류가 아닌 것은?

① 가이드   ② 앵커
③ 스토퍼   ④ 행거

20 보일러의 자동제어 중 제어작동이 연속동작에 해당하지 않는 것은?

① 비례동작   ② 적분동작
③ 미분동작   ④ 다위치 동작

21 보일러의 자동제어에서 연소제어 시 조작량과 제어량의 관계가 옳은 것은 무엇인가?

① 공기량 – 수위
② 급수량 – 증기온도
③ 연료량 – 증기압
④ 전열량 – 노내압

22 집진장치 중 집진효율은 높고, 압력손실이 낮은 형식은 무엇인가?

① 전기식 집진장치
② 중력식 집진장치
③ 원심력식 집진장치
④ 세정식 집진장치

23 보일러수 내처리 방법으로 용도에 따른 청관제로 틀린 것은?

① 탈산소제 – 염산, 알콜
② 연화제 – 탄산소다, 인산소다
③ 슬러지 조정제 – 탄닌, 리그린
④ pH 저정제 – 인산소다, 암모니아

24 상태변화 없이 물체의 온도 변화에만 소요되는 열량은?

① 고체열   ② 현열
③ 액체열   ④ 잠열

25 보일러 분출 시의 유의사항 중 틀린 것은?

① 분출 도중 다른 작업을 하지 말 것
② 안전저수위 이하로 분출하지 말 것
③ 2대 이상의 보일러를 동시에 분출하지 말 것
④ 계속 운전 중인 보일러는 부하가 가장 클 때

26 관 속에 흐르는 유체의 종류를 나타내는 기호 중 증기를 나타내는 것은?

① S ② W
③ O ④ A

27 증발량 3500kgf/h인 보일러의 증기 엔탈피가 640kcal/kg이고, 급수의 온도는 20℃이다. 이 보일러의 상당증발량은 얼마인가?

① 약 3786kgf/h ② 약 4156kgf/h
③ 약 2760kgf/h ④ 약 4026kgf/h

28 보일러 중 노통연관식 보일러는 무엇인가?

① 코르니시 보일러 ② 랭커셔 보일러
③ 스코치 보일러   ④ 다쿠마 보일러

29 보일러 급수 중 Fe, Mn, CO_2를 많이 함유하고 있는 경우의 급수 처리 방법으로 가장 적합한 것은?

① 분사법 ② 기폭법
③ 침강법 ④ 가열법

30 보일러의 수압시험을 하는 주된 목적은 무엇인가?

① 제한 압력을 결정하기 위하여
② 열효율을 측정하기 위하여
③ 균열의 여부를 알기 위하여
④ 설계의 양부를 알기 위하여

31 플로트 트랩은 어떤 종류의 트랩에 속하는가?

① 디스크 트랩   ② 기계적 트랩
③ 온도조절 트랩   ④ 열역학적 트랩

32 수면계의 기능시험 시기로 틀린 것은 무엇인가?

① 보일러를 가동하기 전
② 수위의 움직임이 활발할 때
③ 보일러를 가동하여 압력이 상승하기 시작했을 때
④ 2개 수면계의 수위에 차이를 발견했을 때

33 보일러 연료로 사용되는 LNG의 성분 중 함유량이 가장 많은 것은 무엇인가?

① CH_4 ② C_2H_6
③ C_3H_8 ④ C_4H_{10}

34 보일러 중에서 관류 보일러에 속하는 것은 무엇인가?

① 코크란 보일러   ② 코르니시 보일러
③ 스코치 보일러   ④ 슐처 보일러

35 급유량계 앞에 설치하는 여과기의 종류가 아닌 것은 무엇인가?

① U 형 ② V 형
③ S 형 ④ Y 형

36 노통 연관식 보일러의 특징으로 가장 거리가 먼 것은 무엇인가?
① 내분식이므로 열손실이 적다.
② 수관식 보일러에 비해 보유수량이 적어 파열시 피해가 적다.
③ 원통형 보일러 중에서 효율이 가장 높다.
④ 원통형 보일러 중에서 구조가 복잡한 편이다.

37 보일러의 열손실이 아닌 것은 무엇인가?
① 방열손실
② 배기가스 열손실
③ 미연소 손실
④ 응축수 손실

38 평소 사용하고 있는 보일러의 가동 전 준비사항으로 틀린 것은?
① 각종 기기의 기능을 검사하고 급수계통의 이상 유무를 확인한다.
② 댐퍼를 닫고 프리퍼지를 행한다.
③ 각 밸브의 개폐상태를 확인한다.
④ 보일러수의 물의 높이는 상용 수위로 하여 수면계로 확인한다.

39 증기보일러의 캐리오버(carry over)의 발생 원인과 가장 거리가 먼 것은 무엇인가?
① 보일러 부하가 급격하게 증대할 경우
② 증발부 면적이 불충분할 경우
③ 증기정지 밸브를 급격히 열었을 경우
④ 부유 고형물 및 용해 고형물이 존재하지 않을 경우

40 열전달의 기본 형식에 해당되지 않는 것은?
① 대류
② 복사
③ 발산
④ 전도

41 강관 배관에서 유체의 흐름방향을 바꾸는 데 사용되는 이음쇠는?
① 부싱
② 리턴밴드
③ 리듀서
④ 소켓

42 팽창탱크 내의 물이 넘쳐흐를 때를 대비하여 팽창탱크에 설치하는 관은?
① 배수관
② 환수관
③ 오버플로우관
④ 팽창관

43 방열기 설치 시 벽면과의 간격으로 가장 적합한 것은 어느 것인가?
① 50mm
② 80mm
③ 100mm
④ 150mm

44 두께가 13cm, 면적이 10m²인 벽이 있다. 벽 내부온도는 200℃ 외부의 온도가 20℃일 때 벽을 통한 전도되는 열량은 약 몇 kcal/h인가? (단, 열전도율은 0.02kcal/m·h·℃이다.)
① 234.2
② 259.6
③ 276.9
④ 312.3

45 가동 보일러에 스케일과 부식물 제거를 위한 산세척 처리 순서로 올바른 것은?

① 전처리 → 수세 → 산액처리 → 수세 → 중화 방청처리
② 수세 → 산액처리 → 전처리 → 수세 → 중화 방청처리
③ 전처리 → 중화 방청처리 → 수세 → 산액처리 → 수세
④ 전처리 → 수세 → 중화 방청처리 → 수세 → 산액처리

46 가스버너에 리프팅(Lifting)현상이 발생하는 경우는?

① 가스압이 너무 높은 경우
② 버너부식으로 염공이 커진 경우
③ 버너가 과열된 경우
④ 1차공기의 흡인이 많은 경우

47 보일러를 계획적으로 관리하기 위해서는 연간계획 및 일상보전계획을 세워 이에 따라 관리를 하는데 연간 계획에 포함할 사항과 가장 거리가 먼 것은?

① 급수계획　② 점검계획
③ 정비계획　④ 운전계획

48 손실 열량 3500kcal/h의 사무실에 온수 방열기를 설치할 때 방열기의 소요 섹션수는 몇 쪽인가? (단, 방열기 방열량은 표준방열량으로 하며, 1섹션의 방열 면적은 0.26m²이다.)

① 25쪽　② 28쪽
③ 30쪽　④ 35쪽

49 다음 보기 중에서 보일러의 운전정지 순서를 올바르게 나열한 것은?

[보기]
① 증기밸브를 닫고, 드레인 밸브를 연다.
② 공기의 공급을 정지시킨다.
③ 댐퍼를 닫는다.
④ 연료의 공급을 정지시킨다.

① ② → ④ → ① → ③
② ④ → ② → ① → ③
③ ③ → ④ → ① → ②
④ ① → ④ → ② → ③

50 액상 열매체 보일러시스템에서 열매유체의 액팽창을 흡수하기 위한 팽창탱크의 최소 체적(Vr)을 구하는 식으로 옳은 것은? (단, V_E는 승온 시 시스템 내의 열매체유 팽창량, V_M은 상온 시 탱크 내의 열매체유 보유량이다.)

① $Vr = V_E + V_M$
② $Vr = V_E + 2V_M$
③ $Vr = 2V_E + V_M$
④ $Vr = 2V_E + 2V_M$

51 과열기의 형식 중 증기와 열가스 흐름의 방향이 서로 반대인 과열기의 형식은?

① 병류식　② 대향류식
③ 증류식　④ 역류식

52 보일러 효율이 85%, 실제증발량이 5t/h이고 발생증기량의 엔탈피 656kcal/kg, 급수온도의 엔탈피는 56kcal/kg, 연료의 저위발열량 9750kcal/h일 때 연료 소비량은 약 몇 kg/h인가?

① 316
② 362
③ 389
④ 405

53 보일러 자동제어에서 급수제어의 약호는?

① A.B.C
② F.W.C
③ S.T.C
④ A.C.C

54 수트 블로워에 관한 설명으로 잘못된 것은?

① 전열면 외측의 그을음 등을 제거하는 장치이다.
② 분출기 내의 응축수를 배출시킨 후 사용한다.
③ 블로우 시에는 댐퍼를 열고 흡입통풍을 증가시킨다.
④ 부하가 50% 이하인 경우에만 블로우 한다.

55 에너지 수급안정을 위하여 산업통상자원부 장관이 필요한 조치를 취할 수 있는 사항이 아닌 것은?

① 에너지의 배급
② 산업별·주요공급자별 에너지 할당
③ 에너지의 비축과 저장
④ 에너지의 양도·양수의 제한 또는 금지

56 에너지법상 에너지 공급설비에 포함되지 않는 것은?

① 에너지 수입설비
② 에너지 전환설비
③ 에너지 수송설비
④ 에너지 생산설비

57 에너지이용합리화법에 따라 검사대상기기의 용량이 15t/h인 보일러 일 경우 조종자의 자격기준으로 가장 옳은 것은?

① 에너지관리기능장 자격 소지자만 가능하다.
② 에너지관리기능장, 에너지관리기사 자격 소지자만 가능하다.
③ 에너지관리기능장, 에너지관리기사, 에너지관리산업기사 자격 소지자만 가능하다.
④ 에너지관리기능장, 에너지관리기사, 에너지관리산업기사, 에너지관리기능사 자격 소지자만 가능하다.

58 에너지이용합리화법에 따라 에너지다소비 사업자에게 개선명령을 하는 경우는 에너지관리지도 결과 몇 % 이상의 에너지 효율개선이 기대되고 효율개선을 위한 투자의 경제성이 안정되는 경우인가?

① 5%
② 10%
③ 15%
④ 20%

59 자원을 절약하고, 효율적으로 이용하며 폐기물의 발생을 줄이는 등 자원순환산업을 육성 지원하기 위한 다양한 시책에 포함되지 않는 것은?

① 자원의 수급 및 관리
② 유해하거나 재 제조·재활용이 어려운 물질의 사용억제
③ 에너지자원으로 이용되는 목재, 식물, 농산물 등 바이오매스의 수집·활용
④ 친환경 생산체제로의 전환을 위한 기술지원

60 에너지이용 합리화법에 따라 에너지 진단을 면제 또는 에너지진단 주기를 연장 받으려는 자가 제출해야 하는 첨부서류에 해당하지 않는 것은?

① 보유한 효율관리기자재 자료
② 중소기업임을 확인할 수 있는 서류
③ 에너지절약 유공자 표창 사본
④ 친에너지형 설비 설치를 확인할 수 있는 서류

에너지관리기능사 필기 모의고사

01 연료의 인화점에 대한 설명으로 가장 옳은 것은?

① 가연물을 공기 중에서 가열했을 때 외부로부터 점화원 없이 발화하여 연소를 일으키는 최저 온도
② 가연성 물질이 공기 중의 산소와 혼합하여 연소할 경우에 필요한 혼합가스의 농도 범위
③ 가연성 액체의 증기 등이 불씨에 의해 불이 붙는 최저 온도
④ 연료의 연소를 계속시키기 위한 온도

02 다음 중 파형 노통의 종류가 아닌 것은?

① 모리슨형　　② 아담슨형
③ 파브스형　　④ 브라운형

03 주철제 보일러의 일반적인 특징 설명으로 틀린 것은?

① 내열성과 내식성이 우수하다.
② 대용량의 고압보일러에 적합하다.
③ 열에 의한 부동팽창으로 균열이 발생하기 쉽다.
④ 쪽수의 증감에 따라 용량조절이 편리하다.

04 증기의 압력에너지를 이용하여 피스톤을 작동시켜 급수를 행하는 비동력 펌프는?

① 워싱턴 펌프　　② 기어 펌프
③ 볼류트 펌프　　④ 디퓨져 펌프

05 보일러 효율을 올바르게 설명한 것은?

① 증기 발생에 이용된 열량과 보일러에 공급한 연료가 완전 연소할 때의 열량과의 비
② 배기가스 열량과 연소실에서 발생한 열량과의 비
③ 연도에서 열량과 보일러에 공급한 연료가 완전 연소할 때의 열량과의 비
④ 총 손실 열량과 연료의 연소 열량과의 비

06 수관식 보일러의 종류에 속하지 않는 것은?

① 자연순환식　　② 강제순환식
③ 관류식　　　　④ 노통연관식

07 건포화 증기 100°C의 엔탈피는 얼마인가?

① 639kcal/kg　　② 539kcal/kg
③ 100kcal/kg　　④ 439kcal/kg

08 분사관을 이용해 선단에 노즐을 설치하여 청소하는 것으로 주로 고온의 전열면에 사용하는 슈트블로워(soot blower)의 형식은?

① 롱 레트랙터블(long retractable)형
② 로터리(rotary)형
③ 건(gun)형
④ 에어히터클리너(air hearer cleaner)형

09 공기 과잉계수(excess air coefficient)를 증가시킬 때, 연소가스 중의 성분 함량이 공기 과잉계수에 맞춰서 증가하는 것은?

① CO_2
② SO_2
③ O_2
④ CO

10 보일러의 연소가스 폭발 시에 대비한 안전장치는?

① 방폭문
② 안전밸브
③ 파괴판
④ 맨홀

11 다음 중 매연 발생의 원인이 아닌 것은?

① 공기량이 부족할 때
② 연료와 연소장치가 맞지 않을 때
③ 연소실의 온도가 낮을 때
④ 연소실의 용적이 클 때

12 절탄기에 대한 설명 중 옳은 것은?

① 절탄기의 설치방식은 혼합식과 분배식이 있다.
② 절탄기의 급수예열온도는 포화온도 이상으로 한다.
③ 연료의 절약과 증발량의 감소 및 열효율을 감소시킨다.
④ 급수와 보일러수의 온도차 감소로 열응력을 줄여준다.

13 어떤 고체연료의 저위발열량이 6940kcal/kg이고 연소효율이 92%라 할 때 이 연료의 단위량의 실제 발열량을 계산하면 약 얼마인가?

① 6385kcal/kg
② 6943kcal/kg
③ 7543kcal/kg
④ 8900kcal/kg

14 보일러의 마력을 옳게 나타낸 것은?

① 보일러 마력 = 15.65 × 매시 상당증발량
② 보일러 마력 = 15.65 × 매시 실제증발량
③ 보일러 마력 = 15.65 ÷ 매시 실제증발량
④ 보일러 마력 = 매시 상당증발량 ÷ 15.65

15 다음 중 비접촉식 온도계의 종류가 아닌 것은?

① 광전관식 온도계
② 방사 온도계
③ 광고 온도계
④ 열전대 온도계

16 다음 중 보일러에서 연소가스의 배기가 잘 되는 경우는?

① 연도의 단면적이 작을 때
② 배기가스 온도가 높을 때
③ 연도에 급한 굴곡이 있을 때
④ 연도에 공기가 많이 침입될 때

17 일반적으로 보일러 판넬 내부 온도는 몇 ℃를 넘지 않도록 하는 것이 좋은가?

① 70℃   ② 60℃
③ 80℃   ④ 90℃

18 수관식 보일러에서 건조증기를 얻기 위하여 설치하는 것은?

① 급수 내관   ② 기수 분리기
③ 수위 경보기 ④ 과열 저감기

19 온수보일러의 수위계 설치 시 수위계의 최고 눈금은 보일러의 최고사용압력의 몇 배로 하여야 하는가?

① 1배 이상 3배 이하
② 3배 이상 4배 이하
③ 4배 이상 6배 이하
④ 7배 이상 8배 이하

20 액체연료의 연소용 공기 공급방식에서 1차 공기를 설명한 것으로 가장 적합한 것은?

① 연료의 무화와 산화반응에 필요한 공기
② 연료의 후열에 필요한 공기
③ 연료의 예열에 필요한 공기
④ 연료의 완전 연소에 필요한 부족한 공기를 추가로 공급하는 공기

21 기체연료의 연소방식과 관계가 없는 것은?

① 확산 연소방식
② 예혼합 연소방식
③ 포트형과 버너형
④ 회전 분무식

22 건도를 X라고 할 때 습증기는 어느 것인가?

① X = 0   ② 0 < X < 1
③ X = 1   ④ X > 1

23 보일러 급수펌프인 터빈펌프의 일반적인 특징이 아닌 것은?

① 효율이 높고 안정된 성능을 얻을 수 있다.
② 구조가 간단하고 취급이 용이하므로 보수관리가 편리하다.
③ 토출 시 흐름이 고르고 운전상태가 조용하다.
④ 저속회전에 적합하며 소형이면서 경량이다.

24 보일러 부속장치 설명 중 잘못된 것은?

① 기수분리기 : 증기 중에 혼입된 수분을 분리하는 장치
② 수트 블로워 : 보일러 동 저면의 스케일, 침전물 등을 밖으로 배출하는 장치
③ 오일스트레이너 : 연료 속의 불순물 방지 및 유량계 펌프 등의 고장을 방지하는 장치
④ 스팀 트랩 : 응축수를 자동으로 배출하는 장치

25 고체연료와 비교하여 액체연료 사용 시의 장점을 잘못 설명한 것은?

① 인화의 위험성이 없으며 역화가 발생하지 않는다.
② 그을음이 적게 발생하고 연소효율도 높다.
③ 품질이 비교적 균일하며 발열량이 크다.
④ 저장 및 운반 취급이 용이하다.

26 집진 효율이 대단히 좋고 0.5μm 이하 정도의 미세한 입자도 처리할 수 있는 집진장치는?

① 관성력 집진기
② 전기식 집진기
③ 원심력 집진기
④ 멀티사이크론식 집진기

27 열정산의 방법에서 입열 항목에 속하지 않는 것은?

① 발생증기의 흡수열
② 연료의 연소열
③ 연료의 현열
④ 공기의 현열

28 보일어의 자동제어 장치로 쓰이지 않는 것은?

① 화염검출기   ② 안전밸브
③ 수위검출기   ④ 압력조절기

29 급수온도 30℃에서 압력 1MPa 온도 180℃의 증기를 1시간당 10,000kg 발생시키는 보일러의 효율은 약 몇 %인가? (단, 증기엔탈피는 664kcal/kg, 표준상태에서 가스 사용량은 500m³/h, 이 연료의 저위발열량은 15,000kcal/m³이다.)

① 80.5%   ② 84.5%
③ 87.65%   ④ 91.65%

30 보일러의 사고발생 원인 중 제작상의 원인에 해당되지 않는 것은?

① 용접불량   ② 가스폭발
③ 강도부족   ④ 부속장치 미비

31 그림 기호와 같은 밸브의 종류 명칭은?

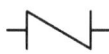

① 게이트 밸브   ② 체크 밸브
③ 볼 밸브   ④ 안전 밸브

32 보일러의 검사기준에 관한 설명으로 틀린 것은?

① 수압시험은 보일러의 최고사용압력이 15kgf/cm²를 초과할 때에는 그 최고사용압력의 1.5배의 압력으로 한다.
② 보일러 운전 중에 비눗물 시험 또는 가스누설검사기로 배관접속부의 및 밸브류 등의 누설유무를 확인한다.
③ 시험수압은 규정된 압력의 8% 이상을 초과하지 않도록 모든 경우에 대한 적절한 제어를 마련하여야 한다.
④ 화재, 천재지변 등 부득이한 사정으로 검사를 실시할 수 없는 경우에는 재신청 없이 다시검사를 하여야 한다.

33 보일러 보존 시 건조제로 주로 쓰이는 것이 아닌 것은?

① 실리카겔　　② 활성알루미나
③ 염화마그네슘　④ 염화칼슘

34 배관의 신축이음 종류가 아닌 것은?

① 슬리브형　　② 벨로즈형
③ 루프형　　　④ 파이롯형

35 진공환수식 증기 배관에서 리프트 피팅(lift fitting)으로 흡상할 수 있는 1단의 최고 흡상 높이는 몇 m 이하로 하는 것이 좋은가?

① 1m　　　　② 1.5m
③ 2m　　　　④ 2.5m

36 난방부하 계산과정에서 고려하지 않아도 되는 것은?

① 난방형식
② 주위환경 조건
③ 유리창의 크기 및 문의 크기
④ 실내와 외기의 온도

37 다음 보온재의 종류 중 안전사용(최고)온도(℃)가 가장 낮은 것은?

① 펄라이트 보온판·통
② 탄화코르판
③ 글라스울블랭킷
④ 내화단열벽돌

38 다음 중 보일러 손상의 하나인 압궤가 일어나기 쉬운 부분은?

① 수관　　　　② 노통
③ 동체　　　　④ 갤러웨이관

39 다음 중 보일러의 안전장치에 해당되지 않는 것은?

① 방출밸브　　② 방폭문
③ 화염검출기　④ 감압밸브

40 열전도율이 다른 여러 층의 매체를 대상으로 정상상태에서 고온측으로부터 저온측으로 열이 이동할 때의 평균 열통과율을 의미하는 것은?

① 엔탈피　　　② 열복사율
③ 열관류율　　④ 열용량

41 엘보나 티와 같이 내경이 나사로 된 부품을 폐쇄할 필요가 있을 때 사용되는 것은?

① 캡　　　　　② 니플
③ 소켓　　　　④ 플러그

42 사용 중인 보일러의 점화전 주의사항으로 잘못된 것은?

① 연료 계통을 점검한다.
② 각 밸브의 개폐 상태를 확인한다.
③ 댐퍼를 닫고 프리퍼지를 확인한다.
④ 수면계의 수위를 확인한다.

43 호칭지름 15A의 강관을 굽힘 반지름 80mm, 각도 90°로 굽힐 때 굽힘부의 필요한 중심 곡선부 길이는 약 몇 mm인가?

① 126　　② 135
③ 182　　④ 251

44 난방부하가 2250kcal/h인 경우 온수방열기의 방열면적은 몇 m^2인가? (단, 방열기의 방열량은 표준방열량으로 한다.)

① 3.5　　② 4.5
③ 5.0　　④ 8.3

45 증기 트랩을 기계식 트랩(mechanical trap), 온도조절식 트랩(thermostatic trap), 열역학적 트랩(thermodynamic trap)으로 구분할 때 온도조절식 트랩에 해당하는 것은?

① 버킷 트랩　　② 플로트 트랩
③ 열동식 트랩　　④ 디스크형 트랩

46 철금속가열로란 단조가 가능하도록 가열하는 것을 주목적으로 하는 노로써 정격용량이 몇 kcal/h를 초과하는 것을 말하는가?

① 200,000　　② 500,000
③ 100,000　　④ 300,000

47 연소 시작 시 부속설비 관리에서 급수 예열기에 대한 설명으로 틀린 것은?

① 바이패스 연도가 있는 경우에는 연소가스를 바이패스 시켜 물이 급수예열기 내를 유동하게 한 후 연소가스를 급수예열기 연도에 보낸다.
② 댐퍼 조작은 급수예열기 연도의 입구 댐퍼를 먼저 연 다음에 출구 댐퍼를 열고 최후에 바이패스 연도 댐퍼를 닫는다.
③ 바이패스 연도가 없는 경우 순환관을 이용하여 급수 예열기 내의 물을 유동시켜 급수예열기 내부에 증기가 발생하지 않도록 주의한다.
④ 순환관이 없는 경우는 보일러에 급수하면서 적량의 보일러수 분출을 실시하여 급수예열기 내의 물을 정체시키지 않도록 하여야 한다.

48 급수탱크의 설치에 대한 설명 중 틀린 것은?

① 급수탱크를 지하에 설치하는 경우에는 지하수, 하수, 침출수 등이 유입되지 않도록 하여야 한다.
② 급수탱크의 크기는 용도에 따라 1~2시간 정도 급수를 공급할 수 있는 크기로 한다.
③ 급수탱크는 얼지 않도록 보온 등 방호조치를 하여야 한다.
④ 탈기기가 없는 시스템의 경우 급수에 공기 용입 우려로 인해 가열장치를 설치해서는 안된다.

49 온수난방에서 역귀환방식을 채택하는 주된 이유는?

① 각 방열기에 연결된 배관의 신축을 조정하기 위해서
② 각 방열기에 연결된 배관 길이를 짧게 하기 위해서
③ 각 방열기에 공급되는 온수를 식지 않게 하기 위해서
④ 각 방열기에 공급되는 유량분배를 균등하게 하기 위해서

50 본래 배관의 회전을 제한하기 위하여 사용되어 왔으나 근래에는 배관계의 축 방향의 안내 역할을 하며 축과 직각 방향의 이동을 구속하는데 사용되는 레스트레인트의 종류는?

① 앵커(anchor)   ② 가이드(guide)
③ 스토퍼(stopper) ④ 이어(ear)

51 다음 중 유기질 보온재에 속하지 않는 것은?

① 펠트   ② 세라크울
③ 코르크 ④ 기포성 수지

52 동관 작업용 공구의 사용목적이 바르게 설명된 것은?

① 플레어링 툴 셋 : 관 끝을 소켓으로 만듦
② 익스팬더 : 직관에서 분기관 성형 시 사용
③ 사이징 툴 : 관 끝을 원형으로 정형
④ 튜브 벤더 : 동관을 절단함

53 온수난방의 배관 시공법에 관한 설명으로 틀린 것은?

① 배관 구배는 일반적으로 1/250 이상으로 한다.
② 운전 중에 온수에서 분리한 공기를 배제하기 위해 개방식 팽창 탱크로 향하여 선상향 구배로 한다.
③ 수평배관에서 관지름을 변경할 경우 동심 이음쇠를 사용한다.
④ 온수보일러에서 팽창탱크에 이르는 팽창관에는 되도록 밸브를 달지 않는다.

54 환수관의 배관방식에 의한 분류 중 환수주관을 보일러의 표준수위 보다 낮게 배관하여 환수하는 방식은 어떤 배관방식인가?

① 건식환수 ② 중력환수
③ 기계환수 ④ 습식환수

55 에너지이용 합리화법의 위반사항과 벌칙내용이 맞게 연결된 것은?

① 효율관리기자재 판매금지 명령 위반 시 – 1천만원 이하의 벌금
② 검사대상기기 조종자를 선임하지 않을 시 – 5백만원 이하의 벌금
③ 검사대상기기 검사의무 위반 시 – 1년 이하의 징역 또는 1천만원 이하의 벌금
④ 효율관리기자재 생산명령 위반 시 – 5백만원 이하의 벌금

56 온실가스 배출량 및 에너지 사용량 등의 보고와 관련하여 관리업체는 해당 연도 온실가스 배출량 및 에너지 소비량에 관한 명세서를 작성하고 이에 대한 검증기관의 검증 결과를 언제까지 부문별 관장기관에게 제출하여야 하는가?

① 해당 연도 12월 31일까지
② 다음 연도 1월 31일까지
③ 다음 연도 3월 31일까지
④ 다음 연도 6월 30일까지

57 에너지이용 합리화법의 목적이 아닌 것은?

① 에너지의 수급 안정
② 에너지의 합리적이고 효율적인 이용 증진
③ 에너지소비로 인한 환경피해를 줄임
④ 에너지 소비촉진 및 자원개발

58 정부는 국가전략을 효율적·체계적으로 이행하기 위하여 몇 년마다 저탄소 녹색성장 국가전략 5개년 계획을 수립하는가?

① 2년　② 3년
③ 4년　④ 5년

59 에너지이용합리화법상 효율관리 기자재가 아닌 것은?

① 삼상유도전동기　② 선박
③ 조명기기　④ 전기냉장고

60 신축·증축 또는 개축하는 건축물에 대하여 그 설계 시 산출된 예상 에너지사용량의 일정 비율 이상을 신·재생에너지를 이용하여 공급되는 에너지를 사용하도록 신·재생에너지 설비를 의무적으로 설치하게 할 수 있는 기관이 아닌 것은?

① 공기업
② 종교단체
③ 국가 및 지방자치단체
④ 특별법에 따라 설립된 법인

모의고사 제 01 회

모의고사 정답 및 해설

01	02	03	04	05	06	07	08	09	10
①	②	③	③	①	③	①	③	④	②
11	12	13	14	15	16	17	18	19	20
②	④	①	④	②	④	④	③	④	①
21	22	23	24	25	26	27	28	29	30
②	④	③	③	①	④	③	④	③	①
31	32	33	34	35	36	37	38	39	40
①	②	④	③	②	②	①	③	③	④
41	42	43	44	45	46	47	48	49	50
②	②	③	④	①	③	④	④	①	④
51	52	53	54	55	56	57	58	59	60
①	①	③	④	②	①	④	②	④	④

01 • 보일러수의 역류를 방지하기 위하여 보일러 먼 쪽에서 체크(역류방지)밸브를 설치한다.

02 • 인젝터 자체만으로는 급수조절이 어려우며, 효율도 낮다.

03 • 임계압력(225.6kg/cm²)
• 임계온도(374.15℃)
• 잠열(0kcal/kg)

04 • 공기비(기체연료 : 1.1~1.3
　　　　액체연료 : 1.2~1.4
　　　　미분탄 : 1.2~1.3
　　　　고체연료 : 1.4~2.0)

05 • 프라이밍 발생원인
① 고수위 시　② 보일러수 농축 시
③ 주 증기밸브　④ 급개 시 등

06 • 제어량과 조절량과의 관계

종류	제어량	조작량
증기온도제어(S.T.C)	증기온도	전열량
급수제어(F.W.C)	보일러수위	급수량
자동연소제어(A.C.C)	증기압력	연료량, 공기량
	노내압력	연소 가스량

07 • 타쿠마(수관식), 카네크롤(특수열매체식), 스코치, 하우덴 존슨(노통연관식)

08 ① 나사이음　② 영구이음(용접, 납땜)
③ 플랜지　④ 유니언

09 =0.3×2=0.6Mpa
• 최고사용압력 0.43Mpa 이하 : 최고사용압력의 2배
• 최고사용압력 0.43Mpa 이상 : 최고사용압력의 1.3배 + 0.3Mpa

10 • 신호전달방식 : 전기식, 유압식, 공기압식

11 • 건조도(X)
포화수(X = 0), 습포화증기(0 < X < 1), 건포화증기, 과열증기(X = 1)

12 • 가열온도가 너무 높으면
① 관내에서 기름의 분해가 일어난다.
② 분무상태가 고르지 못하다.
③ 분사각도가 흐트러진다.
④ 탄화물 생성의 원인이 된다.
• 가열온도가 너무 낮으면
① 무화가 불량해진다.
② 불길이 한편으로 흐른다.
③ 그을음·분진이 발생한다.

13 • 보일러 1마력이 차지하는 상당증발량은 15.65kg/h이고, 열량은 8435kcal/h이다.

14 $= \dfrac{40000}{80} = 500\text{m}^2$

15 • 스위블형 이음 : 회전이음 이라고도 하며 2개 이상의 엘보를 사용하여 이음부의 나사회전을 이용해서 배관의 신축을 흡수하는 신축 이음쇠

16 • 단열재의 구비조건
① 독립성 다공질이며, 비중이 작아야 한다.
② 흡수성이 적어야 한다.
③ 열전도율이 적어야 한다.

17 • 제작상의 원인
① 재료불량 ② 구조 및 설계불량
③ 강도불량 ④ 용접불량 등
• 취급상의 원인
① 압력초과 ② 저수위 ③ 과열
④ 역화   ⑤ 부식 등

18 • 수관식보일러는 보유수량이 적어 파열시 피해가 적고, 부하변동이 응하기가 어렵다.

19 • 기체연료의 발열량 단위 : kcal/Nm³
• 고체, 액체연료의 발열량 단위 : kcal/kg

20 • 산세척 처리순서 : 전처리 → 수세 → 산액처리 → 수세 → 중화·방청처리

21 • 난방부하 단위 : kcal/h

22 • 용해 고형물 제거
① 이온교환법
② 증류법
③ 약제 첨가
• 현탁 고형물(불순물) 제거
① 자연침강법
② 여과법
③ 응집법
• 용존가스의 제거
① 탈기법   ② 기폭법

23 • 여과기(스트레이너) 종류
: ① U 형, ② V 형, ③ Y 형

24 • 주철제 보일러의 특성
[장점]
㉠ 저압이므로 파열사고시 피해가 적다.
㉡ 주물제작으로 복잡한 구조로 제작이 가능하다.
㉢ 내식·내열성이 우수하다.
㉣ 섹숀증감으로 용량조절이 용이하다.
[단점]
㉠ 인장 및 충격에 약하다.
㉡ 열에 의한 부동팽창으로 균열이 생기기 쉽다.
㉢ 고압·대용량에 부적당하다.
㉣ 구조가 복잡하므로 내부청소 및 검사가 곤란하다.

25 • 전기식(코트렐) : 집진효율이 가장 높고, 압력손실이 적다.

26 • 내부부식 : 급수 중에 유지류, 산류, 탄산가스, 산소, 염류 등의 불순물 함유에 의한 작용

27 • 가스절단 시 모재의 성분 중 산화를 방해하는 원소가 적어야 한다.

28 • 탈기법 : 용존산소(O_2) 및 탄산가스(CO_2)를 제거하는 방법으로 물을 가열하여 포화압력에 대응하는 비등점까지 상승시켜 산소의 용해를 제거하거나 압력을 감소시켜 제거하는 진공탈기방법이 있다.

29 • 난방부하(暖房負荷)란 실내의 온도를 적절히 유지하기 위하여 공급하여야 할 열량을 말한다. 즉, 난방시스템의 설계에 앞서 각 방이나 난방을 필요로 하는 공간에 대하여 최대 손실열량을 계산한다.
• 방열기 방열량 : 방열기 표준 상태에서 $1m^2$당 단위시간이 방출하는 열량

30 액체연료는 인화의 위험성 및 역화의 우려가 있다.

31 • 리프트피팅 : 저압환수관이 진공펌프의 흡입구보다 낮은 위치에 있을 때 적용되는 이음방법이다.

32 • 세정액의 처리온도와 처리시간 : 60±5℃, 4~6시간

33 • 주철제 보일러 : 증기 또는 온수 보일러로서 여러 개의 섹션(section)을 조합하여 제작한다.

34 • 보일러 열정산 시 증기의 건도 : 강철제 0.98(98%), 주철제 0.97(97%)로 함을 원칙으로 함

35 • 열정산은 원칙적으로 정격부하 이상에서 정상상태로 적어도 2시간 이상 운전결과에 따른다.

36 • 비체적 : 단위 질량당 체적으로 단위는 [m^3/kg]임

37 • 코르니쉬 보일러에서 노통을 한쪽으로 편심 시키는 이유는 보일러수의 순환을 좋게 하기 위함이다.

38 • 경질유 : 기화연소방식(경유)
• 중질유 : 무화연소방식(중유)

39 • 수압시험을 하는 주된 목적 : 균열의 여부를 알기 위하여

40 • 건식환수 : 수면보다 높게 응축수를 환수하는 방식
• 습식환수 : 표준수위보다 낮게(50mm) 배관하여 환수하는 방식

41 • 세관작업 시 규산염은 염산에 잘 녹지 않으므로 용해촉진제인 불화수소(HF)를 사용한다.

42 • 라미네이션, 블리스터(Lamination, Blister)
보일러 강판이나 관의 두께 속에 두 장의 층을 형성하고 있는 상태를 라미네이션이라 하고 이러한 상태에서 화염과 접촉하여 높은 열을 받아 부풀어 오르거나 표면이 타서 갈라지게 되는 상태를 블리스터라 한다.

43 ① 관내 유체의 저항 손실이 적다.
② 접합부의 강도가 강하다.
③ 보온피복 시공이 용이하다.
④ 누수의 염려가 적다.

44 • 증기난방의 중력 환수식에서 복관식인 경우 배관기울기는 약 1/200 정도의 순 기울기를 준다.

45 · 스테인리스관은 강관에 비해 두께가 얇고 가벼워 운반 및 시공이 쉽다.

46 · 프로판 가스가 완전 연소될 때 생성되는 물질은 CO_2와 H_2O이다.

47 · 1요소식 : 수위
· 2요소식 : 수위와 증기유량
· 3요소식 : 수위와 증기유량, 급수량

48 · 정격출력 : 난방부하+급탕부하+배관부하+시동(예열)부하

49 · 흡입통풍(부압) : 연도의 끝이나 연돌 하부에 송풍기를 설치한 방식

50 · 중유첨가제 및 작용
ⓐ 연소촉진제 : 분무를 양호하게 한다.
ⓑ 안정제(슬러지 분산제) : 슬러지의 생성을 방지한다.
ⓒ 탈수제 : 중유속의 수분을 분리한다.
ⓓ 회분개질제 : 회분의 융점을 높여 고온부식을 방지한다.
ⓔ 유동점 강하제 : 중유의 유동점을 낮추어 송유를 양호하게 한다.

51 · 고위발열량과 저위발열량의 차는 연소가스 중의 물(수증기)의 응축 잠열이다.

52 · 45° 엘보 C×C

53 ① SPP : 배관용 탄소강관
② SPPH : 고압 배관용 탄소강관
③ SPPS : 압력 배관용 탄소강관
④ SPHT : 고온 배관용 탄소강관

54 · 높이표시
① EL 표시 : 배관의 높이를 관의 중심을 기준으로 표시한 것
② BOP : 지름이 서로 다른 관의 높이 표시방법으로 관 바깥지름의 아랫면까지의 높이를 기준으로 표시한 것
③ TOP : 관의 바깥지름의 윗면을 기준으로 표시한 것
④ GL : 포장된 지면을 기준으로 하여 배관장치의 높이를 표시할 때 적용된다.
⑤ FL : 각층 바닥을 기준으로 하여 높이를 표시한 것

55 · 나사이음의 사용목적별 분류
① 배관의 방향을 바꿀 때 : 엘보, 벤드
② 관을 도중에서 분기할 때 : 티, 와이(Y), 크로스(+)
③ 같은 지름의 관을 직선연결할 때 : 소켓, 유니온, 플랜지, 니플
④ 서로 다른 지름의 관(이경관)을 연결할 때 : 이경 소켓, 이경 엘보, 이경 티, 부싱
⑤ 관 끝을 막을 때 : 플러그, 캡

56 · 온실가스 감축 목표의 설정·관리 및 필요한 조치에 관하여 총괄·조정기능을 수행하는 자 : 환경부장관

57 ① 자원의 수급 및 관리
② 유해하거나 재 제조·재활용이 어려운 물질의 사용억제
③ 에너지자원으로 이용되는 목재, 식물, 농산물 등 바이오매스의 수집·활용 등

58 · 에너지기술개발사업비로는 온실가스 배출을 줄이기 위한 기술개발비로 사용할 수 있다.

59 · 산업통상자원부장관이 에너지저장의무를 부과할 수 있는 대상자는 연간 2만 석유환산톤 이상의 에너지를 사용하는 자

60 · 온실가스란 이산화탄소, 메탄, 이산화질소, 수소불화탄소, 과불화탄소, 육불화황 및 그 밖에 대통령으로 정하는 것으로 적외선 복사열을 흡수하거나 재방출하여 온실효과를 유발하는 대기 중의 가스 상태의 물질을 말한다.

모의고사 제 02 회

모의고사 정답 및 해설

01	02	03	04	05	06	07	08	09	10
①	②	①	④	①	④	①	④	①	④
11	12	13	14	15	16	17	18	19	20
②	①	②	③	①	④	④	④	④	④
21	22	23	24	25	26	27	28	29	30
③	①	①	②	④	①	④	③	②	③
31	32	33	34	35	36	37	38	39	40
②	②	①	④	③	②	④	②	④	③
41	42	43	44	45	46	47	48	49	50
②	③	①	③	①	③	①	③	②	③
51	52	53	54	55	56	57	58	59	60
②	②	②	④	②	①	③	②	④	①

01 • **압력이란?** 단위 면적당 작용하는 힘을 말한다.

02 • **폐열회수장치의 설치순서**
과열기 → 재열기 → 절탄기 → 공기예열기

03 • **리프트 피팅** : 저압환수관이 진공펌프의 흡입구보다 낮은 위치에 있을 때 적용되는 이음방법

04 • **급수처리의 목적**
① 부식의 방지
② 보일러수의 농축방지
③ 스케일생성 방지

05 일반적으로 보일러 판넬 내부 온도는 60℃로 유지한다.

06 증발률 = $\dfrac{증발량}{면적 \times 시간} = \dfrac{4000}{40 \times 2} = 50 \text{kg/m}^2 \cdot \text{h}$

07 $= 2500 \times 0.31 \times (230-18) = 164300 \text{kcal/h}$

08 • **인터록의 종류**
① 초과압력 인터록
② 저수위 인터록
③ 저연소 인터록
④ 프리퍼지 인터록
⑤ 불착화 인터록

09 잠열[기화(증발)잠열, 융해잠열]

10 $Hh = Hl + 600(9H + W)$
$Hl = Hh - 600(9H + W)$
∴ $10600 - 600(9 \times 0.12 + 0.003) = 9950 \text{kcal/kg}$

11 여과식-백 필터(백 필터로 분진을 포집하는 형식)

12 ・**흡습제 종류** : 생석회, 실리카겔, 염화칼슘, 활성알루미나 등

13 온수난방 설비의 내림구배 배관에서 배관 아랫면을 일치 시키고자 할 때는 편심 레듀서를 사용한다.

14 배관의 누설 상태 검사는 외부 검사에 해당된다.

15 $= 3.14 \times 160 \times \dfrac{90}{360} = 125.6\,\text{mm}$

16 바깥지름에 비하여 두께가 너무 얇으면 파이프 벤더에 의한 구부림 작업 시 관에 주름이 생긴다.

17 ・**그루빙 조인트 머신** : 파이프와 파이프를 홈 조인트로 체결하기 위하여 파이프 끝을 가공하는 기계

18 압력계를 보호하기 위하여 물을 넣은 안지름 6.5mm 이상의 사이폰관 또는 동등한 장치를 부착여야 하며, 동관은 6.5mm 강관은 12.7mm 이상으로 한다.

19 ・**레스트레인트 종류**
　㉠ 앵커
　㉡ 스토퍼(스톱)
　㉢ 가이드

20 ・**불연속 동작**
　㉠ 2위치 동작
　㉡ 다위치 동작
　㉢ 불연속 속도 동작

21 ・**제어량과 조절량과의 관계**

종류	제어량	조작량
증기온도제어 (S.T.C)	증기온도	전열량
급수제어 (F.W.C)	보일러수위	급수량
자동연소제어 (A.C.C)	증기압력	연료량, 공기량
	노내압력	연소 가스량

22 ・**전기식(코트렐)** : 집진효율은 가장 높고, 압력손실이 적다.

23 ・**탈산소제** - 탄닌, 히드라진, 아황산나트륨

24 ・**현열** : 상태변화 없이 물체의 온도 변화
・**잠열** : 온도변화 없이 물체의 상태 변화

25 보일러 분출 계속 운전 중인 보일러는 부하가 가장 적을 때 한다.

26 ・S : 증기　　　　・W : 물
・O : 오일(기름)　・A : 공기

27 $= \dfrac{3500 \times (640 - 20)}{539} = 4026\,\text{kgf/h}$

28 ・**코르니시, 랭커셔** : 노통 보일러
・**스코치** : 노통연관 보일러
・**다쿠마** : 수관식 보일러(자연순환식)

29 기폭법 Fe, Mn, CO_2를 제거하는데 적합하다.

30 수압시험의 주된 이유는 균열 여부를 알기 위하여 행한다.

31 ・**기계적 트랩** : 버킷(상향, 하향), 플로트식(다량 트랩)
・**온도조절 트랩** : 벨로즈(열동식)식, 바이메탈식
・**열역학적 트랩** : 오리피스식, 디스크식

32 ・수면계 점검 시기
  ㉠ 비수, 포밍 발생 시
  ㉡ 보일러를 가동하기 전
  ㉢ 보일러를 가동하여 압력이 상승하기 시작했을 때
  ㉣ 2개 수면계의 수위에 차이를 발견했을 때
  ㉤ 수위가 보이지 않을 때

33 ・LNG(액화천연가스) 주성분 : CH_4
  ・LPG(액화석유가스) 주성분 : C_3H_8, C_4H_{10}

34 ・코크란 보일러 : 입형 보일러
  ・코르니시 보일러 : 노통 보일러
  ・스코치 보일러 : 노통 연관 보일러
  ・슐처 보일러 : 관류 보일러

35 ・여과기 종류 : U형, V형, Y형

36 원통보일러는 전열면적에 비해 보유수량이 많아 파열시 피해가 크다.

37 ・유효출열(증기의 보유열량)
  ・열손실(배기가스에 의한 열손실, 미연소가스에 의한 열손실, 방열에 의한 열손실, 불완전연소에 의한 열손실)

38 가동 전 준비사항에서 댐퍼를 열고, 프리퍼지를 행한다.

39 부유 고형물, 용해 고형물 등이 있을 시 기수공발(carry over)이 발생된다.

40 ・열전달(열의 이동)기본 형식
  ㉠ 전도, ㉡ 대류, ㉢ 복사

41 ・리턴밴드는 유체의 흐름방향을 바꿀 때 사용한다.
  ・부싱, 리듀서, 소켓은 유체가 직선으로 흐를 때 사용한다.

42 ・오버플로우관 : 팽창탱크 내의 물이 넘쳐흐를 때를 대비하여 팽창탱크에 설치하는 관

43 ・방열기와 벽면과의 간격 : 약 50~60mm

44 $= \dfrac{0.02 \times 10 \times (200-20)}{0.13} = 276.9$ kcal/h

45 ・산세척 처리 순서
  전처리 → 수세 → 산액처리 → 수세 → 중화 방청처리

46 ・리프팅(Lifting : 선화)
  가스의 유출속도가 연소속도에 비해 크게 되었을 때 불꽃이 염공에 접하여 연소되지 않고 염공을 떠나 공중에서 연소되는 현상
  ・리프팅(Lifting : 선화) 원인
  ㉠ 염공이 작게 된 경우
  ㉡ 공급압력이 너무 높을 때
  ㉢ 노즐의 구경이 작은 경우
  ㉣ 공기조절장치를 너무 많이 열었을 때

47 ・보일러 관리 연간계획
  ㉠ 운전계획
  ㉡ 연료계획
  ㉢ 정비계획
  ㉣ 점검계획

48 $= \dfrac{3500}{450 \times 0.26} = 30$쪽

49 ・보일러운전 정지순서(보기에서)
  ④ 연료공급 정지 → ② 공기공급 정지 → ① 증기밸브 닫고, 드레인 밸브 연다. → ③ 댐퍼를 닫는다.

50 팽창탱크의 체적=승온 시 시스템 내의 열매체유 팽창량×2+상온 시 탱크 내의 열매체유 보유량

51
- **열가스 흐름에 의한 분류**
  ㉠ 병류식 : 증기와 열가스의 흐름이 같은 방향
  ㉡ 향류식(대향류식) : 증기와 열가스의 흐름이 서로 반대방향
  ㉢ 혼류식 : 병류식과 향류식의 병합
- **열가스 접촉에 의한 분류**
  ㉠ 접촉과열기 : 대류열을 이용
  ㉡ 복사과열기 : 복사열을 이용
  ㉢ 접촉복사과열기 : 대류 및 복사열을 이용

52 $= \dfrac{5000 \times (656-56)}{0.85 \times 9750} = 362$ kg/h

53
① A.B.C : 보일러 자동제어
② F.W.C : 급수 자동제어
③ S.T.C : 증기온도 자동제어
④ A.C.C : 연소 자동제어

54
- **수트 블로우** : 전열면에 부착된 그을음 제게하는 장치
- **수트 블로워(soot blower) 사용 시 주의 사항**
  ㉠ 부하가 적거나(50[%] 이하) 소화 후 사용하지 말 것.
  ㉡ 분출하기 전 연도 내 배풍기를 사용 유인통풍을 증가시킬 것.
  ㉢ 분출기 내의 응축수를 배출시킨 후 사용할 것.
  ㉣ 한 곳으로 집중적으로 사용함으로 전열면에 무리를 가하지 말 것.
  ㉤ 연료의 종류, 분출 위치, 증기의 온도 등에 따라 분출시기를 결정할 것.

55
- **에너지 수급안정조치-산업통상자원부장관**
  ㉠ 지역별·주요 수급자별 에너지할당
  ㉡ 에너지공급설비의 가동 및 조업
  ㉢ 에너지의 비축과 저장
  ㉣ 에너지의 도입·수출입 및 위탁가공
  ㉤ 에너지공급자 상호간의 에너지의 교환 또는 분배사용
  ㉥ 에너지의 유통시설과 그 사용 및 유통경로
  ㉦ 에너지의 배급
  ㉧ 에너지의 양도·양수의 제한 또는 금지
  ㉨ 에너지사용의 제한 또는 금지

56
- **에너지 공급설비** : 에너지를 생산, 전환, 수송, 저장하기위하여 설치하는 설비

57
- **검사대상기기 용량별 자격 선임기준**
  ㉠ 용량 10t/h 이하 : 에너지관리기능장, 에너지관리기사, 에너지관리산업기사, 에너지관리기능사
  ㉡ 용량 10~30t/h 이하 : 에너지관리기능장, 에너지관리기사, 에너지관리산업기사
  ㉢ 용량 30t/h 초과 : 에너지관리기능장, 에너지관리기사

59
① 자원의 수급 및 관리
② 유해하거나 재 제조·재활용이 어려운 물질의 사용억제
③ 에너지자원으로 이용되는 목재, 식물, 농산물 등 바이오매스의 수집·활용 등

60
- **에너지이용 합리화법에 따라 에너지 진단을 면제 또는 에너지 진단 주기를 연장 받으려는 자가 제출해야 하는 첨부서류**
① 중소기업임을 확인할 수 있는 서류
② 에너지절약 유공자 표창 사본
④ 친에너지형설비 설치를 확인할 수 있는 서류

모의고사 제 03 회

모의고사 정답 및 해설

01	02	03	04	05	06	07	08	09	10
③	②	②	①	①	④	①	①	③	①
11	12	13	14	15	16	17	18	19	20
④	④	①	④	④	②	②	②	①	①
21	22	23	24	25	26	27	28	29	30
④	②	④	②	①	②	①	②	②	②
31	32	33	34	35	36	37	38	39	40
②	③	③	④	②	①	②	②	④	③
41	42	43	44	45	46	47	48	49	50
④	③	①	③	③	②	②	④	④	②
51	52	53	54	55	56	57	58	59	60
②	③	③	④	③	③	④	④	②	②

01
- **인화점** : 가연성 액체가 불씨에 의해 불이 붙을 수 있는 최저 온도
- **착화점** : 가연성 액체가 불씨가 없이도 일정온도로 상승되면 불이 붙는 최저 온도

02
- **파형노통의 종류**
  ① 모리슨형 ② 데이톤형 ③ 폭스형
  ④ 파브스형 ⑤ 리즈 포즈형 ⑥ 브라운형

03 주철제 보일러는 소형난방용으로 주로 사용되며 고압대용량에 부적합하다.

04
- **비동력(무동력)펌프** : 워싱턴 펌프, 웨어 펌프

05
- **보일러효율** : 증기발생에 이용된 열량과 보일러에 공급한 연료가 완전 연소할 때의 열량과의 비(즉, 유효열량과 공급열량과의 비)

06
- **노통연관보일러** : 원통보일러에 속한다.

07
- **건포와 증기 100°C의 엔탈피** : 639kcal/kg
  (즉, 0°C의 물 1kg을 100°C의 증기로 변화시킨 열량을 말한다.)

08
- **롱 트랙터블형** : 고온 전열면
- **로터리형** : 저온 전열
- **건타입형** : 일반 전열면

09 과잉공기량이 많으면 연도 중에 O_2가 발생되며 부식 등의 원인이 된다.

10
- **방폭문** : 연소실 내의 미연소가스가 폭발하였을 때 압력을 외부로 도피시켜 보일러의 파손하기 위해 연소실 후부 또는 측부에 설치한다.

11 연소실 온도가 높고, 용적이 클 때는 완전연소의 구비조건에 포함된다.

12 절탄기는 급수예열장치이며 급수와 보일러수의 온도차를 감소시켜 찬물로 인한 부동팽창(열응력)을 줄여준다.

13 실제 발열량 = 6940×0.92 = 6385kcal/kg

14 보일러마력 = 매시 상당증발량 ÷ 15.65

15 • **비접촉식 온도계** : 광고 온도계, 광전관식 온도계, 방사 온도계

16 통풍력은 연돌의 높이가 높고 상부단면적이 클 때, 연도는 짧고 굴곡부가 적을 때, 배기가스의 온도는 높고 외기 온도가 낮을 때, 여름보다는 겨울이 커진다.

17 일반적으로 보일러 판넬의 내부 온도는 60℃를 넘지 않도록 한다.

18 • **기수분리기** : 일반적으로 수관보일러에서 건조증기를 얻기 위해 설치한다.

19 • **수위계의 최고 눈금** : 최고사용압력의 1.5배 이상 3배 이하로 한다.

20 • **1차 공기** : 버너 내로 진입되며 연료의 무화용으로 사용된다.
• **2차 공기** : 연소실 내로 진입되며 연료를 완전연소 시키는데 사용된다.

21 • **기체연료의 연소방식**
① 확산 연소방식(포트형 버너, 버너형 버너)
② 예혼합 연소방식(고압 버너, 저압 버너, 송풍 버너)

22 • 습증기의 건조도 : 0 < X < 1

23 • **터빈펌프** : 고속회전에 적합하며, 고양정용으로 사용된다.

24 • **수트 블로워** : 전열면에 부착된 그을음 제거

25 액체연료는 고체연료에 비해 인화 및 역화의 우려가 크다.

26 • **전기식(코트렐)** : 집진장치 중 효율이 가장 높다.

27 • **입열항목** : 연료의 저위발열량, 공기의 현열, 연료의 현열, 노내 분입 증기열
• **출열항목** : 방생증기 흡수열, 배기가스에 의한 손실열, 미연소가스에 의한 손실열방산에 의한 손실열

28 안전밸브는 자동제어 장치로 쓰이지 않는다.

29 효율 = $\dfrac{10,000 \times (664-30)}{500 \times 15,000} \times 100 = 84.53\%$

30 • **제작상의 원인** : 용접불량, 강도부족, 부속장치 미비
가스폭발은 취급자의 사고원인에 해당된다.

31 체크밸브 기호이다.

32 수압시험은 시험압력에 도달하면 30분간 유지해야 하며, 시험압력에 6%를 초과하지 말아야 한다.

33 염화마그네슘은 온도가 상승되면 염산이 발생되어 강을 강하게 부식시킨다.

34 • **신축이음장치** : 슬리브형, 벨로즈형, 루프형, 스위블형

35 진공환수식의 리프트 피팅은 1.5m 이하로 한다.

36 난방형식은 난방부하 계산과정에서 고려하지 않는다.

37 펄라이트(200~800℃), 탄화코르크(130~200℃), 글라스울(350℃), 내화단열벽돌(1,300℃ 이상)

38
- **압궤** : 외압에 의해 내부로 짓눌려 들어가는 현상으로 노통 등에서 발생한다.
- **팽출** : 내압에 의해 외부로 부풀어 오르는 현상

39 감압밸브는 송기장치에 속한다.

40
- **열관류율** : 열통과율과 열전도율이 함께 이루어진다.

41 엘보나 티 등을 폐쇄할 필요가 있을 때 플러그를 사용한다.

42 댐퍼를 열고 프리퍼지를 한다.

43 곡선부 길이 = 3.14 × 160 × 90 / 360 = 125.6mm

44 방열면적 = $\frac{2250}{450} = 5.0\text{m}^2$

45
- **온도조절식 트랩** : 열동식, 바이메탈식
- **기계식 트랩** : 버켓식, 플로트식
- **열학적 트랩** : 오리피스식, 디스크식

46 철금속가열로란 500,000kcal/h를 초과하는 것을 말한다.

47 급수를 급수예열기 내로 유통 시킨 후 입구 댐퍼를 열어야 한다.

48 산소를 제거한 후 보일러에 급수해야 하므로 가열해야 한다.

49 역귀환방식을 채택하는 이유는 각 방열기에 공급되는 유량분배를 균등하게 하기 위해서이다.

50
- **레스트레인트** : 앵커, 스톱, 가이드
- **가이드** : 본래 배관의 회전을 제한하기 위하여 사용되어 왔으나 근래에는 배관계의 축 방향의 안내 역할을 하며 축과 직각 방향의 이동을 구속하는데 사용된다.

51
- **유기질 보온재** : 기포성수지, 우모, 양모, 코르크 등
- **무기질 보온재** : 세라크울, 석면, 암면, 세라믹화이버, 그라스울 등
- **금속질 보온재** : 알루미늄 박(반사특성 이용)

52
- **플레어링 툴 셋** : 나팔관 모양으로 만듦
- **익스팬더** : 확관용 공구
- **사이징 툴** : 관 끝을 원형으로 정형
- **튜브 벤더** : 동관 구부림용

53 수평배관에서 관 지름을 변경할 경우 편심 이음쇠를 사용한다.

54
- **습식 환수 방식** : 환수주관을 보일러의 표준수위보다 50mm 낮게 배관하여 환수하는 방식이다.

55 ①항 : 2천만원 이하의 벌금
②항 : 1천만원 이하의 벌금
④항 : 2천만원 이하의 벌금

56 다음 연도 3월 31일 까지 부문별 관장기관에 제출하여야 한다.

57
- **에너지이용 합리화의 목적**
  ① 에너지의 수급안정
  ② 에너지의 합리적이고 효율적인 이용 증진
  ③ 에너지소비로 인한 환경피해를 줄임
  ④ 지구온난화의 최소화에 이바지함
  ⑤ 국민경제의 건전한 발전 및 국민복지의 증진에 이바지함

58 정부는 국가전략을 효율적·체계적으로 이행하기 위하여 매 5년마다 저탄소 녹색성장 국가전략 5개년 계획을 수립한다.

59 • 에너지이용합리화법상 효율관리기자재
  ① 삼상유도전동기
  ② 조명기기
  ③ 전기냉장고
  ④ 전기세탁기
  ⑤ 자동차
  ⑥ 전기냉방기
  ⑦ 그 밖에 지식경제부장관이 그 효율의 향상이 필요하다고 인정하여 고시하는 기자재 및 설비

60 • 신·재생에너지설비를 의무적으로 설치 권고를 할 수 있는 기관
  ① 국가 및 지방자치단체
  ② 공공기관
  ③ 국유재산
  ④ 정부가 일정 금액 이상을 출연한 정부 출연기관
  ⑤ 특별법에 따라 설립된 법인

K- 에너지관리기능사 필기

초　판 인쇄 | 2021년 1월 5일
초　판 발행 | 2021년 1월 15일
개정 1판 발행 | 2022년 1월 10일
개정 2판 발행 | 2023년 1월 5일

지은이 | 장영오
발행인 | 조규백
발행처 | 도서출판 구민사
　　　　　(07293) 서울특별시 영등포구 문래북로 116 604호(문래동 3가, 트리플렉스)
전　화 | (02) 701-7421(~2)
팩　스 | (02) 3273-9642
홈페이지 | www.kuhminsa.co.kr

신고번호 | 제2012-000055호(1980년 2월 4일)
I S B N | 979-11-6875-104-0　　　[13550]

값 18,000원

※ 낙장 및 파본은 구입하신 서점에서 바꿔드립니다.
※ 본서를 허락없이 부분 또는 전부를 무단복제, 게재행위는 저작권법에 저촉됩니다.